页岩气开发基础理论与工程技术丛书

页岩气水平井压裂完井
基础理论与方法

田守嶒 李根生 盛 茂 黄中伟 等 著

科学出版社

北 京

内 容 简 介

以页岩气为代表的非常规油气资源开采改变了全球传统能源格局，水平井多级压裂完井是目前公认的有效开采页岩气的关键技术。本书系统总结了作者及其研究团队在页岩气水平井多级压裂完井基础与应用研究方面的主要成果，较系统地介绍了页岩气储层基质孔隙内复杂流动状态、水平井多级压裂裂缝起裂与扩展模型、页岩气产能模型及其完井参数优化设计方法等多方面的研究成果，同时探讨了水力喷射径向井靶向压裂和超临界二氧化碳无水压裂等非常规油气压裂增产新方法及其可行性。

本书可供从事油气井工程、油气田开发工程等专业的本科生、研究生作为专业学习辅助用书，也可作为石油工程领域的大专院校、科研机构的工程技术人员和科研人员的参考用书。

图书在版编目（CIP）数据

页岩气水平井压裂完井基础理论与方法/田守嶒等著 . —北京：科学出版社，2020.11

（页岩气开发基础理论与工程技术丛书）

ISBN 978-7-03-066148-7

Ⅰ.①页… Ⅱ.①田… Ⅲ.①油页岩-水平井-油层水力压裂-研究 Ⅳ.①TE243

中国版本图书馆 CIP 数据核字（2020）第 174895 号

责任编辑：吴凡洁 冯晓利/责任校对：王萌萌
责任印制：师艳茹/封面设计：蓝正设计

科 学 出 版 社 出版
北京东黄城根北街16号
邮政编码：100717
http://www.sciencep.com

北京汇瑞嘉合文化发展有限公司 印刷
科学出版社发行 各地新华书店经销

*

2020 年 11 月第 一 版 开本：787×1092 1/16
2020 年 11 月第一次印刷 印张：20 3/4
字数：465 000

定价：278.00 元
（如有印装质量问题，我社负责调换）

作 者 简 介

田守嶒

教授，博士生导师，国家重点研发计划"变革性技术关键科学问题"专项项目负责人，兼任非常规油气教育部国际合作联合实验室副主任、中国岩石力学与工程学会岩石破碎工程专业委员会副主任、《非常规油气》编委等。

一直从事复杂油气钻完井理论与技术研究，在水力喷射压裂、非常规油气压裂完井、超临界二氧化碳压裂的理论与技术等方面取得特色成果。获国家技术发明二等奖 1 项，省部级及行业协会科技成果一等奖 7 项，第二十三届孙越崎青年科技奖。发表学术论文 80 余篇，出版中英文专著 3 部，授权国家发明专利 20 件。

李根生

中国工程院院士，教授，博士生导师，973 项目首席科学家，"百千万人才工程"国家级人选，国家杰出青年科学基金获得者，孙越崎能源大奖获得者，享受国务院政府特殊津贴。

一直从事油气钻井和完井工程理论与技术研究，率领团队发展了围压下自振空化射流理论，创新研发了深井空化射流钻井系列技术，开拓了水射流完井增产理论与技术研究领域。在石油工程中初步形成了空化射流钻井、完井、压裂的理论与应用技术体系。研究成果在国内外二十多个主要油气田推广应用，效益显著。获国家技术发明二等奖 2 项、三等奖 1 项，国家科学技术进步二等奖 2 项。发表学术论文 200 余篇，出版中英文专著 4 部、教材 1 部；授权国家发明专利 30 余件，美国专利 2 件。

副教授，博士生导师，2014 年获中国石油大学（北京）油气井工程博士学位，2011~2012 年在美国 Oklahoma 大学博士联合培养 1 年。入选美国岩石力学"Future Leaders"，孙越崎青年科技奖获得者，《天然气工业》和《石油科学通报》学术期刊首届青年编委。一直从事水平井压裂完井理论与应用研究。主持国家自然科学基金项目及省部级项目 5 项，获省部级科技奖励 4 项，发表学术论文 30 余篇，合著中英文专著 2 部。

盛　茂

教授，博士生导师，国家杰出青年科学基金获得者。先后入选"国家高层次人才特殊支持计划"（万人计划）领军人才、教育部"新世纪优秀人才支持计划"、科技部"中青年科技创新领军人才"、北京高校卓越青年科学家等，兼任中国喷射设备标准化委员会喷嘴专业委员会主任委员、水射流技术专业委员会秘书长、德国 *Geothermal Energy* 期刊副主编等。

一直从事油气钻完井及地热能开发研究工作，承担了国家重点研发计划、教育部"高等学校学科创新引智基地计划"（111 计划）等国家级项目，在钻井提速、水力喷射压裂、水力喷射径向水平井、液氮射流破岩及压裂等方面取得了创新成果。获国家技术发明二等奖和国家科学技术进步二等奖各 1 项。发表论文 100 余篇，出版中英文专著 3 部，授权中外发明专利 40 余件。

黄中伟

丛书编委会

顾　　问：沈平平　谢和平　彭苏萍　高德利　李　阳
　　　　　李根生　张东晓

主　　任：陈　勉

副 主 任：曾义金　葛洪魁　赵金洲　姚　军　闫　铁

编　　委：丁云宏　王香增　石　林　卢运虎　庄　茁
　　　　　刘书杰　李相方　李　晓　张金川　林永学
　　　　　金　衍　周　文　周英操　赵亚溥　郭建春
　　　　　蒋廷学　鞠　杨

丛 书 序

作为一个石油人，常常遇到为人类未来担心的人忧心忡忡地问：石油还能用多久？关于石油枯竭的担忧早已有之。1914 年，美国矿务局预测，美国的石油储量只能用 10 年；1939 年，美国内政部说石油能用 13 年；20 世纪 70 年代，美国的卡特总统说：下一个 10 年结束的时候，我们会把全世界所有探明的石油储量用完。事实上，石油不但没有枯竭，而且在过去的几十年里，世界石油储量和产量一直保持增长，这是科技进步使然。

回顾石油的历史，公元前 10 世纪古巴比伦城墙和塔楼的建造中就使用了天然沥青，石油伴随人类已经有 3000 年的历史。近代以来，在许多重大的政治经济社会事件中总会嗅到石油的气息：第一次世界大战，1917 年英军不惜代价攻占石油重镇巴格达；第二次世界大战，盟军控制巴库和中东的石油供应，为最终胜利发挥了巨大作用；1956 年，发生控制石油运输通道的苏伊士危机；1973 年，阿拉伯国家针对美国开始石油禁运，油价高涨 4 倍；1990 年，石油争端引发海湾战争；2008 年 7 月 11 日，国际原油价格创下每桶 147.27 美元的历史新高；2012 年，由于页岩气产量的增长，北美天然气价格降至 21 世纪以来的最低水平，使美国能源格局产生根本性的变化，被称为页岩气革命。

页岩气革命是 21 世纪最伟大的一次能源革命，其成功的因素是多方面的，无疑，水平井技术和分段水力压裂技术做出了最突出的贡献。可是，页岩气的开采早已有之。早在 1821 年在美国纽约弗雷多尼亚就有了第一次商业性页岩气开采，1865 年美国退伍军人罗伯茨就申请了第一个压裂专利，1960 年美国工程师切林顿提出了水平井钻井方案，直到 1997 年，美国米切尔能源公司进行了第一次滑溜水压裂，实现了页岩气盈利性大规模商业开采，页岩气革命的引信被无声地点燃。

为什么早年的页岩气开采、水平井技术、压裂技术没有引发页岩气革命？我以为偶然的发现和片段的奇想固然可喜，但唯有构建完整的科学理论体系和普适的技术规范才使得大规模工业化应用成为可能。过去北美的页岩油气开发是这样，今天中国的页岩油气开发也一定是这样。

与北美相比，中国的页岩储层具有地质构造强烈、地应力复杂、埋藏较深、地表条件恶劣和水资源匮乏等特点，简单照搬北美页岩油气的理论与技术难以实现高效开发，需要系统开展页岩油气开发理论与方法的研究。为此，2011 年国家自然科学基金委员会组织页岩气高效开发重大科学问题研讨会，2014 年设立“页岩油气高效开发基础理论研究”重大项目，该项目以中国石油大学（北京）为依托单位，联合中国石油大学（华东）、西南石油大学、东北石油大学和中石化石油工程技术研究院共同承担。

这个项目基于当前我国页岩油气高效开发的战略需求与工程技术理论前沿科学问题，系统开展页岩油气工程地质力学理论、安全优质钻井技术、储层缝网改造理论和高效流动机理方面的研究，其研究成果涵盖了相关科学问题的诸多方面。例如：在页岩微观表征与断裂方面，分析了入井流体作用下页岩微观各向异性特征和时效规律，建立了考虑天然裂缝尺度与湿润性的页岩压裂缝网扩展模型，研究了毛细管力影响下页岩裂缝网络的扩展特征，为页岩微观断裂提供科学依据；在宏观页岩破坏方面，开展了龙马溪组页岩室内宏观力学行为研究，得到了页岩在压缩应力作用下的4个变形阶段，探讨了最大主应力与页理面法线方向夹角对页岩强度、脆性和各向异性的影响，为研究页岩复杂的破坏规律奠定了实验基础；在新型破岩方式方面，借助扫描电镜和CT图像三维重构技术，开展了淹没条件下水射流冲蚀破岩试验，分析了岩石宏观破坏过程和微观破坏形貌特征，探索了渗流冲击力与页岩破坏程度的关系，研究结果可为水射流提高页岩破碎效率提供理论指导；在水力压裂物理模拟方面，采用真三轴压裂物理模拟的方法，研究了页岩储层压裂过程中的水力裂缝扩展行为和裂缝形态；在页岩气开发机理方面，建立了考虑页岩基岩有机质分布特征和相应运移机制的尺度升级数学模型，探索了吸附能力与渗流尺度模型的关系，对准确描述页岩气的开发动态提供依据。在理论研究的基础上形成了工程地质甜点评价、高性能水基钻井液、全井段缝网压裂、井工厂立体开发等系列方法，并在涪陵、永川和威荣等地区试验应用百余井次。其间建成了我国首个国家级页岩气示范区，页岩气产量由2亿m^3增加到109亿m^3，实现了深层页岩气勘探开发的重大突破，理论研究为此做出了应有的贡献。相关成果与中石化相结合，获得2018年国家科技进步奖一等奖。本丛书是此项研究的部分成果。

这些研究成果的取得与各界人士的支持密不可分。这里我首先要感谢沈平平先生，他是我崇拜的长者，5年里他主持了10余次页岩油气高效开发基础理论的学术讨论，无论是艰深的数学物理模型还是复杂的勘探开发问题，他总是以他丰富的研究经验，给出娓娓的点评、直率的建议。

我还要感谢谢和平院士、彭苏萍院士、高德利院士、李阳院士、李根生院士和张东晓院士，他们自始至终在关心这项页岩油气的研究，并给出许多重要的方向性建议。

感谢丁云宏、冯夏庭、黄桢、黄仲尧、琚宜文、鞠杨、李晓、刘书杰、刘同斌、刘曰武、马发明、石林、孙宁、王欣、王香增、许怀先、张金川、赵亚溥、周德胜、周文、周英操、庄苗等专家，他们多年来与作者在科学理论和工程技术方面许多的讨论和帮助使我们受益匪浅。

感谢我的同行和好友，中石化的曾义金、林永学、蒋廷学、周建等专家，石油高校的赵金洲、姚军、葛洪魁、闫铁、郭建春、李相方、李勇明、金衍、田守嶒、李玮、卢运虎等教授。当工业界专家与高等院校学者密切结合，共同研讨，总能激发自由的想象力，萃取科学性灵，探究缜密的工程细节。这是我们一次非常愉快的合作。

本丛书的出版是国家自然科学基金重大项目"页岩油气高效开发基础理论研究"（项目编号：51490650）资助的结果，在此衷心感谢国家自然科学基金委员会的大力支持。

壳牌公司首席科学家、哈佛大学教授、孔隙弹性力学的奠基人毕奥特在1962年获得铁摩辛柯奖的演讲中说："让我们期待科学界人文精神和综合分析风气的复兴，工程科学作为一门专门性的技术学科，不但需要精湛技能、先天优秀的禀赋，还需要社会的认可。现代工程学的本质是综合的，工程师和工科高校在恢复自然科学领域的统一性和核心理念上将会担当重任。"

我们相信，以非常规油气开发为契机，石油工程科学的新气象正在出现！

陈 勉

2019 年 10 月 1 日于北京

前　言

　　页岩气是一种非常规、清洁的天然气资源。以页岩气为代表的非常规油气资源开采改变了全球传统能源格局，也已成为我国能源安全保障的重要方向。水平井+多级压裂是目前世界公认的页岩气开采最有效的关键技术。美国采用水平井多级压裂技术引燃了"页岩气革命"，近期我国页岩气等非常规油气商业规模开采也取得了重大技术突破。然而，由于我国页岩气储层埋藏深且储层复杂，具有多尺度孔隙介质、多样性的气体赋存方式和高度发育的天然裂缝等特征，导致页岩气水平井有效分段压裂困难、改造效果不佳，强非线性的多组分渗流过程和多组分吸附平衡等特点也造成难以准确预测压后产能。因此，建立适合我国页岩气储层特点的水平井多级压裂完井理论对我国页岩气高效开采具有重大的理论与现实意义。

　　作者及其研究团队在国家自然科学基金重点国际（地区）合作研究项目和重大项目（51210006、41961144026、51490652）的资助下，长期致力于页岩气水平井多级压裂完井基础研究，针对页岩气储层基质孔隙内微纳尺度流动、水平井多级压裂裂缝起裂与扩展、页岩气产能模型建立及其完井参数优化方法等关键科学与技术问题，形成了较为系统的理论研究成果。本书对此进行了全面的总结和阐述，希望能对从事这一领域研究的科技工作者有所启示。

　　全书共七章。第一章介绍了水平井多级压裂完井在页岩气开发领域的应用背景及其涉及的基础理论。第二章介绍了页岩气储层基质孔隙内气体流动模型。第三章介绍了水平井多级压裂裂缝起裂与扩展模型。在流动模型和裂缝扩展模型的基础上，第四章考虑裂缝、有机质和无机质的分布，建立了基质孔-人工缝耦合的非常规页岩气产能模型。第五章进一步结合页岩气现场开发数据，在产能计算模型的基础上，介绍了以优化产能为目标的压裂完井参数优化设计。第六章通过室内实验和数值模拟，研究了水力喷射径向井压裂裂缝起裂扩展规律。第七章结合非常规储层改造中面临的环境保护问题，介绍了超临界二氧化碳无水压裂原理和技术。

　　本书第一章由田守嶒撰写，第二章由田守嶒和耿黎东撰写，第三章由盛茂和范鑫撰写，第四章由盛茂和任文希撰写，第五章由黄中伟撰写，第六章由田守嶒和刘庆岭撰写，第七章由田守嶒和王海柱撰写。全书由李根生院士统筹指导、田守嶒统稿。衷心感谢沈忠厚院士在本书撰写过程中给予的指导和帮助；感谢国家自然科学基金委员会的项目资助，感谢中国石油、中国石化、延长石油等企业在现场实验中的支持。研究团队成员王天宇、郭肇权、杨兵、李璞、郑永、张潘潘等博士生对本书做了文字编排工作，在此一并表示感谢。

由于作者水平有限，书中难免存在疏漏不当之处，还望同行专家和广大读者批评指正。

作　者

2020 年 8 月

目　　录

第一章 页岩气储层多级压裂完井基础

随着经济和科学技术的发展,特别是人们对生活质量和生存环境要求的日益提高,中国的新能源和经济增长对天然气的依赖程度急剧提高。但目前我国已探明的常规气田,其储层埋藏深度大多在 3000~6000m,且大多属于中低渗透储层,导致今后的勘探开发难度越来越大。因此,在常规天然气田勘探开发难度增大的条件下,亟待常规油气的最佳补充能源——以页岩气为代表的非常规油气,以加大国内天然气供应量,缓解供需矛盾,保障国家经济发展对天然气能源的需要。

页岩气是一种重要的非常规油气资源,有效开采页岩气等非常规油气资源已成为世界油气勘探开发趋势。近年来,水平井钻井与大规模水力压裂完井技术作为非常规油气规模开采最常用的技术手段,以"长水平井段、多簇射孔桥塞分段压裂、千方砂万方液、工厂化作业"为代表的现代压裂完井模式,促使美国实现了"页岩气革命"。之后,世界能源大国都加大了对页岩气的勘探开发力度。中国的页岩气可采储量较大,加快开发页岩气对保障我国的天然气供应安全具有重要的战略性意义。目前,我国页岩气等非常规油气商业规模开采取得了重大技术突破。然而,由于我国页岩气储层特征与美国相比有较大的差异,埋藏深且储层复杂,具有多尺度孔隙介质、多样性的气体赋存方式和高度发育的天然裂缝等特征,导致页岩气流动机理复杂,强非线性的多组分渗流过程和多组分吸附平衡给准确预测压后产能及有效指导完井压裂设计带来了巨大挑战。因此,亟须建立适合我国页岩气储层特点的多级压裂完井理论。

第一节 页岩气水平井多级压裂完井理论

从 20 世纪 80 年代开始,美国使用直井完井和水力压裂方法开采页岩气储层,标志着页岩气进入规模开发时期;自 2002 年以来,美国率先将水平井和多段压裂完井技术应用于页岩气储层开发,在储层中获得人工缝网,使产量突飞猛进。由于页岩岩性非常致密,孔隙直径一般介于 1~100nm[1],气体在孔隙内流动将不再满足达西定律[2,3]。针对气体的非达西渗流自 20 世纪 40 年代就已开始研究,但是由于当时所研究的气体多赋存于砂岩或煤岩储层内,研究重点仅为气体的滑脱和吸附效应,并未考虑纳米尺度下气体的复杂流动行为。另外,由于气体生产造成储层有效应力增加,使基质渗透率和裂缝渗透率降低,继而降低了页岩气产能。因此,纳米尺度下页岩气多机制流动及多物理场耦合是国内外页岩气开发的基础研究领域,也成为近年来研究的难点和热点。压后产能动态分析是页岩水平井压裂完井参数优化的重要分析方法之一,而如何有效表征裂缝性储层,尤其是经水力压裂后形成缝网的页岩储层,是准确计算产能和进行裂缝参数优化的关键,也是目前国内外研究的热点问题之一。

一、页岩气储层基质孔–人工缝内流动机理概述

页岩普遍发育微纳米级孔隙。在微纳米尺度下,气体分子的离散特性开始显现,并表现出不同于宏观流动的规律,这种气体可以称之为稀薄气体[4]。气体稀薄程度用克努森数(Kn)来表征。同雷诺数(Re)、马赫数(Ma)一样,Kn 也是一个无量纲数,它定义为分子平均自由程与系统的特征长度之比。与 Re、Ma 不同的是,Kn 表征微观尺度下的气体流动特性。依据 Kn,可以将稀薄气体流动划分为四个区域,包括连续介质区、滑移流动区、过渡区和分子自由流动区[5]:①在连续介质区($Kn \leq 0.001$),分子之间的碰撞频率远高于分子与固体壁面的碰撞频率,在该区域,气体具有连续介质的特征;②在滑移流动区($0.001 \leq Kn \leq 0.1$),气体分子的离散特性开始显现,但是分子之间的碰撞频率仍高于分子与固体壁面的碰撞频率;③在过渡区($0.1 \leq Kn \leq 10$),分子之间的碰撞频率和分子与固体壁面的碰撞频率相当,流体既不能视为连续介质,也不能当做分子,因此,该区域的流动模拟最为困难;④在分子自由流动区($Kn \geq 10$),分子与固体壁面的碰撞占主导地位,而分子之间的碰撞机会很少,分子的离散特性显著。

稀薄气体流动可以从不同的尺度来模拟。在微观尺度下,可以采用分子动力学模拟。分子动力学模拟是一种确定性方法,它主要基于牛顿运动定律来模拟分子体系的运动,并时刻追踪全部分子的运动轨迹,然后通过计算构型积分来导出体系的宏观性质。在介观尺度下,常用的数值模拟方法有格子玻尔兹曼方法(LBM)和直接蒙特卡洛模拟(DSMC),它们均属于统计性方法。LBM 和 DSMC 通过追踪有限个虚拟分子的运动来模拟真实情况下的流动,其中虚拟分子的尺寸大于真实分子的尺寸[6],这样就减小了需要模拟的分子数量。但是,分子动力学模拟、LBM 和 DSMC 的计算复杂且较耗费时间,这三种方法并不适用油藏尺度下的流动模拟[7]。

宏观尺度下的连续性方法的最大特点就是计算效率高。在任意流动区域,气体分子的运动都可以用玻尔兹曼方程描述。玻尔兹曼方程同样基于分子模型,但与分子动力学模拟、LBM 和 DSMC 不同的是,玻尔兹曼方程并不追踪每个分子的运动轨迹,而是采用非平衡分布函数来表征分子的运动状态。玻尔兹曼方程是一个复杂的微分–积分方程,一般采用近似方法求解。目前,已经提出了许多近似方法,其中最著名的是 Chapman-Enskog 展开[8,9]。根据展开阶次的不同,Chapman-Enskog 展开可以得到不同的连续性方程,如 Euler 方程、纳维–斯托克斯(N-S)方程和 Burnett 方程。其中,传统的 N-S 方程只适用于连续介质区,即 $Kn \leq 0.001$ 时的情况。为了将 N-S 方程推广到连续介质区外,通常会采用滑移边界条件。目前,已经提出了多种滑移边界条件,包括一阶滑移边界条件、二阶滑移边界条件、高阶滑移边界条件和混合滑移边界条件等[10]。不同的滑移边界条件对气体流动模拟有重要影响。因此,正确选择滑移边界条件是稀薄气体流动模拟的关键。

实际开发过程中,页岩气的流态主要处于滑移流动区和过渡流动区[11,12]。初始条件下,气藏压力较高,气体分子之间的碰撞占主导地位,自由气渗流以黏性流动为主。随着气藏压力降低,气体渗流由黏性流动逐渐过渡到克努森扩散。由于流动区域存在叠合,许多学者尝试建立一个统一的模型来描述页岩气渗流。Javadpour[13]最早开展页岩气渗流的研究,他将页岩简化为直毛细管束,通过 Maxwell 滑移边界条件对黏性流动进行了修

正,采用线性叠加原理将黏性流动和克努森扩散叠加,建立了页岩气渗流模型,并提出了表观渗透率的概念。表观渗透率可以直接应用于油藏数值模拟,因此极大地推动了页岩气数值模拟的发展。但是,Maxwell 滑移边界条件不适用于 $Kn>1$ 的情况。这种情况下,截断误差会随着 Kn 的增加而急剧增长。为避免这一问题,Beskok 和 Karniadakis[14] 提出了通用滑移边界条件。Civan[15] 采用通用滑移边界对黏性流动进行了修正,并提出了计算稀疏效应系数的经验公式。Darabi 等[16] 基于 Javadpour[13] 的研究成果,考虑了孔隙结构参数和孔隙壁面粗糙度对渗流的影响,建立了一个新的页岩表观渗透率模型。Wu 等[17,18] 采用加权叠加的方式对滑移流动和克努森扩散进行耦合,建立了一个新的表观渗透率模型。他们将分子与分子的碰撞频率占总碰撞频率的比值作为滑移流动的加权系数,并将分子与壁面的碰撞频率占总碰撞频率的比值作为克努森扩散的加权系数。上述研究都采用了滑移边界条件对黏性流动进行修正。Singh 等[19] 认为滑移流动是克努森扩散的一部分,并将黏性流动和克努森扩散线性叠加,建立了一个新的表观渗透率模型。随后,Ren 等[11] 基于 Cai 等[20] 提出的无因次几何校正因子建立了一个新的表观渗透率模型,该模型考虑了孔隙截面形状和真实气体效应的影响。

综上所述,与常规储层孔隙内的气体流动相比,页岩气在微纳米孔隙内的流动机理更加复杂,受多种作用共同影响,目前还未形成统一的认识和理论,是目前国内外研究的热点和难点,因此在这方面的研究还有待不断地深入。

二、页岩气水平井压裂裂缝扩展模拟方法概述

(一)水平井多级压裂裂缝扩展数值模拟

水力裂缝扩展数值模拟研究在水力压裂兴起之初就受到了高度关注。首先发展起来的是二维模型,二维模型是以 Cater 裂缝面积公式和压裂液滤失模型为基础[21],先后发展形成了 Penny 径向模型[22]、PKN 模型[23,24] 和 KGD 模型[25,26],其中,PKN 和 KGD 两种模型最为著名,它们以简便快捷的计算方法深受工程师喜爱,一直沿用至今。20 世纪 80 年代起,计算机技术的发展推动了水力裂缝扩展数值模拟研究的步伐。根据模型的基础理论的不同,可将水力裂缝扩展数值模型分为以下四类。

1. 基于 PKN-KGD 的三维平直裂缝扩展模型

20 世纪 80 年代开始出现拟三维模型,认为缝高沿缝长方向变化,并且缝长要远大于缝高,缝内流体作一维流动。真三维模型与拟三维模型的区别是前者缝内压裂液沿缝长和缝高方向作二维流动,从而消除了拟三维模型中要求缝长远大于缝高的限制条件。目前较为公认的真三维模型有两种:Clifton 模型和 Cleary 模型。Clifton 等[27] 认为,影响裂缝几何形态的主要因素是压裂液流动和地层弹性形变特性,而断裂机制只影响裂缝尖端的局部区域。Cleary 模型[28] 与 Clifton 模型相似,只是在求解裂缝表面积分方程所采用的离散方法上有所不同,以及在近裂缝尖端区域的处理上也不相同。近年来,随着水平井分段压裂迅猛发展,部分学者以拟三维模型和真三维模型为基础,衍生出了用于计算多裂缝扩展的半解析模型。代表性的成果是,Xu 等[29] 假设裂缝为椭圆形,将流体流动分解为

两个垂直方向上的分量,利用 PKN 模型中裂缝宽度与缝内流体压力间关系式,建立了网状裂缝扩展解析/半解析模型。Weng 等[30]借用 PKN 模型的缝宽方程和拟三维模型的思想建立了拟三维多裂缝扩展模型,模型中给定水力裂缝与天然裂缝相交准则,可模拟裂缝成网过程。

2. 基于断裂力学的裂缝非平面扩展模型

裂缝非平面扩展模型是指对裂缝扩展路径不作人为设定,裂缝依据模型给定的裂缝扩展准则自主选择扩展方位和步长,而不是被限定在一个平面内扩展。裂缝非平面扩展模型中发展比较成熟的是以断裂力学为理论基础的数学模型。这类模型分别针对岩石变形和缝内流体流动建立了受力平衡方程和黏性流动方程,并且在裂缝面上形成流固耦合关系,具备严格的数理逻辑。有限单元法、边界元法及扩展有限元法等都可以采用基于断裂力学的数学模型。

Hunsweck 等[31]建立了考虑缝内流体滞后的水压裂缝有限元模型,提出了裂缝尖端确定的隐式方法,计算结果与解析解吻合较好。Rungamornrat 和 Mear[32]利用对称伽辽金边界元方法建立了各向异性地层三维裂缝扩展模型。Cheng[33]利用边界元位移不连续法建立了水平井多段裂缝周围应力分布模型,讨论了裂缝数量和间距对水平主应力、缝宽的影响。Wu 和 Olson[34]采用边界元法模拟了水平井分段压裂平行裂缝扩展,讨论了缝间应力干扰与缝间距的关系。Dahi-Taleghani 和 Olson[35,36]基于扩展有限元建立了模拟水力裂缝与天然裂缝相交的数值方案,运用 Picard 迭代方法迭代解耦岩石位移场和缝内流场。Gordeliy 和 Peirce[37,38]推进了扩展有限元用于模拟水压裂缝扩展的计算研究,该研究针对单条水力裂缝非平面扩展,给出了断裂耗散型裂缝和黏性耗散型裂缝两种扩展模式下水力裂缝扩展模拟数值方案。Mohammadnejad 和 Khoei[39]进一步将多孔介质渗流–岩石变形–缝内流动全隐式耦合,采用扩展有限元法处理位移和孔隙压力的不连续性,针对单条平直裂缝扩展问题进行了计算和讨论。

3. 基于损伤力学的裂缝非平面扩展模型

损伤力学是研究含损伤介质的材料性质,以及在变形过程中损伤的演化发展直至破坏的力学过程的学科。它认为材料内部存在着分布的微缺陷,如位错、微裂纹、微空洞等,这些不同尺度的微细结构是损伤的典型表现,并且材料的宏观力学特性均是微细观损伤积累的结果。

唐春安教授研究团队将基于细观损伤力学的岩石破裂模型用于模拟水力压裂裂缝扩展[40-42]。杨天鸿等[40-43]建立了考虑应力–渗流–损伤全耦合的二维和三维水力裂缝扩展模型,其思想是用细观层次简单的本构关系描述宏观层次上的复杂现象。赵万春等[44]综合运用损伤力学和断裂力学,建立了水力压裂动态加载下微裂缝形成和岩体非线性损伤劣化的应力分布模型。

另外一种基于损伤力学的裂缝扩展模型是 Cohesive 单元模型,它认为近缝尖区域的单元的节点位移超过临界值后,裂缝就会产生。除裂缝尖端外,其他区域的位移场均不采用损伤力学计算,仍然是按弹塑性力学理论计算。Chen 等[45,46]、Carrier 和 Granet[47]将有限元法与 Cohesive 单元相结合,建立了三维单条水压裂缝扩展数值模型,模拟结果与解析解吻合很好。连志龙等[48]运用有限元计算软件 ABAQUS 中 Cohesive 单元模块模拟了水平井压裂三维裂缝扩展过程,取得了较好效果。

4. 基于非连续介质力学的裂缝非平面扩展模型

离散元法是专门用来解决不连续介质问题的数值模拟方法。该方法把节理岩体视为由离散的岩块和岩块间的节理面所组成,允许岩块平移、转动和变形,而节理面可被压缩、分离或滑动。因此,岩体被看作一种不连续的离散介质。

Shimizu 等[49]运用离散单元法编制了缝内流动与离散颗粒运动相耦合的计算程序,讨论了流体黏度与离散颗粒排列方式对最终模拟结果的影响。Deng 等[50]将网状裂缝缝内流动模型与离散单元模型相结合,采用迭代法解耦方案处理流固耦合问题,模拟了离散多裂缝扩展过程。Fu 等[51]建立了基于离散单元法的显示耦合计算方案,可以处理水力裂缝在复杂裂缝性岩层中的网状扩展问题。

多维虚内键模型(VMIB)是另一种基于非连续介质力学的计算方法,它是在虚内键(VIB)理论基础上发展起来的一个多尺度力学模型。VIB 理论认为,固体材料在微观尺度上由随机分布的材料微粒组成,并由微粒之间的作用势直接导出材料宏观本构方程。VMIB 在 VIB 理论基础上在微粒之间引入了切向效应,从而能够适用于不同泊松比材料。VMIB 模型最先由我国学者张振南等[52,53]提出并应用于水力压裂多裂缝扩展模拟研究,通过对比均质地层和非均质地层二维裂缝微观扩展过程,解释了近井多裂缝带及裂缝转向机理。Huang 等[54]将 VMIB 型用于三维水压裂缝扩展模拟中,并且建立了缝内流体压力施加到裂缝面的算法。

(二)水平井压裂裂缝扩展物理模拟实验

物理模拟实验是认识裂缝扩展机理的重要手段,旨在实验室条件下模拟原地应力场和水力压裂环境,设法对裂缝扩展行为进行有效监测。水力压裂物理模拟实验研究进展很大程度上依赖于裂缝监测技术的进步和试样加工水平。本章按照裂缝监测方法的不同,将水力压裂物理模拟实验分为三大类:声发射监测压裂实验、CT 扫描监测压裂实验和可视化压裂实验。

1. 声发射监测压裂实验

这类实验主要以混凝土岩样或天然岩样来模拟地层岩体,岩样中心预设模拟井筒,采用大尺寸真三轴模拟实验架施加三轴应力和孔隙压力,通过压力传感器和声发射监测装置分别记录注入压力和声发射信号[55]。

国内以往实验中所用岩样尺寸大部分为 300mm×300mm×300mm,模拟井型有直井和斜井,模拟完井方式有裸眼井和套管射孔井。研究内容已涉及射孔参数对水压裂缝扩展的影响[56-58]、非平面裂缝扩展行为[59]、天然裂缝对水压裂缝扩展的影响[60]、页岩水力压裂模拟[61,62]等诸多方面,在一定程度上为揭示裂缝扩展机理起到了积极作用。

2002 年, 美国斯伦贝谢 Terra Tek 研究中心研制了适合于 36in×36in×36in① 大尺寸岩样的三轴水力压裂试验系统,该系统水平应力和垂向应力最大加载到 55MPa,三向地应力差可达 15MPa,可以模拟地层温度(最高 57.2℃),注入排量 1~15000mL /min,已应用于注水压裂、地质不连续性对裂缝扩展的影响等方面研究[63,64]。

采用声发射技术的好处是试样材料可直接选用地层岩体,完全保证了试样材料的相似性,但存在的问题是声发射技术属于间接监测手段,目前还难以区分哪些信号来自拉伸破坏,哪些信号来自剪切破坏。这一问题在页岩水力压裂中尤为突出。页岩地层多含有天然裂缝,水力裂缝在与天然裂缝相交前天然裂缝有可能发生剪切滑移,此时也会发出声发射信号。目前用于压裂现场裂缝监测的微地震监测技术同样存在这一问题。

2. CT 监测压裂实验

电子计算机断层扫描技术(CT)是计算机与 X 射线检查技术相结合的产物。CT 技术应用在水力压裂物理模拟实验中又分为实时监测和事后扫描两种方式,实时监测是将压裂试样部分置身于 CT 机中,CT 实时扫描试样;事后扫描是指压裂实验完毕后,将试样放置在 CT 机中扫描成像,其优点是不需要人为破坏试样来寻找压裂裂缝,并且可以细观观察裂缝形态。此外,岩样仍然可以选用天然岩样。

Bohloli 和 de Pater[65] 对圆柱形砂岩岩样(Φ0.51m×0.4m)压裂实验进行了实时 CT 扫描监测,水力裂缝形态清晰可见,为分析围压与压裂液流变性对裂缝形态的影响起到了积极作用。贾利春等[66]利用工业 CT 技术在压裂前后扫描了岩样中裂缝分布情况,并对 CT 图像进行了三维重构和可视化处理,获得了较好的视觉效果。

实时 CT 监测技术的发展对水力压裂物理模拟实验意义重大,但是目前尚未报道对大尺寸岩样进行实时 CT 扫描的压裂实验。大尺寸岩样水力裂缝尺度相对较大,对分辨率要求不高,因此,选用医用大型 CT 机进行裂缝扩展实时监测不失为一种好的办法。可以预见,实时 CT 扫描监测技术未来发展空间较大。

3. 可视化压裂实验

本章提到的可视化压裂是特指采用透明材料模拟岩层,利用数字摄像技术实时成像,并记录裂缝扩展过程。透明材料的选取和摄像参数的调节是可视化压裂实验的关键。

目前用于可视化压裂的试样材料有聚甲基丙烯酸甲酯(PMMA)和水晶玻璃。Bunger 等[67-72]利用 PMMA 和玻璃等透明试样进行了大量水力压裂物理模拟实验,实验目的是用于验证水力压裂解析模型。研究内容包括近地表水力裂缝的断裂耗散型扩展模式研究[68,70]、近缝尖区域裂缝宽度测量实验与结果验证[67,71],以及裂缝在多层系中扩展行为的模拟[72]。这些实验中的试样为 400mm×400mm×120mm 的均质长方体,中心钻取孔眼来模拟井筒,压裂液采用甘油+水+染色剂合成的高黏流体(850mPa·s,20℃),摄像机采用高速摄像机。在图像处理方面,他们巧妙地运用了 Beer-Lambert 光学法则来评价裂缝宽度,得到了裂缝宽度分布图,进而积分得到裂缝体积。在实验结果方面,他们通过实验

---

① 1in=2.54cm。

证实了近缝尖区域裂缝宽度渐近解的正确性,同时观察到裂缝近乎匀速扩展,平均速度在 0.5～16.0mm/s。美中不足的是,这些实验均模拟的是单条裂缝扩展,未涉及多裂缝扩展问题。此外,Alpern 等[73]还利用 PMMA 试样研究了压裂流体物性对裂缝形态的影响,共评价了包括氦气、氮气、二氧化碳、氩气、SF_6 及水在内的六种流体。研究发现,二氧化碳、SF_6、水和氦气四种流体产生的水力裂缝近似为平面缝,而氮气和氩气产生的水力裂缝空间展布十分复杂。

可视化压裂模拟实验的优势在于可直观观察到裂缝扩展全过程,数字摄像技术采集的图像资料可以进行计算机再处理,信息化程度高。如果用于多裂缝扩展实验模拟,还可观察到裂缝间相互作用形式,如裂缝偏转、相交等现象。可视化压裂物理模拟实验唯一的不足是试样材料必须是透光性较好的材料,这样使得模型材料与原型材料间的相似性得不到完全满足。

综上所述,水平井压裂裂缝扩展模拟方法发展至今,从简单的二维平直裂缝模拟发展到复杂的三维扭曲裂缝模拟,从单条裂缝扩展模拟发展到多裂缝同步扩展模拟,从解决流-固二场耦合问题发展到解决热-流-固多场耦合问题。物理模拟实验技术不断提升,朝着可视化、实时监测方向发展。

三、页岩气水平井压裂完井优化模型

页岩气储层水平井压裂工艺参数优化主要通过裂缝扩展和压后产能来进行,裂缝扩展研究方法包括实验和数值模拟,而压后产能常采用数值模拟方法来计算,压裂优化参数主要包括裂缝半长、裂缝间距、裂缝复杂程度和裂缝导流能力等。

页岩气井产能模型大致可以分为:解析模型、半解析模型和数值模型[74]。其中解析模型和半解析模型构成了页岩气压裂水平井试井分析的基础。Ozkan 等[75]建立了三线流模型,该模型为双孔双渗模型,气体在裂缝内的流动为达西流动,在基质内的流动遵循克努森扩散。此外,该模型还考虑了裂缝应力敏感的影响,但是没有考虑吸附影响。Wang[76]基于双重介质模型,结合源函数方法,建立了页岩气水平井试井分析解析模型。该模型假设气体在基质内的流动为菲克扩散,并通过修正基质系统的总压缩系数引入吸附的影响。此外,为了得到解析解,该模型还假设气体吸附解吸常数不随压力变化。解析模型易于求解,但是解析模型只能反映压裂水平井早期线性流阶段,无法反映裂缝间的相互干扰情况。采用半解析模型则可以很好地处理这个问题。Zhou 等[77]对裂缝网络进行显式处理,建立了一个新的半解析模型。他们对与水力裂缝相连的天然裂缝进行分组和编号,根据质量守恒原理处理各段裂缝流量。随后,Yu 等[78]考虑了裂缝的非均质性,进一步发展了 Zhou 等[77]的模型。解析模型和半解析模型的计算效率高,但是对于强非线性耦合问题均无能为力。为了准确地描述页岩气非线性渗流,需要采用数值模拟的方法。

目前页岩气数值模拟主要基于:①双重介质模型;②多重介质模型;③离散裂缝模型。大多数双重介质模型都基于 Warren-Root 模型[79],并假设基质和裂缝之间为拟稳态流动。但是裂缝和基质的渗透率差异很大,需要经历很长的时间才会达到拟稳态流动[80]。Azom 和 Javadpour[81]建议采用 Vermeulen 模型[82]来描述裂缝和基质间的窜流。此外,双重介质模型适用于描述小尺度裂缝网络,但是不适用于描述大尺度裂缝[83]。多重介质模型的典型代表是 Pruess 和 Narasimhan[84]提出的 MINC 模型,该模型将基质网格划分为一系列嵌套的子单元。MINC 模型可以有效地处理近裂缝单元的流动,而不需要进一步加密网格。双重介质模型和多重介质模型将裂缝视为连续介质。而离散裂缝模型可以对裂缝进行显式处理。因此,离散裂缝模型在处理强非均质问题时具有明显的优势。但是,离散裂缝模型涉及的网格数量巨大,导致计算非常耗时。为了解决这个问题,Lee 等[85]提出对多尺度裂缝进行分级处理。基于 Lee 等[85]的思想,Wu 等[86]建议对于水力裂缝可以采用离散裂缝模型,对于天然裂缝网络可以采用双重介质或多重介质模型。Zhang 等[87]基于双重介质模型和离散裂缝模型模拟了页岩气多级压裂水平井生产动态。Jiang 和 Younis[88]采用 MINC 模型和离散裂缝模型模拟了复杂裂缝网络中的页岩气渗流。他们采用离散裂缝模型表征水力裂缝,采用 MINC 模型表征较小尺度的裂缝网络。为了准确捕捉水力裂缝周围的瞬态流动,他们在水力裂缝附近进行了局部网格加密。此外,他们将页岩基质分为有机质和无机质,并假设有机质内只存在扩散,而无机质内存在对流和扩散。实际上,可能并不需要对有机质进行显式处理。因为,有机质含量低,而且有机质在页岩基质中呈高度分散状态,连通性差。在宏观尺度下,可以不考虑有机质内部的气体流动,仅将有机质视为源项[89,90]。Xia 等[91]采用离散裂缝模型表征水力裂缝,并将页岩基质分为压裂改造区和未改造区,其中压裂改造区的渗透率大于未改造区的渗透率。压裂改造区和未改造区的交界面处压力与流速连续。这种处理方法的优点是计算量小。

页岩气储层水平井压裂工艺参数优化方法多样,根据采用模型的不同优化得到的结果也不尽相同。前人所建立的裂缝参数优化模型中,较少考虑页岩储层应力敏感性,并且假设在恒定地应力条件下存在裂缝导流能力损失,但实际页岩气生产过程中地应力是变化的,目前常用的商业软件无法考虑这些因素。

此外,目前研究大多将页岩气视为单一组分甲烷,而考虑多组分渗流的产能模拟很少。Freeman 等[92]将页岩气视为多组分气体,并采用 TOUGH 软件模拟了页岩气井生产。他们采用扩展的朗缪尔方程表征多组分吸附,并采用尘气模型(dusty-gas model,DGM)描述页岩气渗流,但是扩展的朗缪尔方程不适用于页岩气吸附系统[93],DGM 也存在缺陷。Rezaveisi 等[94]假设组分间的相互作用可以忽略,并直接将滑移流动和克努森扩散进行线性叠加,发展了多组分对流–扩散模型。基于该模型,他们模拟了一维储层中的多组分气体瞬态渗流。其模拟结果表明,在生产初期,克努森扩散系数和滑移系数较大的组分最先产出。因此,在生产后期,这些组分在储层中的含量较低。值得注意的是,Rezaveisi 等[94]没有考虑页岩气吸附。卢德唐等[95]基于非结构垂直二等分(perpendicular bisection,PEBI)网格技术,考虑了多组分吸附和稀薄气体效应,建立了页岩气组分数值模拟器。他们采用扩展的朗缪尔方程描述多组分吸附平衡,并引入表观渗透率以考虑稀薄气体效应,不同组分的表观渗透率是其自身 Kn 的函数。基于该模拟器,他们模拟了页岩气压裂水平井产能并进行了压裂优化研究。其研究结果表明,气体总产量随水力裂缝数量的增加和水力裂缝长度的增加而增加。但是,当水力裂缝数量和水力裂缝长度增加到一定程度后,其对总产量的影响变小。需要注意的是,他们假设不同组分的饱和吸附量不同,对于扩展的朗缪尔方程,这不符合热力学一致性。此外,他们提出的表观渗透率模型也没有考虑组分间的相互作用。Olorode 等[96]将 Maxwell-Stefan 扩散和黏性流动线性叠加,得到了多组分渗流模型,并采用扩展的朗缪尔方程描述多组分吸附平衡,建立了一个页岩气组分数值模拟器。线性叠加的处理方式虽然带来了计算上的便利,但是忽略了不同传质机理的耦合作用。基于该数值模拟器,他们模拟了压裂直井的产能。其研究结果表明,在生产过程中,黏性流动占主导地位,扩散对总流量的贡献很小,仅在储层渗透率非常低的情况下($<1\times10^{-20}\,\mathrm{m}^2$),扩散对总流量的贡献较大。

第二节 非常规油气压裂完井新方法

一、水力喷射径向井靶向压裂方法

目前,常规油气资源水力压裂技术面临两方面问题:一是裂缝起裂压力偏高,施工难度大[97];二是裂缝单一,复杂体积缝网较难形成[98]。因此,亟须探索能够有效降低破裂压力、形成复杂缝网的储层改造新方法。

水力喷射径向水平井技术是一种采用高压射流钻头在主井筒中钻出一个或多个呈单层或多层分布的半径为 20~50mm、长度为 10~100m 的微小水平井眼[99-105]。径向水平井(简称径向井)能够穿透近井低渗污染区域,增大与储层接触区域[106],沟通高渗透性的断层、节理与天然裂缝[104],以较低成本有效提高产能。水力喷射径向井技术已经在国内外多个油田取得应用,能够有效提高单井产能[107-114]。然而,由于径向井井径较小,其在垂向渗透率较小或天然裂缝不发育的储层增产效果有限。

李根生等[115]于 2014 年首次提出了水力喷射多分支径向钻井与压裂一体化方法,即水力喷射径向孔眼靶向压裂技术。该技术主要原理为在不同层位(段)喷射钻出多个径向井分支孔眼并进行水力压裂一体化作业,多分支径向井诱导多点起裂、多裂缝形成,实现复杂三维裂缝网络[116],为一种储层改造的新思路,已经在国内外多个油田成功应用[117,118],可望成为剩余油、难动用及非常规油气资源高效开发的革命性技术。作者围绕径向孔眼靶向压裂裂缝起裂规律及诱导复杂缝网形成机制等关键问题开展了一系列研究:裂缝起裂规律方面,Liu 等[119]建立解析模型并结合室内实验,分析了径向孔眼靶向压裂裂缝起裂位置及起裂压力,发现原位地应力和孔眼方位角为裂缝起裂主要影响因素;复杂缝网形成机制方面,Fu 等[120]研究了在天然煤岩中预制多分支径向井,开展了多分支径向井靶向压裂室内实验,发现径向井能沟通天然煤岩中的天然裂缝,压裂形成一条水平裂缝、多条垂直裂缝的复杂缝网形态,且裂缝起裂压力随径向井长度和数目增大而不断下降。

然而,径向孔眼的长度远大于射孔,而且多个径向井分支之间相互干扰,因而裂缝起裂压力和起裂位置较难预测和控制;多分支径向孔眼延伸进储层几十米,将对裂缝扩展形态产生影响,而常规裂缝扩展模型无法考虑。目前,水力喷射径向孔眼靶向压裂技术研究尚处于起步阶段,分支径向井控制裂缝起裂研究少见报道,多分支径向孔眼诱导多条裂缝扩展研究缺乏,因此有待在这些方面继续研究,为水力喷射径向井压裂一体化技术在非常规油气开发领域推广应用提供重要的理论和技术支撑。

二、超临界二氧化碳无水压裂方法

近年来,随着我国经济社会的快速发展,对石油、天然气等优质洁净能源的需求大幅度增长,供需矛盾日益加剧[121-123]。为了缓解、调整、改善目前的能源生产和消费结构,需要加大对非常规油气资源的开发和利用。世界范围内的非常规油气资源(煤层气、页岩气、致密气、天然气水合物等)十分丰富[124-128]。大规模水力压裂是目前非常规油气开发的必要手段,然而根据我国能源的分布状况,大量的非常规资源多分布于西北干旱区块,成藏条件复杂,黏土矿物多含量较高,因此大规模的水力压裂面临用水困难、成本高、地下储层及地上环境污染等突出问题[129-131]。为了解决部分区块由于大规模水力压裂带来的大量问题,无水压裂技术逐渐被用于现场压裂。无水压裂指的是利用不含水的压裂流体作为工作液开展压裂作业,目前提出的无水压裂技术主要包括:CO_2压裂、液氮压裂、油基压裂等[132-134]。超临界CO_2流体作为CO_2的一种特殊状态,具有低黏度、易扩散和表面张力接近于零等特性,被认为是可用于低渗油气藏增产的无污染、高效无水压裂新方法[135-137]。近些年,超临界CO_2压裂已逐渐被应用于现场,先后于美国、加拿大页岩气区块,我国吉林油田、鄂尔多斯盆地致密气区块开展作业,并且获得了良好的增产效果[138-142]。然而,超临界CO_2作为油气开发工作液是在20世纪末才广泛被国内外研究学者提出和研究的,目前还未形成一套完整的超临界CO_2开发油气资源系统,在压裂方面的应用也存在诸多问题,因此为了能够更好地利用超临界CO_2进行现场压裂作业并深入理解该流体压裂过程中的压裂机理,很多研究机构及学者开展了大量相关的研究。

沈忠厚等[143]作为国内首先提出将超临界CO_2应用于油气井工程中的专家,其团队已开展了大量关于超临界CO_2作为钻完井液方面的研究工作。王海柱等[144]最早引进国内首套超临界CO_2循环系统,并基于该系统先后开展了包括超临界CO_2射流特性、超临界CO_2破岩机理、超临界CO_2喷射压裂机理及超临界CO_2储层中的滤失特性等相关研究,取得了大量的研究成果,该研究为超临界CO_2应用于钻完井现场奠定了理论基础。

超临界CO_2流体具有和水不同的性质,其技术原理也不可完全照搬常规水力压裂的相关理论。超临界CO_2密度接近水、黏度接近气体,具有很强的压缩性和渗透性,但并不清楚压裂过程中孔内的增压规律;压裂过程中温度和压力的变化会造成CO_2相态及性质的变化,其在井筒内的流动特性对压裂施工及压裂效果有重要影响,但目前未见相关报道;另外,由于超临界CO_2黏度很低,也并不清楚压裂过程中能否实现支撑剂的运移及携带支撑剂运移特性。因此,需要一系列相关研究来完善超临界CO_2压裂相关理论,为超临界CO_2现场应用奠定理论基础。

参 考 文 献

[1] Akkutlu I Y, Didar B R. Pore-size dependence of fluid phase behavior and properties in organic-rich shale reservoirs//SPE International Symposium on Oilfield Chemistry, Woodlands, 2013.

[2] 张东晓,杨婷云.页岩气开发综述.石油学报,2013,34(4):792-801.

[3] 姚军,孙海,樊冬艳,等.页岩气藏运移机制及数值模拟.中国石油大学学报(自然科学版),2013,37(1):91-98.

［4］Hadjiconstantinou N G. The limits of Navier-Stokes theory and kinetic extensions for describing small-scale gaseous hydrodynamics. Physics of Fluids, 2006, 18(11): 1-20.

［5］Roy S, Raju R, Chuang H F, et al. Modeling gas flow through microchannels and nanopores. Journal of Applied Physics, 2003, 93(8): 4870-4879.

［6］He Y, Tao W. Multiscale simulations of heat transfer and fluid flow problems. Journal of Heat Transfer, 2012, 134(3): 1-13.

［7］Javadpour F, Fisher D, Unsworth M. Nanoscale gas flow in shale gas sediments. Journal of Canadian Petroleum Technology, 2007, 46(10): 55-61.

［8］Chapman S. On the law of distribution of molecular velocities, and on the theory of viscosity and thermal conduction, in a non-uniform simple monatomic gas. Philosophical Transactions of the Royal Society A, 1916, 216(538): 279-348.

［9］Enskog D. The numerical calculation of phenomena in fairly dense gases. Arkiv för Matematik, Astronomioch Fysik, 1921, 16(1): 1-60.

［10］Zhang W, Meng G, Wei X. A review on slip models for gas microflows. Microfluidics and Nanofluidics, 2012, 13(6): 845-882.

［11］Ren W, Li G, Tian S, et al. An analytical model for real gas flow in shale nanopores with non-circular cross-section. AIChE Journal, 2016, 62(8): 2893-2901.

［12］Freeman C, Moridis G, Blasingame T. A numerical study of microscale flow behavior in tight gas and shale gas reservoir systems. Transport in Porous Media, 2011, 90(1): 253-268.

［13］Javadpour F. Nanopores and apparent permeability of gas flow in mudrocks (shales and siltstone). Journal of Canadian Petroleum Technology, 2009, 48(8): 16-21.

［14］Beskok A, Karniadakis G E. Report: A model for flows in channels, pipes, and ducts at micro and nano scales. Microscale Thermophysical Engineering, 1999, 3(1): 43-77.

［15］Civan F. Effective correlation of apparent gas permeability in tight porous media. Transport in Porous Media, 2010, 82(2): 375-384.

［16］Darabi H, Ettehad A, Javadpour F, et al. Gas flow in ultra-tight shale strata. Journal of Fluid Mechanics, 2012, 710(12): 641-658.

［17］Wu K, Chen Z, Li X. Real gas transport through nanopores of varying cross-section type and shape in shale gas reservoirs. Chemical Engineering Journal, 2015, 281: 813-825.

［18］Wu K, Chen Z, Li X, et al. Flow behavior of gas confined in nanoporous shale at high pressure: Real gas effect. Fuel, 2017, 205: 173-183.

［19］Singh H, Javadpour F, Ettenadtavakkol A, et al. Nonempirical apparent permeability of shale. SPE Reservoir Evaluation & Engineering, 2013, 17(3): 414-424.

［20］Cai J, Perfect E, Cheng C L, et al. Generalized modeling of spontaneous imbibition based on Hagen-poiseuille flow in tortuous capillaries with variably shaped apertures. Langmuir, 2014, 30(18): 5142-5151.

［21］Economides M J, Nolte K G, Ahmed U, et al. Reservoir Stimulation. Chichester: Wiley Chichester, 2000.

［22］Abe H, Keer L, Mura T. Growth rate of a penny-shaped crack in hydraulic fracturing of rocks, 2. Journal of Geophysical Research, 1976, 81(35): 6292-6298.

［23］Nordgren R. Propagation of a vertical hydraulic fracture. Society of Petroleum Engineers Journal, 1972, 12 (4): 306-314.

[24] Perkins T, Kern L. Widths of hydraulic fractures. Journal of Petroleum Technology, 1961, 13(9): 937-949.

[25] Khristianovic S, Zheltov Y. Formation of vertical fractures by means of highly viscous fluids//Proceedings of the 4th World Petroleum Congress, Rome, 1955.

[26] Geertsma J, de Klerk F. A rapid method of predicting width and extent of hydraulically induced fractures. Journal of Petroleum Technology, 1969, 21(12): 1-571.

[27] Clifton R, Abou-Sayed A. On the computation of the three-dimensional geometry of hydraulic fractures//Proceedings of the Symposium on Low Permeability Gas Reservoirs, Denver, 1979.

[28] Crockett A, Okusu N, Cleary M. A complete integrated model for design and real-time analysis of hydraulic fracturing operations//Proceedings of the SPE California Regional Meeting, Oakland, 1986.

[29] Xu W, Thiercelin M J, Walton I C. Characterization of hydraulically-induced shale fracture network using an analytical/semi-analytical Model//Proceedings of the SPE Annual Technical Conference and Exhibition, New Orleans, 2009.

[30] Weng X, Kresse O, Cohen C E, et al. Modeling of hydraulic-fracture-network propagation in a naturally fractured formation. SPE Production & Operations, 2011, 26(4): 368-380.

[31] Hunsweck M J, Shen Y, Lew A J. A finite element approach to the simulation of hydraulic fractures with lag. International Journal for Numerical and Analytical Methods in Geomechanics, 2013, 37(9): 993-1015.

[32] Rungamornrat J, Mear M E. A weakly-singular sgbem for analysis of cracks in 3d anisotropic media. Computer Methods in Applied Mechanics and Engineering, 2008, 197(49): 4319-4332.

[33] Cheng Y. Boundary element analysis of the stress distribution around multiple fractures: Implications for the spacing of perforation clusters of hydraulically fractured horizontal Wells//Proceedings of the SPE Eastern Regional Meeting, Charleston, 2009.

[34] Wu K, Olson J. Investigation of the impact of fracture spacing and fluid properties for interfering simultaneously or sequentially generated hydraulic fractures. SPE Production & Operations, 2013, 28(4): 427-436.

[35] Dahi-Taleghani A. Analysis of hydraulic fracture propagation in fractured reservoirs: An improved model for the interaction between induced and natural fractures. College Station: Texas A&M University, 2009.

[36] Dahi-Taleghani A, Olson J. Numerical modeling of multistranded-hydraulic-fracture propagation: Accounting for the interaction between induced and natural fractures. SPE Journal, 2011, 16(3): 575-581.

[37] Gordeliy E, Peirce A. Coupling schemes for modeling hydraulic fracture propagation using the xfem. Computer Methods in Applied Mechanics and Engineering, 2013, 253: 305-322.

[38] Gordeliy E, Peirce A. Implicit level set schemes for modeling hydraulic fractures using the xfem. Computer Methods in Applied Mechanics and Engineering, 2013, 266: 125-143.

[39] Mohammadnejad T, Khoei A. An extended finite element method for hydraulic fracture propagation in deformable porous media with the cohesive crack model. Finite Elements in Analysis and Design, 2013, 73: 77-95.

[40] 杨天鸿, 唐春安, 刘红元, 等. 水压致裂过程分析的数值试验方法. 力学与实践, 2001, 23(5): 51-53.

[41] 李根, 唐春安, 李连崇, 等. 水压致裂过程的三维数值模拟研究. 岩土工程学报, 2010, 32(12): 1875-1881.

[42] 梁正召, 唐春安, 张永彬, 等. 岩石三维破裂过程的数值模拟研究. 岩石力学与工程学报, 2006, 25 (5): 931-936.

[43] 李连崇, 梁正召, 李根, 等. 水力压裂裂缝穿层及扭转扩展的三维模拟分析. 岩石力学与工程学报, 2010, 29(Z1): 3208-3216.

[44] 赵万春, 艾池, 李玉伟, 等. 基于损伤理论双重介质水力压裂岩体劣化与孔渗特性变化理论研究. 岩石力学与工程学报, 2009, 28(Z2): 3490-3496.

[45] Chen Z. Finite element modelling of viscosity-dominated hydraulic fractures. Journal of Petroleum Science and Engineering, 2012, 88: 136-144.

[46] Chen Z, Bunger A P, Zhang X, et al. Cohesive zone finite element-based modeling of hydraulic fractures. Acta Mechanica Solida Sinica, 2009, 22(5): 443-452.

[47] Carrier B, Granet S. Numerical modeling of hydraulic fracture problem in permeable medium using cohesive zone model. Engineering Fracture Mechanics, 2012, 79: 312-328.

[48] 连志龙, 张劲, 吴恒安, 等. 水力压裂扩展的流固耦合数值模拟研究. 岩土力学, 2008, 29(11): 3021-3026.

[49] Shimizu H, Murata S, Ishida T. The distinct element analysis for hydraulic fracturing in hard rock considering fluid viscosity and particle size distribution. International Journal of Rock Mechanics and Mining Sciences, 2011, 48(5): 712-727.

[50] Deng S, Podgorney R, Huang H. Discrete element modeling of rock deformation fracture network Development and Permeability Evolution under Hydraulic Stimulation//Proceedings of the 36th Workshop on Geothermal Reservoir Engineering, Palo Alto, 2011.

[51] Fu P, Johnson S M, Carrigan C R. An explicitly coupled hydro-geomechanical model for simulating hydraulic fracturing in arbitrary discrete fracture networks. International Journal for Numerical and Analytical Methods in Geomechanics, 2013, 37(14): 2278-2300.

[52] 张振南, 葛修润. 多维虚内键模型(Vmib)及其在岩体数值模拟中的应用. 中国科学: E辑, 2007, 37(5): 605-612.

[53] Zhang Z, Ghassemi A. Simulation of hydraulic fracture propagation near a natural fracture using virtual multidimensional internal bonds. International Journal for Numerical and Analytical Methods in Geomechanics, 2011, 35(4): 480-495.

[54] Huang K, Zhang Z, Ghassemi A. Modeling three-dimensional hydraulic fracture propagation using virtual multidimensional internal bonds. International Journal for Numerical and Analytical Methods in Geomechanics, 2013, 37(13): 2021-2038.

[55] 陈勉, 庞飞, 金衍. 大尺寸真三轴水力压裂模拟与分析. 岩石力学与工程学报, 2000, (Z1): 868-872.

[56] 姜浒, 陈勉, 张广清, 等. 定向射孔对水力裂缝起裂与延伸的影响. 岩石力学与工程学报, 2009, 28 (7): 1321-1326.

[57] 黄中伟, 李根生. 水力射孔参数对起裂压力影响的实验研究. 中国石油大学学报: 自然科学版, 2008, 31(6): 48-50.

[58] 邓金根, 蔚宝华, 王金凤, 等. 定向射孔提高低渗透油藏水力压裂效率的模拟试验研究. 石油钻探技术, 2004, 31(5): 14-16.

[59] 张广清, 陈勉. 水平井水力裂缝非平面扩展研究. 石油学报, 2005, 26(3): 95-97.

[60] 周健, 陈勉, 金衍, 等. 裂缝性储层水力裂缝扩展机理试验研究. 石油学报, 2007, 28(5): 109-113.

[61] 郭印同, 杨春和, 贾长贵, 等. 页岩水力压裂物理模拟与裂缝表征方法研究. 岩石力学与工程学报,

2014，33（1）：52-59.

［62］张旭，蒋廷学，贾长贵，等. 页岩气储层水力压裂物理模拟试验研究. 石油钻探技术，2013，41（2）：70-74.

［63］Suarez-Rivera R，Stenebråten J，Gadde P B，et al. An experimental investigation of fracture propagation during water injection. Lafayette：Louisiana Society of Petroleum Engineers，2002.

［64］Casas L A，Miskimins J L，Black A D，et al. Laboratory hydraulic fracturing test on a rock with artificial discontinuities. San Antonio：Society of Petroleum Engineers，2006.

［65］Bohloli B，De Pater C. Experimental study on hydraulic fracturing of soft rocks：Influence of fluid rheology and confining stress. Journal of Petroleum Science and Engineering，2006，53（1）：1-12.

［66］贾利春，陈勉，孙良田，等. 结合 CT 技术的火山岩水力裂缝延伸实验. 石油勘探与开发，2013，40（3）：377-380.

［67］Bunger A P，Detournay E. Experimental validation of the tip asymptotics for a fluid-driven crack. Journal of the Mechanics and Physics of Solids，2008，56（11）：3101-3115.

［68］Bunger A P，Detournay E，Jeffrey R G. Crack tip behavior in near-surface fluid-driven fracture experiments. Comptes Rendus Mecanique，2005，333（4）：299-304.

［69］Bunger A P. An Experimental investigation of fracture propagation in compression using moiré interferometry. Minneapolis：University of Minnesota，2002.

［70］Bunger A P，Jeffrey R G，Detournay E. Toughness-dominated near-surface hydraulic fracture experiments. Houston：American Rock Mechanics Association，2004.

［71］Bunger A P，Jeffrey R G，Detournay E. Experimental investigation of crack opening asymptotics for fluid-driven fracture. Strength，Fracture and Complexity，2005，3（2）：139-147.

［72］Wu R，Bunger A，Jeffrey R，et al. A comparison of numerical and experimental results of hydraulic fracture growth into a zone of lower confining stress//Proceedings of the 42nd US Rock Mechanics Symposium（USRMS），San Francisco，2008.

［73］Alpern J，Marone C，Elsworth D，et al. Exploring the physicochemical processes that govern hydraulic fracture through laboratory experiments//Proceedings of the 46th US Rock Mechanics/Geomechanics Symposium，Chicago，2012.

［74］Clarkson C R. Production data analysis of unconventional gas wells：Review of theory and best practices. International Journal of Coal Geology，2013，109：101-146.

［75］Ozkan E，Raghavan R S，Apaydin O G. Modeling of fluid transfer from shale matrix to fracture network//Proceedings of the SPE Annual Technical Conference and Exhibition，Florence，2010.

［76］Wang H. Performance of multiple fractured horizontal wells in shale gas reservoirs with consideration of multiple mechanisms. Journal of Hydrology，2014，510：299-312.

［77］Zhou W，Banerjee R，Poe B D，et al. Semianalytical production simulation of complex hydraulic-fracture networks. SPE Journal，2013，19（1）：6-18.

［78］Yu W，Wu K，Sepehrnoori K. A semianalytical model for production simulation from nonplanar hydraulic-fracture geometry in tight oil reservoirs. SPE Journal，2016，21（3）：1028-1040.

［79］Warren J，Roop P J. The behavior of naturally fractured reservoirs. SPE Journal，1963，3（3）：245-255.

［80］Zimmerman R W，Chen G，Hadgu T，et al. A numerical dual-porosity model with semianalytical treatment of fracture/matrix flow. Water Resources Research，1993，29（7）：2127-2137.

［81］Azom P N，Javadpour F. Dual-continuum modeling of shale and tight gas reservoirs//Proceedings of the SPE annual Technical Conference and Exhibition，San Antonio，2012.

[82] Vermeulen T. Theory for irreversible and constant-pattern solid diffusion. Industrial & Engineering Chemistry Research, 1953, 45(8): 1664-1670.

[83] Jiang J, Younis R M. Numerical study of complex fracture geometries for unconventional gas reservoirs using a discrete fracture-matrix model. Journal of Natural Gas Science and Engineering, 2015, 26: 1174-1186.

[84] Pruess K, Narasimhan T N. Practical method for modeling fluid and heat flow in fractured porous media. SPE Journal, 1985, 25(1): 14-26.

[85] Lee S H, Lough M, Jensen C. Hierarchical modeling of flow in naturally fractured formations with multiple length scales. Water Resources Research, 2001, 37(3): 443-455.

[86] Wu Y, Li J, Ding D, et al. A generalized framework model for the simulation of gas production in unconventional gas reservoirs. SPE Journal, 2014, 19(5): 845-857.

[87] Zhang R, Zhang L, Wang R, et al. Simulation of a multistage fractured horizontal well with finite conductivity in composite shale gas reservoir through finite-element method. Energy & Fuels, 2016, 30 (11): 9036-9049.

[88] Jiang J, Younis R M. Hybrid coupled discrete-fracture/matrix and multicontinuum models for unconventional-reservoir simulation. SPE Journal, 2016, 21(3): 1009-1027.

[89] Chen C. Multiscale imaging, modeling, and principal component analysis of gas transport in shale reservoirs. Fuel, 2016, 182: 761-770.

[90] Sun H, Chawathe A, Hoteit H, et al. Understanding shale gas flow behavior using numerical simulation. SPE Journal, 2015, 20(1): 142-154.

[91] Xia Y, Jin Y, Chen K P, et al. Simulation on gas transport in shale: The coupling of free and adsorbed gas. Journal of Natural Gas Science and Engineering, 2017, 41: 112-124.

[92] Freeman C, Moridis G, Blasingame T. Modeling and performance interpretation of flowing gas composition changes in shale gas wells with complex fractures//Proceedings of the IPTC 2013: International Petroleum Technology Conference, Beijing, 2013.

[93] Hartman R C, Ambrose R J, Akkutlu I Y, et al. Shale gas-in-place calculations part II -Multicomponent gas adsorption effects//Proceedings of the North American Unconventional Gas Conference and Exhibition, The Woodlands, 2011.

[94] Rezaveisi M, Javadpour F, Sepehrnoori K. Modeling chromatographic separation of produced gas in shale wells. International Journal of Coal Geology, 2014, 121: 110-122.

[95] 卢德唐, 张龙军, 郑德温, 等. 页岩气组分模型产能预测及压裂优化. 科学通报, 2016, (1): 94-101.

[96] Olorode O, AkkutluI Y, Efendiev Y. Compositional reservoir-flow simulation for organic-rich gas shale [J]. SPE Journal, 2017, 22(6): 1963-1983.

[97] Vengosh A, Jackson R B, Warner N, et al. A critical review of the risks to water resources from unconventional shale gas development and hydraulic fracturing in the United States. Environmental Science & Technology, 2014, 48(15): 8334-8348.

[98] Yang R, Huang Z, Li G, et al. A semianalytical approach to model two-phase flowback of shale-gas wells with complex-fracture-network geometries. SPE Journal, 2017, 22(06): 1-808.

[99] 李根生, 黄中伟, 李敬彬. 水力喷射径向水平井钻井关键技术研究. 石油钻探技术, 2017, 45(2): 1-9.

[100] 黄中伟, 李根生, 唐志军, 等. 水力喷射侧钻径向微小井眼技术. 石油钻探技术, 2013, 41(4):

37-41.

[101] 迟焕鹏, 李根生, 黄中伟, 等. 水力喷射径向水平井技术研究现状及分析. 钻采工艺, 2013, 36 (4): 119-124.

[102] 李根生, 黄中伟, 沈忠厚, 等. 水力喷射侧钻径向分支井眼的方法及装置: CN101429848. 2009-05-13.

[103] 李根生, 黄中伟, 牛继磊, 等. 同步多分支径向水平井完井方法及工具: CN103924923A. 2014-04-29.

[104] Balch R S, Ruan T, Savage M, et al. Field testing and validation of a mechanical alternative to radial jet drilling for improving recovery in mature oil wells//SPE Western Regional Meeting, Anchorage, 2016.

[105] 迟焕鹏, 李根生, 廖华林, 等. 水力喷射径向水平井射流钻头优选试验研究. 流体机械, 2013, 41 (2): 1-6.

[106] Cinelli S D, Kamel A H. Novel technique to drill horizontal laterals revitalizes aging field//Proceedings of the SPE/IADC Drilling Conference, Amsterdam, 2013.

[107] Abdel-Ghany M A, Siso S, Hassan A M, et al. New technology application, radial drilling Petrobel, first well in Egypt//Proceedings of the Offshore Mediterranean Conference and Exhibition, Ravenna, 2011.

[108] Bruni M A, Biasotti J H, Salomone G D. Radial drilling in Argentina//Proceedings of the Latin American & Caribbean Petroleum Engineering Conference, Buenos Aires, 2007.

[109] Cirigllano R A, Talavera Blacutt J F. First experience in the application of radial perforation technology in deep wells//Proceedings of the Latin American & Caribbean Petroleum Engineering Conference, Buenos Aires, 2007.

[110] Dickinson W, Dykstra H, Nees J, et al. The ultrashort radius radial system applied to thermal recovery of heavy oil//Proceedings of the SPE Western Regional Meeting, Bakersfield, 1992.

[111] Kamel A H. RJD: A cost effective frackless solution for production enhancement in marginal fields//Proceedings of the SPE Eastern Regional Meeting, Ohio, 2016.

[112] Li G, Huang Z, Tian S, et al. Research and application of water jet technology in well completion and stimulation in China. Petroleum Science, 2010, 7(2): 239-244.

[113] Li Y, Wang C, Shi L, et al. Application and development of drilling and completion of the ultrashort-radius radial well by high pressure jet flow techniques//Proceedings of the International Oil and Gas Conference and Exhibition in China, Beijing, 2000.

[114] Ursegov S, Bazylev A, Taraskin E. First results of cyclic steam stimulations of vertical wells with radial horizontal bores in heavy oil carbonates (Russian)//Proceedings of the SPE Russian Oil and Gas Technical Conference and Exhibition, Moscow, 2008.

[115] 李根生, 黄中伟, 田守嶒, 等. 水力喷射径向钻孔与压裂一体化方法: 201410148299.5. 2014-06-25.

[116] 李根生, 宋先知, 黄中伟, 等. 连续管钻井完井技术研究进展及发展趋势. 石油科学通报, 2016, 1 (1): 81-90.

[117] 苏建. 水力喷射定向深穿透压裂技术研究与应用. 石油化工高等学校学报, 2014, 27(2): 55-58.

[118] Megorden M P, Jiang H, Bentley P J D. Improving hydraulic fracture geometry by directional drilling in coal seam gas formation. Brisbane: Society of Petroleum Engineers, 2013.

[119] Liu Q L, Tian S C, Li G S, et al. An analytical model for fracture initiation from radial lateral borehole. Journal of Petroleum Science & Engineering, 2018, 164: 206-218.

[120] Fu X, Li G, Huang Z, et al. Experimental and numerical study of radial lateral fracturing for coalbed methane. Journal of Geophysics & Engineering, 2015, 12(5): 875-886.

［121］黄鑫,董秀成，肖春跃，等.非常规油气勘探开发现状及发展前景.天然气与石油，2012,（06）：38-41.

［122］邹才能,翟光明,张光亚，等. 全球常规-非常规油气形成分布、资源潜力及趋势预测. 石油勘探与开发，2015, 42（1）：3.

［123］王宗礼,娄钰,潘继平. 中国油气资源勘探开发现状与发展前景. 国际石油经济，2017, 25（3）：1-6.

［124］Touzel P. Managing environmental and social risks in China's unconventional gas sector-lessons learned and application in future developments//International Conference on Health，Safety and Environment in Oil and Gas Exploration and Production，Perth，2012.

［125］Anderson R L, Ratcliffe I, Greenwell H C, et al. Clay swelling-A challenge in the oilfield. Earth-Science Reviews，2010, 98（3-4）:201-216.

［126］Slutz J A, Anderson J A, Broderick R, et al. Key shale gas water management strategies：An economic assessment tool//International Conference on Health，Safety and Environment in Oil and Gas Exploration and Production，Perth，2012.

［127］Zelenev A S, Zhou H, Linda B. Microemulsion-assisted fluid recovery and improved permeability to gas in shale formations//SPE International Symposium and Exhibition on Formation Damage Control，Lafayette，2010.

［128］闫存章，黄玉珍，葛春梅，等.页岩气是潜力巨大的非常规天然气资源，天然气工业，2009, 33（5）：67-71.

［129］Li J, Guo B, Gao D, et al. The effect of fracture-face matrix damage on productivity of fractures with infinite and finite conductivities in shale-gas reservoirs. SPE Drilling & Completion，2012, 27（3）：348-354.

［130］Bowker K A. Barnett shale gas production Fort Worth Basin：Issues and discussion. AAPG Bulletin，2007, 55（1）：523-553.

［131］Johnson E G, Johnson L A. Hydraulic fracture water usage in Northeast British Columbia：Locations，volumes and trends.Geoscience Reports，2012, 1（1）：41-63.

［132］Gupta D V S, Niechwiadowicz G, Jerat A C. CO_2 compatible non-aqueous methanol fracturing fluid//SPE Annual Technical Conference and Exhibition，Denver，2003.

［133］Hall R, Chen Y, Pope T L, et al. Novel CO_2-emulsified viscoelastic surfactant fracturing fluid system//SPE Annual Technical Conference and Exhibition，Calgary，2005.

［134］Arias R E, Nadezhdin S V, Hughes K N, et al. New viscoelastic surfactant fracturing fluids now compatible with CO_2 drastically improve gas production in Rockies//SPE International Symposium and Exhibition on Formation Damage Control，Lafayette，2008.

［135］Vesovic V, Wakeham W A, Olchowy G A, et al. The transport properties of carbon dioxide. Journal of Physical and Chemical Reference Date，1990, 19:763-808.

［136］Fenghour A, Wakeham W A, Vesovic V. The viscosity of carbon dioxide. Journal of Physical and Chemical Reference Date，1998, 27:31-44.

［137］李根生、王海柱、沈忠厚、等. 超临界 CO_2 射流在石油工程中应用研究与前景展望. 中国石油大学学报（自然科学版），2013,37（5）：76-80.

［138］杨发，汪小宇，李勇. 二氧化碳压裂液研究及应用现状. 石油化工应用,2014,33（12）:9-12.

［139］李庆辉、陈勉、金衍、等. 新型压裂技术在页岩气开发中的应用. 特种油气藏，2013, 19（6）：1-7.

［140］王香增、吴金桥、张军涛. 陆相页岩气层的 CO_2 压裂技术应用探讨. 天然气工业，2014, 34（1）：64-67.

[141] Yost A B, Mazza R L, Gehr J B. CO_2/sand fracturing in devonian shales//SPE Eastern Regional Meeting, Pittsburgh, 1993.

[142] Campbell S M, Fairchild Jr N R, Arnold D L. Liquid CO_2 and sand stimulations in the lewis shale, San Juan Basin, New Mexico: A case study//SPE Rocky Mountain Regional/Low-Permeability Reservoirs Symposium and Exhibition, Denver, 2000.

[143] 沈忠厚, 王海柱, 李根生. 超临界 CO_2 连续油管钻井可行性分析. 石油勘探与开发, 2010, 37(6): 743-747.

[144] 王海柱, 沈忠厚, 李根生. 超临界 CO_2 开发页岩气技术. 石油钻探技术, 2011, 39(3):30-35.

第二章 页岩气储层基质孔隙内流动模型

第一节 页岩微纳孔隙单组分气体流动

一、微纳孔隙单组分理想气体流动模型

页岩有机质孔隙内存在游离气,同时孔隙壁面吸附大量吸附气分子,游离气在孔隙内由于压力差、分子间的碰撞、分子与孔壁之间的碰撞等作用发生流动。吸附气则会随着孔隙压力的减小而脱离壁面,成为游离气。同时吸附气会在孔壁表面发生移动,即发生表面扩散作用(图2.1)。无机质孔隙、天然裂缝和人工裂缝中则只存在游离气。由于有机质孔隙内流动机制最复杂,下面主要讨论有机质纳米孔隙内气体的流动机理。

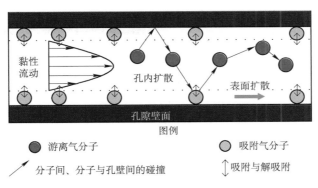

图 2.1 页岩有机质孔隙内气体流动示意图

(一)基于克努森数的流体流动状态分类

页岩储层中广泛存在着纳米级的孔隙,页岩气在纳米孔中的流动已不满足连续流动假设[1]。Rangarajan等[2]指出,在多孔介质中的流动取决于气体分子的平均自由程和岩石本身的物理性质,提出利用克努森数(Kn)划分不同的气体流动状态。

Kn定义为平均分子自由程与孔隙直径之比[3]:

$$Kn = \frac{\lambda}{D} \tag{2.1}$$

式中,λ为平均分子自由程,m;D为孔隙直径,m。

平均分子自由程指气体分子与其他分子相继发生两次碰撞所走过的平均距离,定义为[4]

$$\lambda = \frac{k_{\mathrm{B}}T}{\sqrt{2}\,\pi D_{\mathrm{p}}^{2}p} \tag{2.2}$$

式中,k_B 为玻尔兹曼常量,J/K;T 为温度,K;D_p 为气体分子直径,m;p 为孔隙压力,Pa。

由式(2.1)和式(2.2)可知,Kn 与孔隙压力、孔径、温度、分子直径等参数有关。页岩气的主要成分是甲烷,所以气体分子直径 D_p 是个定值。页岩储层可以看作是无限大地层,储层温度也可认为保持不变。所以,对于页岩气而言,影响 Kn 的因素是孔隙压力和孔隙直径。

如图 2.2 所示,根据 Kn 取值的不同,毛细管内气体的流动状态分为四种[5]:连续流($Kn \leq 0.001$)、滑脱流($0.001 < Kn \leq 0.1$)、过渡流($0.1 < Kn \leq 10$)、自由分子流($Kn > 10$)。连续流流态下,压力差作为气体流动的驱动力,气体可以看作连续介质,气体流动满足达西定律;当 $0.001 < Kn \leq 0.1$ 时,气体仍然可以看作连续介质,但孔壁处的气体流速不为零,分子间的碰撞不可忽略;当 $0.1 < Kn \leq 10$ 时,气体连续性假设失效,多孔介质的特征长度与平均分子自由程在同一数量级,分子与分子之间的碰撞和分子与孔壁之间的碰撞占有同等重要的地位,此时流态为过渡流,它是滑脱流和克努森扩散综合作用的结果;当 $Kn > 10$ 时,分子间的碰撞可以忽略不计,分子与孔壁间的碰撞占主导地位,称之为克努森扩散[6]。

图 2.2 基于克努森数的气体流动状态划分方法

根据式(2.2)可计算出页岩气平均分子自由程随温度和压力的变化曲线(图 2.3、图 2.4)。平均分子自由程随着压力的降低和温度的升高而增大。当温度为 300K 时,压力从 10MPa 降低到 1MPa 时,分子平均自由程增大了 10 倍;当压力为 1MPa,温度从 450K 下降到 300K 时,分子平均自由程减小了 33%,比较发现,压力对平均分子自由程的影响远大于温度的影响。

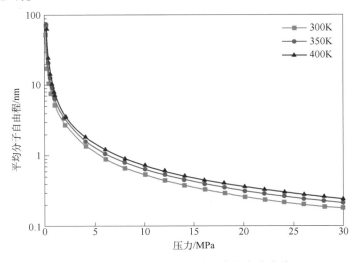

图 2.3 平均分子自由程随压力的变化曲线

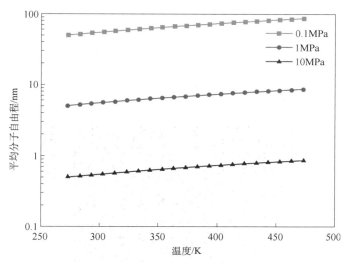

图 2.4 平均分子自由程随温度的变化曲线

根据式(2.1)可计算得到温度为 400K 时,不同孔径、不同压力条件下,Kn 的变化情况。由图 2.5 可知,孔径保持不变时,Kn 随着压力的增大逐渐减小,且孔径越小,流态转变时的压力越大;某一固定压力下,Kn 随着孔径的增大逐渐减小。孔隙直径为 1μm 时,气体流态处于滑脱流和连续流,连续性假设依然成立。孔隙压力大于 7MPa 时,逐渐从滑脱流向连续流转化;孔隙直径为 1nm 时,压力低于 0.6MPa 时,气体流态为自由分子流,高于 0.6MPa 则处于过渡流;而在 1nm 到 1μm 之间,气体流态大多是滑脱流和过渡流,此时不能再用达西定律描述气体流动。

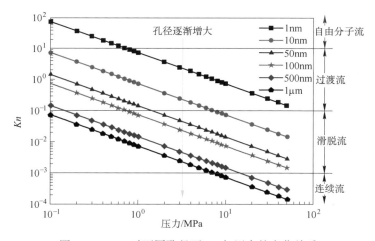

图 2.5 400K 时不同孔径下 Kn 与压力的变化关系

典型的页岩储层压力、温度条件下,Kn 介于 $2 \times 10^{-4} \sim 6$[7]。如图 2.6 所示,在原始地层压力下,对于有机质孔隙而言,气体流态一般是滑脱流;随着页岩气的开采,储层压力逐渐降低,过渡流逐渐取代滑脱流成为有机质孔隙中气体的主要流动状态;当孔径小于2nm、孔隙压力小于1MPa时,主要发生克努森扩散。所以,在实际页岩气开采过程中,气体流态是一个动态变化的过程,会随着储层压力的降低逐渐从滑脱流向过渡流和克努森扩散发生转变,并且流态之间转变平滑,不发生突变[8]。所以,建立一个统一的、简便的气体流动模型用以表征不同的流态具有重要意义。

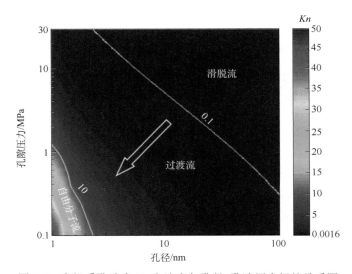

图 2.6　有机质孔隙中 Kn 和流态与孔径、孔隙压力间的关系图

(二) 改进的扩展纳维-斯托克斯方程

对于连续流,可以用经典的 N-S 方程描述气体的流动规律[9]。由于页岩储层孔隙尺寸非常小,达到了微纳米级,气体在基质孔隙中的流动非达西效应显著,经典的 N-S 方程已经不再适用。这里,我们引入扩展 N-S 方程来建立适用于较大范围 Kn 下的页岩气纳米孔微观流动模型。

对于滑脱流、过渡流和自由分子流,除了压力差作为驱动力的对流作用外,分子间的碰撞作用和分子与孔壁之间的碰撞作用产生的气体扩散作用对页岩气的流动也有重要贡献[10](图 2.7)。由于分子间的碰撞而产生的气体扩散量可以用体扩散衡量,而分子与孔壁间碰撞占主导时则为克努森扩散[11,12]。

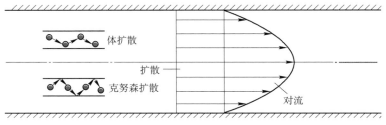

图 2.7　页岩纳米孔中对流和扩散速度剖面

为了同时描述对流和扩散作用产生的气体流量,Durst 等[13]提出在经典 N-S 方程基础上进行修正,将气体扩散产生的质量流量包含进来,形成了扩展 N-S 方程理论。与常规滑脱模型不同,该方法不需要引入滑脱速度边界条件,减少了需实验测得的未知参数数量,提高了模型可靠性。

页岩基质纳米孔中气体速度剖面由两部分构成——对流和扩散。孔隙内总的气体速度 $\hat{U}_i$ 可以写作[14]

$$\hat{U}_i = U_i + \bar{u}_i^D \tag{2.3}$$

式中,$\hat{U}_i$ 为总速度,m/s;U_i 为对流速度,m/s;$\bar{u}_i^D$ 为扩散速度,m/s。

对流速度可以根据无滑脱边界条件下的经典 N-S 方程求得。对于扩散速度而言,不同的流动状态下,微观原理和求解方程均不同。对于滑脱流,除了对流流动之外,分子与分子之间的碰撞产生的扩散作用比分子与孔壁间的碰撞产生的碰撞作用显著,此时用体扩散来表征孔隙内的气体扩散[14,15];对于自由分子流,分子与孔壁间的碰撞成为影响气体流动的主导因素,此时用克努森扩散表征气体的扩散作用;对于过渡流,扩散作用兼具体扩散和克努森扩散的特点。

如图 2.8 所示,假如两个平面相距一个平均分子自由程 λ 的距离,利用气体动力学理论,可以推导得到气体的体扩散流量。根据气体动力学原理,$x_i+\lambda$ 和 $x_i-\lambda$ 处的气体扩散质量流量通量分别为

$$\dot{m}_{x_i+\lambda}^D = \frac{1}{6}\rho(x_i+\lambda)\bar{u}^M(x_i+\lambda)$$
$$\dot{m}_{x_i-\lambda}^D = \frac{1}{6}\rho(x_i-\lambda)\bar{u}^M(x_i-\lambda) \tag{2.4}$$

式中,ρ 为气体密度,kg/m³;x_i 为位置坐标;$\bar{u}^M$ 为分子平均速度,m/s,其定义为

$$\bar{u}^M = \sqrt{\frac{8RT}{\pi M}} \tag{2.5}$$

式中,T 为温度,K;R 为普适气体常数,J/(mol·K);M 为气体摩尔质量,kg/mol。

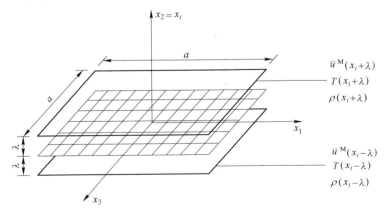

图 2.8　密度梯度和温度梯度导致的气体扩散量

净扩散质量流量通量可表示为

$$\dot{m}_i^{\mathrm{D}} = \frac{1}{6}\big[\rho(x_i - \lambda)\bar{u}^{\mathrm{M}}(x_i - \lambda) - \rho(x_i + \lambda)\bar{u}^{\mathrm{M}}(x_i + \lambda)\big] \tag{2.6}$$

利用泰勒级数展开,忽略高阶项,只保留一阶倒数项,可得

$$\dot{m}_i^{\mathrm{D}} = \frac{1}{6}\left[\left(\rho(x_i) + \frac{\partial\rho}{\partial x_i}(-\lambda)\right)\left(\bar{u}^{\mathrm{M}}(x_i) + \frac{\partial\bar{u}^{\mathrm{M}}}{\partial x_i}(-\lambda)\right) - \left(\rho(x_i) + \frac{\partial\rho}{\partial x_i}(\lambda)\right)\left(\bar{u}^{\mathrm{M}}(x_i) + \frac{\partial\bar{u}^{\mathrm{M}}}{\partial x_i}(\lambda)\right)\right] \tag{2.7}$$

整理得

$$\dot{m}_i^{\mathrm{D}} = -\frac{1}{3}\big(\bar{u}^{\mathrm{M}}\partial_{x_i}\rho + \rho\partial_{x_i}\bar{u}^{\mathrm{M}}\big), \qquad \partial_{x_i} = \frac{\partial}{\partial x_i} \tag{2.8}$$

假设气体为理想气体,系统为热力学平衡状态,所以气体密度为

$$\rho = \frac{p}{RT} \tag{2.9}$$

将式(2.9)代入式(2.8)中,整理得

$$\dot{m}_i^{\mathrm{D}} = -\bar{D}\rho\big[\rho^{-1}\partial_{x_i}\rho + (2T)^{-1}\partial_{x_i}T\big], \qquad \bar{D} = \frac{1}{3}\lambda\bar{u}^{\mathrm{M}} \tag{2.10}$$

式中,$\bar{D}$ 为扩散系数。式(2.10)即为由密度梯度和温度梯度产生的气体体扩散质量流量通量,其压力形式表达式为

$$\dot{m}_i^{\mathrm{D}} = -\bar{D}\rho\big[p^{-1}\partial_{x_i}p - (2T)^{-1}\partial_{x_i}T\big] \tag{2.11}$$

(三)模型建立与影响因素分析

当 $Kn < 0.001$ 时,气体扩散质量流量与对流流量相比可以忽略。而当 Kn 比较大时,气体扩散流量可能与对流流量相当,甚至远远大于对流流量。页岩储层的温度可以认为是不变的,所以式(2.11)可以简化为

$$\dot{m}_i^{\mathrm{D}} = -\bar{D}\rho\big(p^{-1}\partial_{x_i}p\big) \tag{2.12}$$

将式(2.9)代入式(2.12),体扩散质量流量表示为

$$\dot{M}^{\mathrm{D}} = \dot{m}^{\mathrm{D}}\pi\frac{D^2}{4} = -\frac{\lambda}{3}\left(\frac{8M}{\pi RT}\right)^{-\frac{1}{2}}\pi\frac{D^2}{4}\partial_x p \tag{2.13}$$

式(2.13)表征是平均分子自由程与孔径相比相对较小时所产生的体扩散质量流量。当 $Kn > 10$ 时,克努森质量流量 $\dot{M}^{\mathrm{K}}$ 可以表示为[16]

$$\dot{M}^{\mathrm{K}} = -\frac{D}{3}\left(\frac{8M}{\pi RT}\right)^{-\frac{1}{2}}\pi\frac{D^2}{4}\partial_x p \tag{2.14}$$

由式(2.14)可知,$\dot{M}^{\mathrm{K}}$ 与孔径、温度和压力梯度有关。如果假设温度和压力梯度不变,$\dot{M}^{\mathrm{K}}$ 随着孔径的减小而减小。另外,克努森扩散更倾向于发生在直径较小的孔隙中,这是因为压力恒定的条件下,孔径越小,Kn 越大。

比较式(2.13)和式(2.14)可以发现,体扩散质量流量 $\dot{M}^{\mathrm{D}}$ 与克努森扩散质量流量 $\dot{M}^{\mathrm{K}}$

之间的区别是，$\dot{M}^{D}$ 表达式中第一项的分子是平均自由程 λ，而 $\dot{M}^{K}$ 表达式中第一项的分子是孔隙直径 D。由 Kn 的定义式[（式2.1）]可知，Kn 是 λ 和 D 的函数，所以体扩散质量流量和克努森扩散质量流量可以通过 Kn 联系起来。克努森扩散与体扩散存在内在的关联，两者可以结合起来描述过渡流态下气体的流动特点。实质上，式（2.13）和式（2.14）反映了随着 Kn 的增大，气体扩散类型逐渐从体扩散向克努森扩散转变的过程。当 Kn 较小时，体扩散对气体流动的贡献更大，而克努森扩散可以忽略不计；当 $Kn>10$ 时，体扩散可以忽略，克努森扩散占主导地位。这里，定义有效扩散质量流量 $\dot{M}^{e}$：

$$\lim_{Kn\to 0}\dot{M}^{e}=\dot{M}^{D}, \quad \lim_{Kn\to\infty}\dot{M}^{e}=\dot{M}^{K} \tag{2.15}$$

气体从一种流态向另外一种流态的过渡是平滑的（如滑脱流过渡到过渡流），因此气体扩散类型也是平滑地从体扩散向克努森扩散转变。为了满足式（2.15）的要求，我们提出一个假想的内插格式，利用 $\dot{M}^{D}$ 和 $\dot{M}^{K}$ 来表示有效扩散质量流量 $\dot{M}^{e}$：

$$\dot{M}^{e}=\frac{\alpha Kn\dot{M}^{K}+\dot{M}^{D}}{\alpha Kn+1} \tag{2.16}$$

式中，α 可能是一个定值，也可能是一个变化的值。观察式（2.16），当 Kn 趋向于 0、$\dot{M}^{K}$ 项趋向于 0 时，$\dot{M}^{e}$ 趋向于 $\dot{M}^{D}$；当 Kn 趋向于无穷大时，$\dot{M}^{e}$ 趋向于 $\dot{M}^{K}$，$\dot{M}^{D}$ 可以忽略不计。除了这种格式，还存在其他格式可以满足式（2.15）的要求，但与其他格式相比，式（2.16）的格式相对简单，更重要的是通过该格式推导出的模型结果与实验数据、蒙特卡洛模拟结果吻合较好，后面会进行详述。

将式（2.13）和式（2.14）代入式（2.16），可得

$$\dot{M}^{e}=\frac{\alpha Kn\dot{M}^{K}}{\alpha Kn+1}+\frac{Kn\dot{M}^{K}}{\alpha Kn+1} \tag{2.17}$$

通过式（2.17）可知，克努森扩散对有效扩散量的贡献是体扩散的 α 倍。下面将详细介绍 α 的确定方法。

根据前述内容，当为连续流和滑脱流时（$Kn<0.1$），与体扩散相比，克努森扩散可以忽略不计；所以，当 $Kn\leqslant 0.1$ 时，$\alpha\ll 1$。随着 Kn 逐渐增大，当气体流态进入过渡流时（$0.1<Kn\leqslant 10$），克努森扩散的影响越来越大；当 $Kn>10$ 时，克努森扩散占主导地位，体扩散可以忽略不计，所以 $\alpha\gg 1$。由此可见，α 并不是一个定值，它与 Kn 相关。为了满足上述 α 随 Kn 的变化规律，我们提出如下 α 与 Kn 之间的幂律关系：

$$\alpha=Kn^{b} \tag{2.18}$$

式中，$b>0$。由于 α 随着 b 发生变化，所以 b 直接影响了体扩散和克努森扩散在不同 Kn 下所占的比重，我们称之为比例系数。在整个模型中，b 是唯一需要确定的变量。其他统一的气体流动模型多含有两个甚至更多的变量[6,7]，与之相比，该模型更简便、可靠。为了得到比例系数 b 的值，我们将与蒙特卡洛模拟和实验数据进行拟合，后面会详细进行介绍。

对流流动质量流量 $\dot{M}^{C}$ 可以由经典 N-S 方程得到

$$\dot{M}^{\mathrm{C}} = -\left(\frac{D^2}{32\eta}\right)\left(\frac{pM}{RT}\right)\pi\frac{D^2}{4}\partial_x p \tag{2.19}$$

式中,η 为气体黏度。

综合式(2.14)~式(2.19),总扩散质量流量可表示为

$$\dot{M}^{\mathrm{T}\prime} = \dot{M}^{\mathrm{C}} + \dot{M}^{\mathrm{e}} = -\left(\frac{D^2}{32\eta}\frac{pM}{RT} + \frac{Kn^b Kn + Kn}{Kn^b Kn + 1}\frac{D}{3}\sqrt{\frac{8M}{\pi RT}}\right)\pi\frac{D^2}{4}\partial_x p \tag{2.20}$$

根据式(2.19)和式(2.20),总表观渗透率 k_{app} 可以表示为

$$k_{\mathrm{app}} = \frac{D^2}{32} + \frac{Kn^{b+1} + Kn}{Kn^{b+1} + 1}\frac{D}{3}\frac{\eta}{p}\sqrt{\frac{8RT}{\pi M}} \tag{2.21}$$

每种流动机理对应的表观渗透率可分别得到

$$k_{\mathrm{c}} = \frac{D^2}{32}$$

$$k_{\mathrm{bulk}} = \frac{Kn}{Kn^{b+1} + 1}\frac{D}{3}\frac{\eta}{p}\sqrt{\frac{8RT}{\pi M}}$$

$$k_{\mathrm{k}} = \frac{Kn^{b+1}}{Kn^{b+1} + 1}\frac{D}{3}\frac{\eta}{p}\sqrt{\frac{8RT}{\pi M}} \tag{2.22}$$

式中,k_{c} 为对流流动表观渗透率;k_{bulk} 为体扩散表观渗透率;k_{k} 为克努森扩散表观渗透率。

每种流动机理对总流动的贡献率可以根据相对应的表观渗透率占总表观渗透率 k_{app} 的比值计算得到。

1. 确定模型中的未知参数

确定比例系数 b 的取值,同时对建立的气体流动模型进行验证。由式(2.21)可知,假如孔隙压力和孔径不变,则影响总表观渗透率的主要因素是比例系数。为了得到适当的 b 值,定义标准化有效质量流量 $\dot{M}^{\mathrm{e}*}$ 如下:

$$\dot{M}^{\mathrm{e}*} = \frac{\dot{M}^{\mathrm{e}}}{\dot{M}^{\mathrm{K}}} \tag{2.23}$$

所以标准化体扩散质量流量和标准化克努森质量流量分别定义为

$$\dot{M}^{\mathrm{D}*} = \frac{\dot{M}^{\mathrm{D}}}{\dot{M}^{\mathrm{K}}}, \quad \dot{M}^{\mathrm{K}*} = \frac{\dot{M}^{\mathrm{K}}}{\dot{M}^{\mathrm{K}}} = 1 \tag{2.24}$$

式中,$\dot{M}^{\mathrm{D}*}$ 为标准化体扩散质量流量;$\dot{M}^{\mathrm{K}*}$ 为标准化克努森质量流量。

图 2.9 是标准化有效质量流量 $\dot{M}^{\mathrm{e}*}$ 与 Kn 之间的关系图。图中黑色实线代表归一化体扩散质量流量 $\dot{M}^{\mathrm{D}*}$,黑色点虚线代表标准化克努森质量流量 $\dot{M}^{\mathrm{K}*}$。当 $Kn\to 0$ 时,克努森扩散可以忽略不计,$\dot{M}^{\mathrm{e}*}$ 趋向于 $\dot{M}^{\mathrm{D}*}$;当 $Kn>10$ 时,克努森扩散占主导作用,体扩散可以忽略不计,$\dot{M}^{\mathrm{e}*}$ 趋向于 $\dot{M}^{\mathrm{K}*}$,所以标准化体扩散质量流量 $\dot{M}^{\mathrm{D}*}$ 和标准化克努森质量流量 $\dot{M}^{\mathrm{K}*}$ 可以作为标准化有效质量流量 $\dot{M}^{\mathrm{e}*}$ 的两条渐近线。从图 2.9 中可知,当比例系数

b 较小时($b=0.1$),$Kn<0.1$ 和 $Kn>10$ 时,$\dot{M}^{e*}$ (红色实线)与两条渐近线拟合程度较差;当比例系数 b 较大时($b=10$),$\dot{M}^{e*}$ (紫色实线)虽然与两条渐近线拟合程度很好,但在 $Kn=1$ 处急剧过渡,不平滑;当 $0.5 \leqslant b \leqslant 2$ 时,$Kn<1$ 则 $\dot{M}^{e*}$ 接近于 $\dot{M}^{D*}$,$Kn>10$ 则 $\dot{M}^{e*}$ 接近于 $\dot{M}^{K*}$,同时曲线过渡平滑,所以 b 取值为 $0.5 \sim 2$。

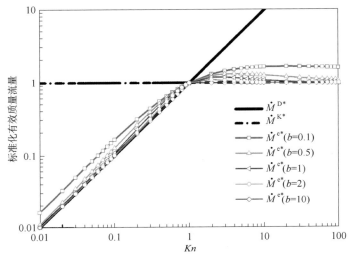

图 2.9 标准化有效质量流量与 Kn 之间的关系曲线

通过与直接蒙特卡洛模拟(DSMC)[17]和实验数据对比[18](图 2.10),当 $b=1$ 时,理论模型计算得到的数据与 DSMC 和实验数据拟合程度较好,并且覆盖了滑脱流、过渡流和克努森扩散等流态。所以,选取比例系数 $b=1$,不仅保证了模型的准确度和可靠性,也使

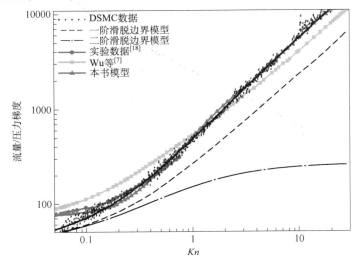

图 2.10 单位压力梯度下的体积流量与 Kn 之间的关系(气体类型为 N_2)

黑色实线代表 DSMC 数据的最佳拟合回归线

模型更加简便。利用 Maxwell 一阶滑脱边界条件和二阶滑脱边界条件得到的结果拟合程度都较差,而后者相对更差。随着 Kn 的增大,二阶滑脱边界模型逐渐趋向于某一数值,但是与 DSMC 数据趋势不同。Maxwell 一阶滑脱边界模型虽然趋势与 DSMC 相同,但误差较大。另外,当 $Kn<0.08$ 时,该模型结果与 DSMC 数据出现偏差。原因是 Kn 较小时,DSMC 数据存在误差。因为当 $Kn<0.08$ 时,该模型的结果与 Wu 等[7]模型、Sakhaee-pour 和 Bryant[18]的实验数据拟合较好。但是当 $Kn>0.08$ 时,该模型的计算结果与 DSMC 数据拟合程度较好,同时与 Wu 等[7]模型的数据变化趋势也相同。

总表观渗透率、体扩散表观渗透率、克努森表观渗透率分别表示为

$$k_{\text{app}} = \frac{D^2}{32} + \frac{Kn^2 + Kn}{Kn^2 + 1} \frac{D}{3} \frac{\eta}{p} \sqrt{\frac{8RT}{\pi M}}$$

$$k_{\text{bulk}} = \frac{Kn}{Kn^2 + 1} \frac{D}{3} \frac{\eta}{p} \sqrt{\frac{8RT}{\pi M}} \qquad (2.25)$$

$$k_{\text{k}} = \frac{Kn^2}{Kn^2 + 1} \frac{D}{3} \frac{\eta}{P} \sqrt{\frac{8RT}{\pi M}}$$

如图 2.11 所示,比较了不同模型时的表观渗透率与孔隙半径之间的关系。由图 2.11 可知,该模型计算得到的总表观渗透率曲线与 Javadpour 等的模型曲线拟合程度最好[19-21]。四个模型得到的曲线变化趋势是相同的。同时,当孔隙半径大于 1×10^{-6} m 时,四个模型曲线几乎重合。这是因为当孔径较大时,Kn 较小(一般小于 0.001),非达西效应可以忽略不计。

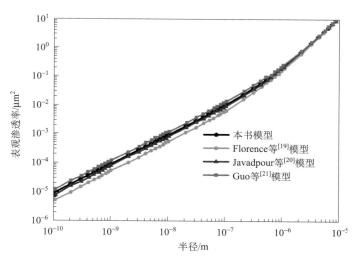

图 2.11　不同模型下,表观渗透率与孔隙半径之间的关系图

此外,我们将本模型与 Guo 等[21]的实验数据进行对比,发现压力较小时,两者拟合程度较好,而压力较大时则略微出现偏差(图 2.12)。这主要是因为该模型是基于理想气体建立的,在实验环境下真实气体效应会对气体的流动产生影响,并且压力较高时真实气体效应更加显著。这部分内容会在 2.2 节详细进行介绍。

模型的验证部分表明本节所建立的扩散–对流流动模型简便、可靠。

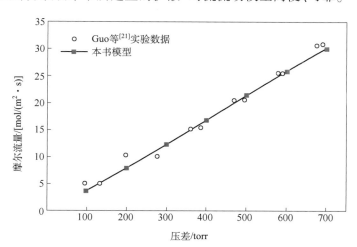

图 2.12 该模型与 Guo 等[21] 的实验数据关于流量与压差之间关系曲线对比图

实验条件：孔径235nm，气体为氧气，不考虑表面扩散作用。1torr = 1mmHg = 1.33322×10^2 Pa

2. 对影响表观渗透率的因素进行敏感性分析

该部分主要讨论的影响因素包括 Kn、比例系数、温度、压力等。基本参数如表 2.1 所示。

表 2.1 基本计算参数

参数	值	单位
气体摩尔质量 M	0.016	kg/mol
气体黏度 η	1.49×10^{-5}	Pa·s
玻尔兹曼常数 k_B	1.38×10^{-23}	J/K
甲烷分子直径 D_m	0.41×10^{-9}	m
普适气体常量 R	8.314	J/(mol·K)
温度 T	423	K
孔隙半径 r	2,10,25	nm

1) Kn 的影响

图 2.13 表明了总表观渗透率及不同流动机理对应的表观渗透率占总表观渗透率的比(称之为对应流动机理的渗透率比例)与 Kn 之间的关系。

当 $Kn<1$ 时，随 Kn 增大总表观渗透率缓慢增大；$Kn>1$ 时，随 Kn 增大总表观渗透率急剧增大。当 $0.01<Kn\leqslant0.1$ 时，对流占主导作用。随着 Kn 的增大，对流流动渗透率比例缓慢地从 99％降低至 88％。体扩散渗透率比例则从 0.1％增大到 8.5％，这主要是稀疏效应导致的。所谓的稀疏效应，是指当平均分子自由程与特征长度在同一数量级时，经典 N-S 方程失效并且流动行为显著发生变化，而克努森扩散渗透率比例则基本可以忽略不计。

在过渡流的早期阶段(0.1<Kn≤1),对流流动从89%急剧减小至10%。体扩散则逐渐升高,当 Kn = 0.6 时达到最大值。同时克努森扩散渗透率比例从 0.1%急剧增大至44%,这表明分子与孔壁之间的碰撞影响越来越大。当 Kn 接近 1 时,体扩散和克努森扩散渗透率比例相等。这也意味着分子间的碰撞对气体流动的影响与分子与孔壁间的碰撞的影响作用相当。

在过渡流的后期阶段(1<Kn≤10),对流渗透率比例非常小,表明与体扩散和克努森扩散相比,对流可以忽略不计。体扩散渗透率比例逐渐减小,克努森扩散渗透率比例逐渐增大。当 Kn>10 时,克努森扩散是影响气体流动的主要因素。

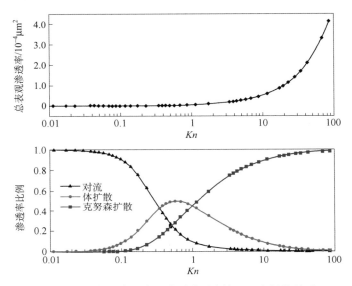

图 2.13　总表观渗透率和渗透率比例与 Kn 之间的关系

2)比例系数的影响

图 2.14 表明了比例系数 b 不同时,体扩散和克努森扩散渗透率比例与 Kn 之间的关系。由图 2.14 可知,体扩散渗透率比例曲线呈漏斗状,而克努森扩散渗透率比例曲线呈 S 形。过渡流早期阶段(0.1<Kn≤1),随比例系数增大,体扩散渗透率比例增大速度更快。比例系数越大,体扩散渗透率比例达到峰值时对应的 Kn 越小。过渡流后期阶段(1<Kn≤10),比例系数越大,体扩散渗透率比例下降越快。

对于克努森扩散渗透率比例曲线,我们发现比例系数越大,曲线越陡。由于曲线是 S 形的,当 0.1<Kn≤1 时,比例系数越大,克努森扩散渗透率比例越小,而 1<Kn≤10 时变化趋势正相反。由式(2.22)可知,当 Kn<1 时,Kn^b 随着 b 的增大而减小,从而导致克努森扩散对流动的贡献下降。而当 Kn>1 时,Kn^b 随着 b 的增大而增大,克努森扩散对流动的贡献也随之增大。对比体扩散发现,两种扩散曲线变化趋势相反。

3)压力和孔径的影响

图 2.15 表明不同孔径下各种流动机理的渗透率比例随压力的变化关系。对于孔隙半径为 2nm 的情况,压力大于 20MPa 时对流流动占主导地位。随着压力的减小,体扩散

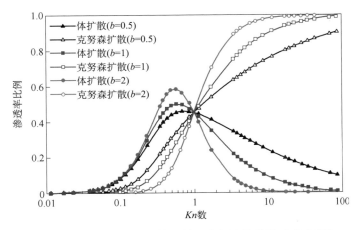

图 2.14　不同比例系数下体扩散和克努森扩散渗透率比例与
Kn 之间的关系

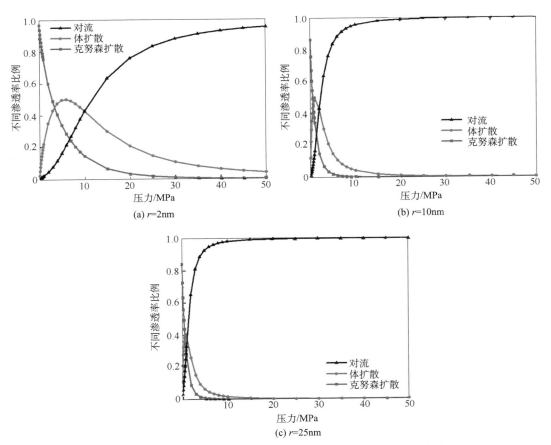

图 2.15　不同孔径下各种流动机理渗透率比例随压力的变化曲线

逐渐增大到一个峰值,克努森扩散也迅速增加。当压力低于 3MPa 时,克努森扩散占主导地位,体扩散渗透率比例迅速降低,对流可以忽略不计。

随着孔径的增大,对流占主导的区域的压力范围变大。与孔隙半径等于 2nm 时的情况相比,体扩散和克努森扩散渗透率比例值在压力较低时有所增大。另外,孔径较大时,体扩散渗透率比例的峰值逐渐减小。

二、单组分甲烷气的吸附解吸与表面扩散

有机质孔隙中除了存在游离气之外,在孔隙壁面还存在大量吸附气[22]。当孔隙内压力降低时,吸附气会发生解吸附,变成游离气。同时,吸附气在孔隙表面也会发生流动,我们称之为表面扩散作用。另外,吸附层存在一定厚度,对于纳米孔隙而言,吸附层厚度对气体在孔隙内的流动存在一定影响。以下将探讨纳米孔隙内吸附气的吸附解吸和流动特性。

(一)甲烷气的吸附解吸特性

本小节在前人实验基础上,建立不同类型页岩有机质模型,研究甲烷在不同类型干酪根中的吸附规律。不同沉积环境中形成的干酪根生油气性能差别很大。干酪根类型划分有多种方法,根据干酪根中 C、O、H 元素比例,干酪根可以划分为以下三种主要类型:① I 型干酪根,又称腐泥型干酪根,以含类脂化合物为主,直链烷烃较多,多环芳香烃及含氧官能团较少,来自藻类沉积物,或各种有机质被细菌改造而成,生油潜能大,我国松辽盆地下白垩统青山口组一段、嫩江组一段等典型互相沉积的干酪根属于该类;② II 型干酪根,又称混合型干酪根,为高度饱和的多环碳骨架,中等长度直链烷烃和环烷烃较多,来源于微生物或海相浮游生物,生油潜能中等,我国东营凹陷古近系沙三段的干酪根属于该类;③ III 型干酪根,又称腐殖型干酪根,以含多环芳香烃及含氧官能团为主,饱和烃较少,来源于陆地高等植物,对生油不利,但埋藏足够深度时,可成为有利的生气来源,我国陕甘宁盆地侏罗系延安组的陆相页岩干酪根属于 III 型干酪根。

Ungerer 等[23]根据 Kelemen 等[24]对不同类型干酪根的实测数据建立了不同类型干酪根的模型,并对其热力学参数进行了计算,证明了其模型的可靠性。所建立干酪根的分子式分别为 $C_{251}H_{385}O_{13}N_7S_3$、$C_{252}H_{294}O_{24}N_6S_3$ 和 $C_{233}H_{204}O_{27}N_4$。本节采用三种类型干酪根建立页岩干酪根分子模型,如图 2.16 所示。

本节采用巨正则蒙特卡洛(GCMC)方法研究甲烷在干酪根中的吸附行为,利用 Materials Studio 软件中的 Sorption 模块进行计算。模拟进行温度 298～428K,最高压力 30MPa。模拟过程中采用恒温定压逐点计算。力场选择 COMPASS 力场,静电相互作用力采用 Ewald 求和方法,范德瓦耳斯力相互作用采用 Atom based 求和方法。非键截断半径设置为 1.55nm。模拟体系采用周期性边界条件。在 GCMC 模拟中,模拟过程中甲烷分子的逸度通过 Peng-Robinson 方程计算得到。每个数据点前 1×10^7 步用于吸附平衡,后 1×10^7 步用于平衡后吸附量的数据统计。室内实验测得的吸附量为甲烷在超临界状态下的过剩吸附量,而分子模拟得到的是甲烷的绝对吸附量。为了验证本节模型的合理性和力

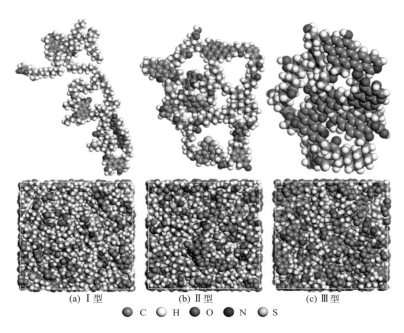

（a）Ⅰ型　　　　　（b）Ⅱ型　　　　　（c）Ⅲ型

● C ○ H ● O ● N ○ S

图 2.16　页岩干酪根分子模型

场的准确性,应将模拟所得绝对吸附量转化为过剩吸附量并进行验证,如图 2.17(a)所示。从图 2.17(a)中可以看出,本节模拟结果(15MPa 时吸附量 2.02mmol/g)在 Barnett 页岩(14.5MPa 时吸附量 2.25mmol/g)与 Blakely 页岩(13.8MPa 时 1.49mmol/g)实验测得吸附量范围内,由于实验所用页岩包括干酪根和无机质,模拟结果仅限于有机质干酪根。而无机质吸附量远小于干酪根,因此,本节模拟结果略大于实验结果,难以同时对三种类型干酪根模拟结果进行验证。Barnett 页岩以 Ⅱ 型干酪根为主,Blakely 页岩以 Ⅰ 型干酪根为主。本节 Ⅰ 型干酪根模拟结果在 Barnett 页岩与 Blakely 页岩实验测得吸附量范围内,表明所建立的 Ⅰ 型干酪根模型、力场及计算方法是可靠的。三种类型干酪根均基于真实干酪根化学成分建立,其建模方法、力场和计算方法相同,仅化学组成不同,故本节以 Ⅰ 型干酪根模拟结果对模型进行验证。

　　图 2.17(b)、(c)和(d)分别为不同温度下甲烷在 Ⅰ 型、Ⅱ 型和 Ⅲ 型干酪根中的等温吸附曲线,温度依次为 298K、338K、368K、398K 和 428K,压力范围 0~30MPa。模拟结果表明,甲烷在三种干酪根中的吸附量受温度影响规律相似。随着温度的升高,甲烷在干酪根中的绝对吸附量逐渐减小。温度升高加剧了甲烷分子的热运动,甲烷分子吸附和解吸的速度均增大。但由于吸附是放热过程,解吸是吸热过程,因此解吸速度增加更为显著,即温度升高更有利于解吸过程的进行,使已吸附的分子脱离固体表面。同时,由于气体分子在固体表面凝聚的分子数取决于与固体表面碰撞的分子数及分子在固体表面停留的时间,在压力相同条件下,温度升高,分子热运动增强,分子能量突破固体表面能垒,变成游离态分子,二者共同作用导致甲烷在干酪根中的吸附量降低。

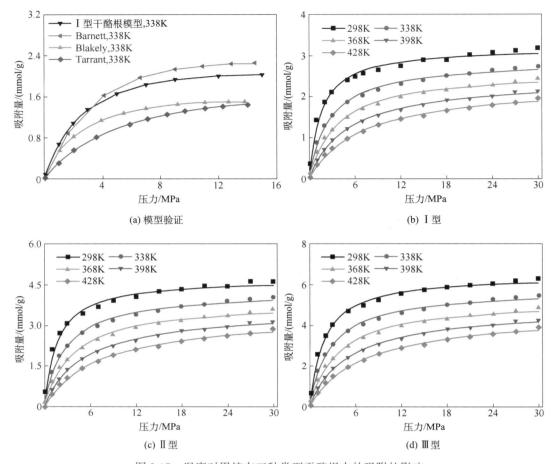

图 2.17　温度对甲烷在三种类型干酪根中的吸附的影响

(二) 吸附气表面扩散作用

吸附在孔隙壁面的气体除了会由于压力下降发生解吸附作用外,还会在孔隙壁面发生表面扩散作用。目前主要有以下三种模型用来描述表面扩散[25]:

(1) 水动力学模型:将吸附气分子看作液膜,并且可以在压力差的驱动下在表面滑动。

(2) 跳跃模型:假设吸附气分子可以在表面发生跳跃。表面扩散流量可以通过平均跳跃距离和速度计算得到。

(3) 随机游动模型:该模型是目前最常用的表面扩散模型。以化学势梯度作为驱动力,在菲克定律二维形式的基础上建立:

$$F_{s} = -A\rho_{app}D_{s}\mu_{s}\frac{dq}{dl} \tag{2.26}$$

式中,F_{s} 为表面扩散流量;A 为外部表面面积;ρ_{app} 为表观密度;D_{s} 为表面扩散系数;dq/dl

为表面覆盖度梯度；μ_s 为元素化学势。

其中表面扩散系数是研究的重点，一般假设分子从一个位置跳跃到另一个位置。这是一个活化的过程，活化能是吸附热的分数，同时也意味着强吸附性分子流动性弱于弱吸附性分子。本节采用随机游动模型计算表面扩散质量流量。

假设气体吸附满足朗缪尔等温吸附，则吸附气浓度为

$$C_a = C_{amax}\theta \tag{2.27}$$

式中，C_a 为吸附气浓度，mol/m^3；C_{amax} 为最大吸附量，mol/m^3，可以通过朗缪尔压力（p_L）换算得到；θ 为吸附层的表面覆盖度，可以表示为[26]

$$\theta = \frac{p}{p + p_L} \tag{2.28}$$

式中，p 为压力。

C_{amax} 可通过式（2.29），利用 V_L 换算得到

$$C_{amax} = \frac{\rho_{grain} V_L}{\varepsilon_{ks} V_{std}} \tag{2.29}$$

式中，ρ_{grain} 为页岩岩心颗粒密度，kg/m^3；V_{std} 为标准状况下气体摩尔体积，m^3/mol；V_L 为朗缪尔体积；ε_{ks} 为有机质颗粒体积占岩芯总颗粒体积的百分比。

表观扩散质量流量通量可表示为

$$\dot{m}^S = -D_s M \frac{dC_a}{dx} \tag{2.30}$$

式中，$\dot{m}^S$ 为表面扩散质量流量；M 为分子摩尔质量；D_s 为表面扩散系数，它是表面覆盖度 θ 的函数，可表示为[27]

$$D_s = D_{s,0} \frac{1}{1 - \theta} \tag{2.31}$$

式中，$D_{s,0}$ 为零载荷下的表面扩散系数，代表了零载荷条件下吸附气分子的流动性，它与固体表面性质有关。

Do 和 Wang[28]利用有限动力学模型推导出七种吸附分子在活性炭上的零载荷表面扩散系数。结果表明，碳氢化合物分子对应的 $D_{s,0}$ 值在 $1 \times 10^{-7} m^2/s$ 数量级。

将式（2.27）、式（2.28）、式（2.31）代入式（2.30）中，得到表面扩散质量流量通量表达式：

$$\dot{m}^S = -D_{s,0} M C_{amax} \frac{1}{p + p_L} \partial_x p \tag{2.32}$$

（三）吸附气表面扩散对气体流动的影响

页岩有机质孔隙壁面吸附有大量的气体分子形成吸附层，吸附层在孔隙内占据一定的空间，以甲烷分子为例，其分子直径约为 0.4nm，与纳米级的孔隙相比，吸附层所占据的孔隙空间不可忽略，它会对气体流动产生一定影响。

孔隙壁面上的吸附气解吸后会增加孔隙的有效流动半径，有效流动半径可以采用朗

缪尔方程求得[26]

$$r_{\text{eff}} = r - D_{\text{m}} \frac{p}{p + p_{\text{L}}} \tag{2.33}$$

式中, r_{eff} 为孔隙有效流动半径; r 为孔隙半径; D_{m} 为吸附气分子直径。当孔隙压力趋向于 0 时, 吸附气基本上都已经解吸, r_{eff} 趋向于孔隙半径 r; 当孔隙压力趋于无穷大时, 可以认为吸附气无法解吸, r_{eff} 等于 $r - D_{\text{m}}$。

储层有效孔隙度 ϕ_{eff} 可表示为

$$\phi_{\text{eff}} = \phi_0 \left(\frac{r_{\text{eff}}}{r} \right)^2 \tag{2.34}$$

式中, ϕ_0 为不考虑吸附层影响时的孔隙度。甲烷分子直径 D_{m} 为 0.4nm, 朗缪尔压力 p_{L} 为 10MPa 时, 由图 2.18 可知, 孔隙压力增大导致吸附层厚度增加, 有效孔隙度减小; 孔径越小, 孔隙度受吸附层影响越大, 当孔隙半径超过 50nm 时, 有效孔隙度基本不受吸附层的影响。

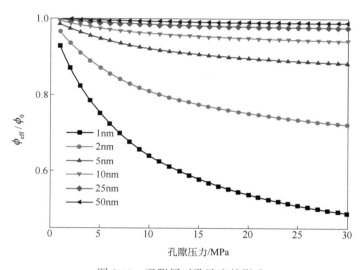

图 2.18　吸附层对孔隙度的影响

考虑吸附层厚度影响时, 有效克努森数 Kn_{eff} 可表示为

$$Kn_{\text{eff}} = \frac{\lambda}{2r_{\text{eff}}} \tag{2.35}$$

综合考虑表面扩散和吸附层厚度的影响, 孔隙内游离气和吸附气的总质量流量为

$$\dot{M}_{\text{f+a}}^{\text{T}} = \dot{M}^{\text{T}} + \dot{M}^{\text{S}}$$

$$= -\left(\frac{r_{\text{eff}}^2}{8\eta} \frac{pM}{RT} + \frac{Kn_{\text{eff}}^2 + Kn_{\text{eff}}}{Kn_{\text{eff}}^2 + 1} \frac{2r_{\text{eff}}}{3} \sqrt{\frac{8M}{\pi RT}} \right) \pi r_{\text{eff}}^2 \partial_x p - D_{\text{s},0} M C_{\text{amax}} \frac{1}{p + p_{\text{L}}} \pi (r^2 - r_{\text{eff}}^2) \partial_x p \tag{2.36}$$

式中, $\dot{M}^{\text{T}}$ 为游离气质量流量; $\dot{M}^{\text{S}}$ 为吸附气质量流量。

结合式(2.19),仅考虑吸附层厚度影响,不考虑表面扩散时的孔隙表观渗透率为

$$k_{\mathrm{ad}} = \left(\frac{r_{\mathrm{eff}}^2}{8} + \frac{Kn_{\mathrm{eff}}^2 + Kn_{\mathrm{eff}}}{Kn_{\mathrm{eff}}^2 + 1} \frac{2r_{\mathrm{eff}}}{3} \frac{\eta}{p} \sqrt{\frac{8RT}{\pi M}} \right) \frac{r_{\mathrm{eff}}^2}{r^2} \qquad (2.27)$$

同时考虑表面扩散和吸附层厚度影响的孔隙固有渗透率为

$$k_{\mathrm{ad}+s} = \left(\frac{r_{\mathrm{eff}}^2}{8} + \frac{Kn_{\mathrm{eff}}^2 + Kn_{\mathrm{eff}}}{Kn_{\mathrm{eff}}^2 + 1} \frac{2r_{\mathrm{eff}}}{3} \frac{\eta}{p} \sqrt{\frac{8RT}{\pi M}} \right) \frac{r_{\mathrm{eff}}^2}{r^2} + \frac{\eta RT}{p} D_{\mathrm{s},0} C_{\mathrm{amax}} \frac{1}{p+p_{\mathrm{L}}} \left(1 - \frac{r_{\mathrm{eff}}^2}{r^2} \right)$$

$$(2.38)$$

假设 $D_{\mathrm{s},0}=1\times10^{-7}\,\mathrm{m^2/s}$, $p_{\mathrm{L}}=10\mathrm{MPa}$, $C_{\mathrm{amax}}=2.5\times10^4\mathrm{mol/m^3}$, $\eta=1.49\times10^{-5}\mathrm{Pa\cdot s}$, $T=400\mathrm{K}$,分别用 k_{app}、k_{ad}、$k_{\mathrm{ad}+s}$ 与孔隙的固有渗透率 k_{ins} 相除,得到表面扩散和吸附层对不同直径的孔隙表观渗透率的影响(图2.19)。

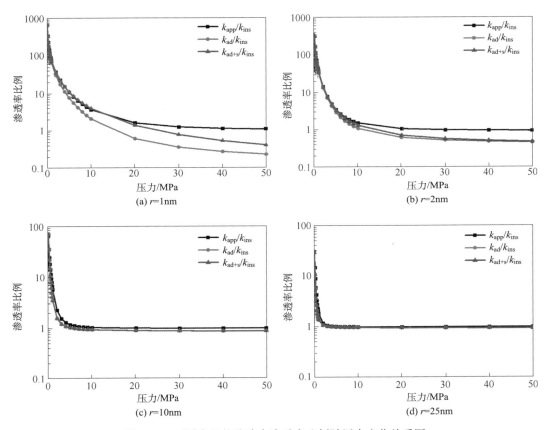

图2.19 不同半径的孔隙中渗透率比例随压力变化关系图

由图2.19可知,不考虑表面扩散和吸附层厚度影响时的渗透率比例 $k_{\mathrm{app}}/k_{\mathrm{ins}}$ 大于只考虑吸附层不考虑表面扩散和同时考虑吸附层和表面扩散影响时的渗透率比例 $k_{\mathrm{ad}}/k_{\mathrm{ins}}$ 和 $k_{\mathrm{ad}+s}/k_{\mathrm{ins}}$。压力越大,三种渗透率比例相差越大,说明压力越大,吸附层和表面扩散对多孔介质中气体流动影响越大。孔径越小,吸附层和表面扩散的影响越大,这是因为孔径

越小,吸附层对有效孔隙半径影响越大,吸附层和表面扩散对气体流动的影响相应增大。当孔隙半径等于 10nm 时,k_{ad}/k_{ins} 和 k_{ad+s}/k_{ins} 基本重合,说明此时表面扩散的影响较小;当孔隙半径等于 25nm 时,三个渗透率比例基本相等,此时表面扩散和吸附层厚度对气体流动的影响可以忽略不计。

三、考虑真实气体效应的单组分气体流动

第二章第一节和第二节中建立的气体流动模型均假设气体是理想气体,此时忽略了气体分子的自身体积,分子被看作是有质量的几何点,且分子之间没有相互作用,分子与孔壁之间也是完全弹性碰撞,不存在动能损失。低压、小分子时,理想气体定律是适用的。而在高压下,真实气体效应对气体传输造成的影响比较明显。

真实气体效应表现在两个方面[29]:①真实气体状态方程的引入;②气体特征性质的改变。高压下,气体分子之间存在吸引或排斥力,气体密度受到分子之间静电势的影响。分子之间复杂的相互作用导致真实气体的性质与理想气体产生偏差。

(一)真实气体的热力学参数

压缩因子 Z 用来表示实际气体受到压缩后与理想气体受到同样的压缩力时在体积上的偏差。真实气体状态方程可表示为

$$pV = ZnRT$$

式中,V 为体积;p 为压力;n 为总摩尔数;R 为理想气体普适常量;Z 是压力和温度的函数,可以表示为对比压力和对比温度的函数[30]:

$$Z = 1 + \frac{p_r}{10.24 T_r}\left[2.16\frac{1}{T_r}\left(\frac{1}{T_r} + 1\right) - 1\right] \tag{2.39}$$

式中,$p_r = p/p_c$;$T_r = T/T_c$。其中 p_c 和 T_c 分别为临界压力和临界温度。

真实气体的热力学参数关系应该考虑到分子间的相互静电作用造成的分子变形。真实气体的黏度可以表示为[31]

$$\eta_r = \eta\left[1 + \frac{A_1}{T_r^5}\left(\frac{p_r^4}{T_r^{20} + p_r^4}\right) + A_2\left(\frac{p_r}{T_r}\right)^2 + A_3\left(\frac{p_r}{T_r}\right)\right] \tag{2.40}$$

式中,η 为某温度下,一个大气压时气体的黏度;η_r 为真实气体黏度;A_1、A_2、A_3 均为实验拟合的常数。

真实气体平均分子自由程可表示为[32]

$$\lambda_r = \frac{\eta_r}{p}\sqrt{\frac{\pi ZRT}{2M}} \tag{2.41}$$

真实气体克努森数表示为

$$Kn_r = \frac{\lambda_r}{D} \tag{2.42}$$

如果有吸附气存在,考虑吸附层厚度的影响时,真实气体克努森数为

$$Kn_{eff,r} = \frac{\lambda_r}{D_{eff}} \tag{2.43}$$

分子平均速度表示为

$$\overline{u_r^M} = \sqrt{\frac{8ZRT}{\pi M}} \tag{2.44}$$

真实气体密度为

$$\rho_r = \frac{pM}{ZRT} \tag{2.45}$$

(二)考虑真实气体效应的单组分气体流动模型

理想气体时,考虑对流流动、体扩散、克努森扩散、表面扩散、吸附层影响等因素的影响,总质量流量可由式(2.36)得到。

对于对流流动,真实气体质量流量可表示为

$$\dot{M}_r^C = -\frac{\rho_r D_{eff}^2}{32\eta_r} \frac{\pi D_{eff}^2}{4} \tag{2.46}$$

式中,ρ_r 为气体密度。

对于体扩散,真实气体质量流量可由式(2.10)推得

$$\dot{M}_r^D = -\frac{Kn_{r,eff} D_{eff} \overline{u_r^M}}{3} \rho_r (\rho_r^{-1} \partial_x \rho_r) \tag{2.47}$$

将式(2.44)和式(2.45)代入式(2.47)得

$$\dot{M}_r^D = -\frac{Kn_{eff,r}}{Kn_{eff,r}^2 + 1} \frac{D_{eff}}{3} \sqrt{\frac{8ZM}{\pi RT}} \left(\frac{1}{Z} - \frac{p}{2Z^2} \frac{\partial Z}{\partial p} \right) \frac{\pi D_{eff}^2}{4} \tag{2.48}$$

同理,可得真实气体克努森扩散质量流量为

$$\dot{M}_r^K = -\frac{Kn_{eff,r}^2}{Kn_{eff,r}^2 + 1} \frac{D_{eff}}{3} \sqrt{\frac{8ZM}{\pi RT}} \left(\frac{1}{Z} - \frac{p}{2Z^2} \frac{\partial Z}{\partial p} \right) \frac{\pi D_{eff}^2}{4} \tag{2.49}$$

考虑真实气体效应的吸附层表面覆盖度为

$$\theta_r = \frac{p}{p + Zp_L} \tag{2.50}$$

吸附层厚度为

$$D_{al} = D_m \theta_r \tag{2.51}$$

结合式(2.32)、式(2.33)、式(2.50)可得真实气体表面扩散质量流量为

$$\dot{M}_r^S = -D_{s,0} M C_{amax} \left[\frac{1}{Zp_L + p} - \frac{p}{Z(Zp_L + p)} \frac{\partial Z}{\partial p} \right] \pi \frac{D^2 - D_{eff}^2}{4} \partial_x p \tag{2.52}$$

所以,对于单个毛细管,综合考虑对流流动、体扩散、克努森扩散、表面扩散、吸附层影响等因素的真实气体质量流量表达式为

$$\dot{M}_r^T = \dot{M}_r^C + \dot{M}_r^D + \dot{M}_r^K + \dot{M}_r^S$$

$$= -\left[\underbrace{\frac{D_{eff}^2}{32\eta_r}\frac{pM}{ZRT}\frac{\pi D_{eff}^2}{4}}_{\text{对流流动}} + \underbrace{\frac{Kn_{eff,r}^2 + Kn_{eff,r}}{Kn_{eff,r}^2 + 1}\frac{D_{eff}}{3}\sqrt{\frac{8ZM}{\pi RT}}\left(\frac{1}{Z} - \frac{p}{2Z^2}\frac{\partial Z}{\partial p}\right)\frac{\pi D_{eff}^2}{4}}_{\text{体扩散和克努森扩散}}\right] \quad (2.53)$$

$$+ \underbrace{D_{s,0}MC_{amax}\left[\frac{1}{Zp_L + p} - \frac{p}{Z(Zp_L + p)}\frac{\partial Z}{\partial p}\right]\frac{\pi(D^2 - D_{eff}^2)}{4}}_{\text{表面扩散}}\partial_x p$$

对于含有 N 个等直径孔隙的毛细管束多孔介质,孔隙度为 ϕ,则通过毛细管束的气体质量流量可表示为

$$M = N\left(\dot{M}_r^C + \dot{M}_r^D + \dot{M}_r^K + \frac{1-\phi}{\phi}\dot{M}_r^S\right) \quad (2.54)$$

吸附气浓度是基于多孔介质的基质部分(不包含孔隙)进行评价,因此利用系数($1-\phi$)/ϕ 将表面扩散的质量流量转化为基于多孔介质孔隙空间进行评价。

我们也可以利用理想气体达西定律表示气体流量:

$$M = -\frac{\rho_i k_{eff}A\partial_x p}{\eta} \quad (2.55)$$

式中,A 为岩心截面积;k_{eff} 为有效表观渗透率。

孔隙直径和孔隙数量可以用孔隙度联系起来:

$$N = \frac{4\phi A}{\pi D^2} \quad (2.56)$$

综合式(2.52)~式(2.55),k_{eff} 可表示为

$$k_{eff} = \underbrace{\frac{\phi D_{eff}^4}{32D^2}\frac{\eta}{Z\eta_r}}_{k_{eff}^C} + \underbrace{\frac{Kn_{eff,r}}{Kn_{eff,r}^2+1}\frac{\phi D_{eff}^3}{3D^2}\frac{\eta}{p}\sqrt{\frac{8ZRT}{\pi M}}\left(\frac{1}{Z} - \frac{p}{2Z^2}\frac{\partial p}{\partial Z}\right)}_{k_{eff}^D} + \underbrace{\frac{Kn_{eff,r}^2}{Kn_{eff,r}^2+1}\frac{\phi D_{eff}^3}{3D^2}\frac{\eta}{p}\sqrt{\frac{8ZRT}{\pi M}}\left(\frac{1}{Z} - \frac{p}{2Z^2}\frac{\partial p}{\partial Z}\right)}_{k_{eff}^K}$$

$$+ \underbrace{(1-\phi)\frac{\eta RT}{p}D_{s,0}C_{amax}\left[\frac{1}{Zp_L+p} - \frac{p}{Z(Zp_L+p)}\frac{\partial Z}{\partial p}\right]\left(1 - \frac{D_{eff}^2}{D^2}\right)}_{k_{eff}^S}$$

$$(2.57)$$

(三)模型验证与影响因素分析

为了验证所建立模型的准确性,分别利用 Bentheimer 砂岩(1 号)、Berea 砂岩(2 号)、Rothliegendes 致密砂岩(3 号)、Ameland 致密砂岩(4 号)和 Whitby 页岩(5 号)进行了稳态法气体流动实验(图 2.20)。岩心均为长度 $L=3$cm、直径 $D=1$cm 的圆柱体。1 号到 5 号岩心渗透率逐渐减小,对应的孔隙度值分别为 25%、20%、12%、9%、5%。每个岩心周围均用胶包裹,减小了实验过程中压力对孔隙尺寸的影响,保证了岩心的稳定性和密闭性。岩心与岩心夹持器的接触端均有 O 形圈,保证装置的密闭性,同时也使岩心更加稳定。流量计采用 Bronkhorst 公司的 mini-CORI FLOW 流量计(适用于流量较小的情况)和

Precision 流量计(适用于流量较大时)。出口处压力保持不变,为一个大气压。采用氮气进行实验,实验温度保持在 20℃ 恒定。图 2.21 为稳态气体流动实验示意图。

图 2.20　实验中使用的 5 种岩心

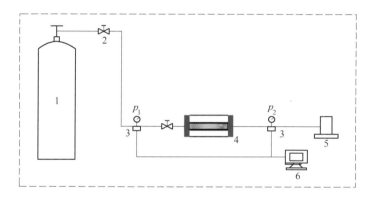

图 2.21　稳态气体流动实验示意图
1.氮气气源;2.压力调节阀;3.压力传感器;4.岩心夹持器;5.流量计;6.数据采集系统

实验步骤如下:

(1)将岩心放在 50℃ 的恒温箱中 72h 干燥,驱除岩心中的自由液体。

(2)检验装置的密闭性。

(3)回压为 0.1MPa 且保持不变,改变入口压力,直到流动达到稳定,记录流量大小,需要注意的是入口压力和出口压力最大压差不超过 5MPa。

(4)换用其他编号的岩心进行实验,重复步骤(2)和(3)。

考虑气体的压缩性,根据达西定律和玻意耳定律,可得气体渗透率为

$$k_g = \frac{2Q_0 p_0 \eta L}{A(p_1^2 - p_2^2)} \tag{2.58}$$

式中,k_g 为气体渗透率,m^2;Q_0 为出口流量 m^3/s;p_0 为大气压,Pa;A 为岩心截面积,m^2;η 为气体黏度,mPa·s;p_1、p_2 分别为入口和出口压力,Pa。

由于实验中使用的气体为氮气,不存在吸附气,所以不需要考虑表面扩散和吸附层的影响。对于孔隙度为 ϕ、截面积为 A、含有 N 根等直径孔隙的毛细管束多孔介质,结合

式(2.52)、式(2.53)和式(2.55),可得通过岩心的总体积流量为

$$Q = \phi A^2 \left[\frac{D^2}{32\eta_r} + \frac{Kn_r^2 + Kn_r}{Kn_r + 1} \frac{D}{3\bar{p}} \sqrt{\frac{8ZRT}{\pi M}} \left(1 - \frac{\bar{p}}{2Z} \frac{\partial Z}{\partial \bar{p}} \right) \right] \frac{p_1 - p_2}{L} \tag{2.59}$$

式中,$\bar{p}$ 为平均压力。

图 2.22 为入口、出口压力平方差与流量之间的关系图。由图可知,1 号岩心渗透率最大,5 号岩心渗透率最小。由于岩心的平均孔径未知,所以笔者采用实验数据的某些点进

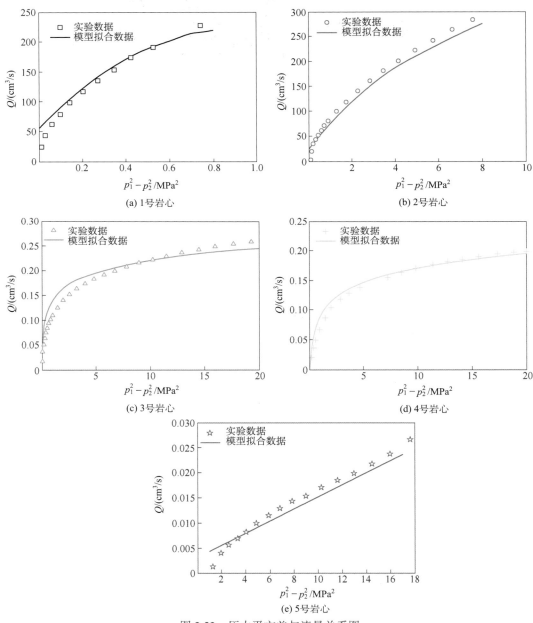

图 2.22　压力平方差与流量关系图

行拟合(一般选择中间点),得到若干平均孔径;然后进行优选,得到每个岩心的平均孔径值;利用得到的平均孔径和式(2.58)计算得整个压力范围对应的体积流量,并与其他实验数据点进行比较;若实验数据点和模型计算曲线拟合程度较好,则说明优选出的平均孔径合理,同时也证明气体流动模型合理、可靠。

优选出的 1~5 号岩心平均孔径分别为 11.9μm、5.16μm、0.314μm、0.276μm 和 0.098μm。对比发现,模型的计算结果与实验数据最大偏差不超过 10%,证明建立的真实气体流动模型可靠。

此外,第二章第一节第一部分中验证理想气体流动模型时提到,在与 Guo 等[21] 的实验数据进行对比时发现:当压力较小时,实验数据与模型计算结果拟合程度较好,压力较大时则出现偏差。这里采用真实气体流动模型进行计算,发现压力较大时,实验数据和真实气体流动模型计算结果拟合程度也较好(图 2.23),从而也证明了模型的合理性和可靠性。

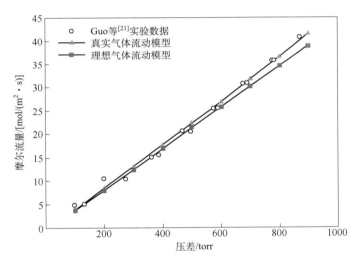

图 2.23 理想、真实气体流动模型与 Guo 等[21] 实验数据关于流量与压差之间关系曲线对比图

下面研究真实气体效应对热力学参数和表面扩散参数的影响,分析真实气体效应对不同气体流动机理产生的影响。基本参数如表 2.2 所示。

表 2.2 表面扩散模型基本参数

参数	值	单位
孔隙度 ϕ	0.05	无量纲
温度 T	423	K
甲烷黏度 $\eta(p=0.1\mathrm{MPa}, T=423\mathrm{K})$	1.49×10^{-5}	Pa·s
甲烷分子直径 D_{m}	0.41	nm
普适气体常数 R	8.314	J/(mol·K)
甲烷摩尔质量 M	0.016	kg/mol

参数	值	单位
最大吸附量 C_{amax}	2.5×10^4	mol/m^3
孔径 D	$2, 10, 50, 100$	nm
郎缪尔压力 p_L	10	MPa
甲烷临界压力 p_c	4.6	MPa
甲烷临界温度 T_c	190.6	K
零载荷下的表面扩散系数 $D_{s,0}$	1×10^{-7}	m^2/s
实验拟合常数 A_1	7.9	无量纲
实验拟合常数 A_2	9×10^{-6}	无量纲
实验拟合常数 A_3	0.28	无量纲

1. 对热力学和表面扩散参数的影响

图 2.24 表明了真实气体效应对黏度、平均分子自由程和表面扩散系数的影响。考虑真实气体效应时,气体黏度和平均分子自由程均随压力增大。两者相比,平均分子自由程增大的程度更大。与之相反,表面扩散系数和吸附层厚度随着压力增大而减小,表明真实气体效应降低了吸附气的传输能力和吸附能力。

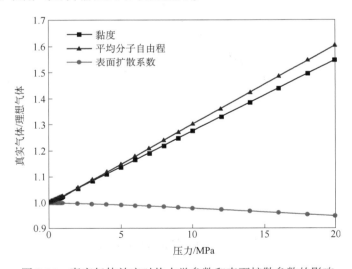

图 2.24　真实气体效应对热力学参数和表面扩散参数的影响

2. 有效表观渗透率

式(2.57)给出了有效表观渗透率 k_{eff} 的表达式,所有的热力学参数均只包含在 k_{eff} 中,所以可以用有效表观渗透率来研究真实气体效应对不同气体流动机理的影响。假设孔隙度为 5%,对于直径分别为 2nm、10nm、50nm、100nm 的孔隙,利用式(2.57)可以得到不同流动机理的有效表观渗透率。

图 2.25 表示了不同流动机理时真实气体与理想气体的偏差程度。由于真实气体效应的影响,对流流动有效渗透率最多减小了 41％。这是因为黏度随着孔隙压力的增大而增大,增加了对流流动的阻力。需要注意的是,当孔隙压力大于 2MPa 时,直径为 2nm 的孔隙有效表观渗透率偏离程度小于其他孔径的孔隙。这是由于在较小孔隙内吸附层的影

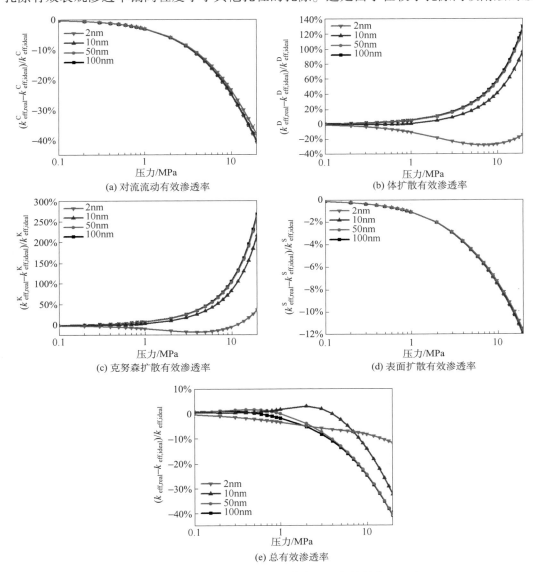

图 2.25 不同流动机理时真实气体与理想气体的偏差程度

$k_{\mathrm{eff,real}}^{\mathrm{C}}$ 和 $k_{\mathrm{eff,ideal}}^{\mathrm{C}}$ 分别为对流真实气体和对流理想气体有效渗透率;$k_{\mathrm{eff,real}}^{\mathrm{D}}$ 和 $k_{\mathrm{eff,ideal}}^{\mathrm{D}}$ 分别为体扩散真实气体和体扩散理想气体有效渗透率;$k_{\mathrm{eff,real}}^{\mathrm{K}}$ 和 $k_{\mathrm{eff,ideal}}^{\mathrm{K}}$ 分别为克努森扩散真实气体和克努森扩散理想气体有效渗透率;$k_{\mathrm{eff,real}}^{\mathrm{S}}$ 和 $k_{\mathrm{eff,ideal}}^{\mathrm{S}}$ 分别为表面扩散真实气体和表面扩散理想气体有效渗透率;$k_{\mathrm{eff,real}}^{\mathrm{C}}$ 和 $k_{\mathrm{eff,ideal}}^{\mathrm{C}}$ 分别为真实气体和理想气体的总有效渗透率

响更加显著。相同压力下,真实气体的吸附层厚度小于理想气体。孔隙压力越大,有效孔隙直径偏离程度越大。

如图 2.25(b)、(c)所示,当孔径大于 10nm 时,真实气体效应增大了体扩散和克努森扩散有效渗透率。此外,压力、孔径越大,真实气体效应越显著。这是因为真实气体效应增大了平均分子自由程,从而增强了分子的流动能力(自由度)。体扩散有效渗透率增大程度(130%)低于克努森扩散有效渗透率(270%)。平均分子自由程的增加导致分子更容易与孔壁发生碰撞。

当孔径等于 2nm 时,体扩散和克努森扩散表观渗透率均先减小再增大。前面提到,真实气体效应减小了吸附层厚度,所以孔隙特征长度也相应增大。特征长度越大,气体分子与孔壁之间的碰撞越弱,体扩散和克努森扩散也越弱[30,33]。同时,由于真实气体效应增大了平均分子自由程,体扩散和克努森扩散传输能力增大,则这里存在一个矛盾。低压条件下,特征长度增大速度高于平均分子自由程增大速度,所以体扩散和克努森扩散曲线的斜率减小。随着压力的升高,特征长度的增大速度逐渐变缓,所以高压条件下,分子平均自由程的影响更显著,从而使曲线斜率增大。

随着压力升高,真实气体效应导致吸附气分子的表面扩散系数和吸附能力下降,从而使表面扩散表观渗透率逐渐减小,并且减小速度低于对流流动表观渗透率的减小速度[图 2.25(a)、(d)]。

图 2.25(e)为总有效表观渗透率的偏离程度。当孔径为 100nm 时,总有效表观渗透率偏离程度下降了 40%。当孔径等于 10nm 时,曲线出现了一个峰值。这是因为低压条件下,与对流流动和表面扩散相比,体扩散和克努森扩散受气体流动的影响更显著;高压条件下,克努森数较小,对流流动更容易占主导地位。当孔径等于 2nm 时,表面扩散影响最大,因此总有效表观渗透率偏离程度下降了 12%,但是与大孔隙相比,下降速度较慢。

第二节　页岩微纳孔隙多组分流体流动

对于涪陵和威远-长宁区块,页岩气组分中甲烷含量占绝对优势,接近 100%,前面讨论的单组分气体流动模型能对其进行描述。而对于延长区块,页岩气中乙烷等组分含量相对较高,因此有必要考虑多组分的情形,建立微纳米尺度下的多组分渗流模型,以揭示多组分气体在页岩储层内的赋存和渗流机理。本节将讨论基于双阻力模型(BFM)和通用滑移边界条件发展的自适应双阻力模型(ABFM),并利用公开发表的实验数据对模型进行验证。

一、多组分流体流动自适应双阻力模型

基于组分的动量平衡,双阻力模型可以表示为[34]

$$\frac{1}{p}\nabla p_i = \sum_n \frac{x_i N_j - x_j N_i}{cD_{ij}} - r_{im}N_i \tag{2.60}$$

$$r_{im} = \frac{\beta_{im}}{c_i} \tag{2.61}$$

$$D_{ij} = \frac{\phi}{\tau} D_{ij}^0 \tag{2.62}$$

式中，c_i 为组分 i 的浓度，$\mathrm{mol/m^3}$；D_{ij} 为多孔介质的 Maxwell-Stefan 扩散系数；N_i 和 N_j 分别为组分 i 和 j 的通量，$\mathrm{mol/(m^2 \cdot s)}$；$\beta_{im}$ 为阻力因子，$\mathrm{s/m^2}$。

采用 Fuller 经验关系式计算 Maxwell-Stefan 扩散系数[35]：

$$D_{ij}^0 = \frac{0.01 T^{1.75} \left(\dfrac{1}{M_i} + \dfrac{1}{M_j}\right)^{1/2}}{p\left[\,(V_i)^{1/3} + (V_j)^{1/3}\,\right]^2} \tag{2.63}$$

式中，T 为温度；M_i 和 M_j 分别为组分 i 和 j 的摩尔质量，$\mathrm{kg/mol}$；V_i 和 V_j 分别为组分 i 和 j 的扩散体积。

式（2.60）左端项表征驱动力，式（2.60）右端第一项表征组分 i 和其他组分的相互作用，右端第二项表征组分 i 同孔隙壁面的相互作用。所有组分相加可得

$$\frac{1}{p}\nabla p = -\sum_{i=1}^{n} r_{im} N_i = -\sum_{i=1}^{n} \frac{\beta_{im}}{c_i} N_i = -\sum_{i=1}^{n} \beta_{im} u_i \tag{2.64}$$

式中，∇p 为压力梯度；u_i 为组分 i 的速度。

为了求得壁面阻力系数，这里用混合物平均速度 u 近似代替组分 i 的速度。因此，式（2.64）可以表示为

$$\frac{\nabla p}{p} = -\sum_{i=1}^{n} \beta_{im} u_i = -u\sum_{i=1}^{n} \beta_{im} = -\frac{N}{c}\sum_{i=1}^{n} \beta_{im} \tag{2.65}$$

式中，N 为混合物摩尔通量，$\mathrm{mol/(m^2 \cdot s)}$。这里，我们将页岩基质简化为迂曲的毛细管束。首先研究单根毛细管内的气体流动。对于充分发展的一维层流，在圆柱坐标系下，N-S 方程可以表示为

$$\frac{1}{r}\frac{\partial}{\partial r}\left(r\frac{\partial u}{\partial r}\right) = \frac{1}{\mu}\frac{\mathrm{d}p}{\mathrm{d}x} \tag{2.66}$$

对式（2.66）积分可得

$$\frac{\partial u}{\partial r} = \frac{r}{2\mu}\frac{\mathrm{d}p}{\mathrm{d}x} + \frac{C_1}{r} \tag{2.67}$$

式中，μ 为黏度。显然，$C_1 = 0$，否则当 $r = 0$ 时，式（2.67）会出现奇异。对式（2.67）积分可得

$$u = \frac{r^2}{4\mu}\frac{\mathrm{d}p}{\mathrm{d}x} + C_2 \tag{2.68}$$

式中，C_2 的取值同滑移边界条件有关。

最常用的滑移边界条件是 Maxwell 滑移边界条件，BFM 也采用了 Maxwell 滑移边界条件：

$$u_s = -\frac{2-\sigma_v}{\sigma_v}\lambda\frac{\partial u}{\partial r} \tag{2.69}$$

式中，u_s 为壁面处的速度，$\mathrm{m/s}$；σ_v 为切向动量协调系数。

但是由于 Maxwell 滑移边界条件的适用范围较窄。因此，本章采用了 Beskok 和

Karniadakis[36]提出的通用滑移边界条件：

$$u_{\mathrm{s}} = -\frac{2-\sigma_{\mathrm{v}}}{\sigma_{\mathrm{v}}} \frac{\lambda r_{\mathrm{w}}}{r_{\mathrm{w}}-b\lambda} \frac{\partial u}{\partial r} \tag{2.70}$$

式中，r_{w}为孔隙半径。切向动量协调系数σ_{v}定义为固体壁面发生漫反射的分子数目与入射分子总数之比[37]。σ_{v}的取值范围在$[0,1]$，当$\sigma_{\mathrm{v}}=0$时，意味着入射分子完全发生镜面反射；当$\sigma_{\mathrm{v}}=1$时，意味着入射分子完全发生漫反射[37]。对于多孔介质渗流，通常认为孔隙壁面是足够粗糙的，因此σ_{v}可取1[38]。λ为平均分子自由程，对于硬球流体，λ可以表示为[39]

$$\lambda = \frac{k_{\mathrm{B}}T}{\sqrt{2}\pi D^2 p} \tag{2.71}$$

式中，D为直径。

硬球流体本质上是一种模型流体。硬球流体粗略地反映了分子之间的短程排斥力而忽略了分子之间的吸引力。对于真实分子，排斥作用和吸引作用共存。分子间距离比较近时排斥作用比较显著，分子间距离比较远时吸引作用占主导地位。为了描述这一行为，可以假定硬球流体和真实流体的黏度相同，相应的平均分子自由程为[40]

$$\lambda = \frac{\mu}{p}\sqrt{\frac{\pi RT}{2M}} \tag{2.72}$$

式中

$$M = \sum_{i=1}^{n} x_i M_i \tag{2.73}$$

本书统一采用式(2.72)计算平均分子自由程。

结合式(2.68)和式(2.70)可得

$$u = -\frac{r_{\mathrm{w}}^2}{4\mu}\left(1 - \frac{r^2}{r_{\mathrm{w}}^2} + \frac{2Kn}{1-bKn}\right)\frac{\mathrm{d}p}{\mathrm{d}x} \tag{2.74}$$

式中，Kn定义为[40]

$$Kn = \frac{\lambda}{r_{\mathrm{w}}} \tag{2.75}$$

对式(2.74)沿截面积分可以得到单根毛细管内的流量[41]：

$$q = 2\int_0^{r_{\mathrm{w}}} u\pi r\mathrm{d}r = -\frac{\pi r_{\mathrm{w}}^4}{8\mu}(1+\alpha Kn)\left(1 + \frac{4Kn}{1-bKn}\right)\frac{\mathrm{d}p}{\mathrm{d}x} \tag{2.76}$$

$$\alpha = \alpha_0 \frac{2}{\pi}\tan^{-1}(\alpha_1 Kn^\beta) \tag{2.77}$$

式中，$\alpha_0=1.358$，$\alpha_1=4$，$b=-1$，$\beta=0.4$[36]。在不考虑速度滑移的条件下，式(2.76)退化为Hagen-Poiseuille方程。

对于迁曲的毛细管束，混合物摩尔通量为

$$N = -\frac{B_0}{\mu}cf\frac{\mathrm{d}p}{\mathrm{d}x} \tag{2.78}$$

式中, c 为混合物浓度, md/m^3。

$$f = (1 + \alpha Kn)\left(1 + \frac{4Kn}{1 - bKn}\right) \tag{2.79}$$

$$B_0 = \frac{\phi}{\tau}\frac{r_w^2}{8} \tag{2.80}$$

式中, τ 为迂曲度。

由式(2.78)和式(2.65)可以得

$$\frac{\nabla p}{p} = -\frac{N}{pc}\frac{\mu}{B_0 f} \tag{2.81}$$

由式(2.65)式(2.81)可得

$$\sum_{i=1}^{n}\beta_{im} = \frac{1}{B_0 f}\frac{\mu}{p} \tag{2.82}$$

令

$$\frac{\mu}{p} = \sum_{i=1}^{n}\kappa_i x_i \tag{2.83}$$

式中, x_i 为组分 i 的摩尔分数。

由式(2.82)式(2.83)可得

$$\beta_{im} = \frac{1}{B_0 f}\kappa_i x_i \tag{2.84}$$

基于 Chapman-Enskog 理论,混合物黏度可以表示为[42]:

$$\mu = \sum_{i=1}^{n}\frac{x_i \mu_i}{\sum_{j=1}^{n}x_j \xi_{ij}} \tag{2.85}$$

$$\xi_{ij} = \frac{\left[1 + (\mu_i/\mu_j)^{1/2}(M_j/M_i)^{1/4}\right]^2}{\left[8(1 + M_i/M_j)\right]^{1/2}} \tag{2.86}$$

由式(2.83)和式(2.85)可得 κ_i 的表达式:

$$\kappa_i = \frac{1}{p}\frac{\mu_i}{\sum_{j=1}^{n}x_j \xi_{ij}} \tag{2.87}$$

基于式(2.84)和式(2.87),新的壁面阻力系数可以表示为

$$f_{im} = \frac{\beta_{im}}{x_i} = \frac{\kappa_i}{B_0 f} \tag{2.88}$$

将式(2.61)和式(2.88)代入式(2.60)可得

$$\frac{1}{p}\nabla p_i = \sum_n \frac{x_i N_j - x_j N_i}{cD_{ij}} - \frac{\beta_{im}}{cx_i}N_i = \sum_{i=1}^{n}\frac{x_i N_j - x_j N_i}{cD_{ij}} - \frac{f_{im}}{c}N_i \tag{2.89}$$

式(2.89)即为 ABFM。假设 Dalton 定律成立($p_i = x_i p$),式(2.89)可以表示为

$$\frac{c}{p}\nabla p_i = \sum_{i=1}^{n}\frac{p_i N_j - p_j N_i}{pD_{ij}} - f_{im}N_i \tag{2.90}$$

为方便计算,将式(2.90)改写为矩阵形式:

$$N = -\frac{c}{p}A^{-1}\nabla p \tag{2.91}$$

$$A_{ij} = -\left(p_i\frac{1}{pD_{ij}} - \delta_{ij}\sum_{i=1}^n\frac{p_k}{pD_{ik}}\right) + \delta_{ij}f_{im} \tag{2.92}$$

式中,δ_{ij} 为 Kronecker 符号。ABFM 和 BFM 的区别在于,ABFM 的壁面阻力系数是基于通用滑移边界条件直接导出的[式(2.89)],它适用于连续介质区、滑移流动区、过渡区和自由分子流动区。Kerkhof[34] 在推导 BFM 时,首先给出了连续介质区和自由分子流动区的壁面阻力系数,然后对这两种极限情况下的壁面阻力系数取调和平均,最后将这个调和平均值作为 BFM 的壁面阻力系数。此外,Kerkhof[34] 采用 Maxwell 滑移边界条件导出了自由分子流动区的壁面阻力系数。但是,Maxwell 滑移边界仅适用于低 Kn 下的稀薄气体流动。综上来看,相对于 BFM,ABFM 的壁面阻力系数具有明确的物理意义,且适用范围更广。

二、模型验证

(一)单/多组分稳态渗流模拟

1.单组分

首先,基于毛细管模型,模拟了不同 Kn 下的单组分气体流动,并将 ABFM 的计算结果同线性化玻尔兹曼方程的数值解[43,44] 做对比。为方便比较,利用管中心处的速度 u_0 对式(2.74)进行无因次化,定义无因次速度 u^*:

$$u^* = \frac{u}{u_0} = \frac{1 - \left(\dfrac{r}{r_w}\right)^2 + \dfrac{2Kn}{1-bKn}}{1 + \dfrac{2Kn}{1-bKn}} = \frac{1 - (r^*)^2 + \dfrac{2Kn}{1-bKn}}{1 + \dfrac{2Kn}{1-bKn}} \tag{2.93}$$

$$u_0 = -\frac{r_w^2}{4\mu}\left(1 + \frac{2Kn}{1-bKn}\right)\frac{\mathrm{d}p}{\mathrm{d}x} \tag{2.94}$$

式中,r^* 为无因次半径。

若采用 Maxwell 滑移边界条件,相应的无因次速度为

$$u^* = \frac{1 - (r^*)^2 + 2Kn}{1 + 2Kn} \tag{2.95}$$

图 2.26 展示了不同 Kn 下的无因次速度剖面。在高 Kn 下,无因次速度剖面仍保持抛物线形,同 Hagen-Poiseuille 流动相似,只是管壁处的流速不为零。

ABFM 的计算结果同线性化玻尔兹曼方程的数值解符合较好。从图 2.26 中可以看出,ABFM 适用于连续介质区、滑移流动区和过渡区。而基于 Maxwell 滑移边界条件的计算结果仅在 $Kn=0.089$ 时与线性化玻尔兹曼方程的数值解符合较好。随着 Kn 数的增大,式(2.95)的计算结果逐渐偏离线性化玻尔兹曼方程的数值解。当 $Kn=8.86$ 时,管壁处的

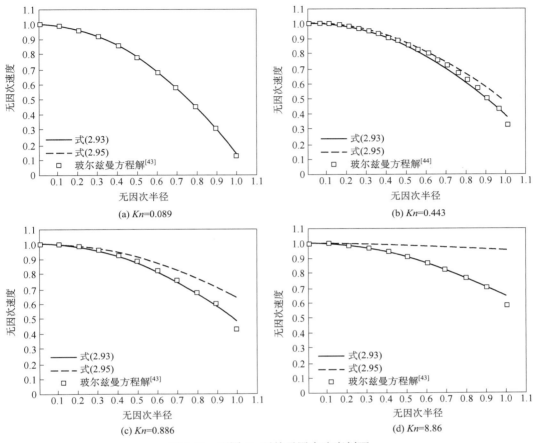

图 2.26 不同 Kn 下的无因次速度剖面

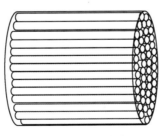

图 2.27 毛细管束

无因次流速为 0.5833(线性化玻尔兹曼方程的数值解),而式(2.95)给出的计算结果为 0.947,高估了约 62.35%。对于本算例,Maxwell 滑移边界条件仅适用于滑移流动区。

Knudsen[45] 研究了 CO_2 在毛细管束内的流动,并测量了不同压力下的 CO_2 流量。实验用到的毛细管束由 24 根直毛细管组成,如图 2.27 所示。由于毛细管的尺寸是已知的,因此无需再引入迂曲度和等效孔径作为拟合参数。这里,将 BFM、DGM 和 ABFM 的预测结果同 Knudsen 的实验数据进行对比,相应的模型参数见表 2.3,预测结果如图 2.28 所示。从图 2.28 中可以看出,$NL/\Delta p$ 随压力的增加先减小后增大,在 $p \approx 40Pa$ 时出现最小值,即 Knudsen 佯谬[46]。ABFM 成功地模拟了 Knudsen 佯谬这一经典问题,其预测结果同实验数据吻合较好,表明了 ABFM 的有效性。DGM 的预测结果偏高。当 $p = 55.76Pa$ 时,DGM 的预测结果为 $3.6 \times 10^{-6} mol/(m \cdot s \cdot Pa)$,约为实验值的 1.15 倍。当 $p = 231.99Pa$ 时,DGM 的预测结果为 $4.26 \times 10^{-6} mol/(m \cdot s \cdot Pa)$,约为实验值的 1.16 倍。低压条件下($p <$ 30Pa),BFM 的预测结果偏低。当 $p = 21.86Pa$ 时,BFM 的预测结果为 $3.10 \times 10^{-6} mol/(m \cdot s \cdot Pa)$,而实验值为 $3.18 \times 10^{-6} mol/(m \cdot s \cdot Pa)$。高压条件下($p > 30Pa$),BFM 的预测结果偏高。当 $p = 118.49Pa$ 时,BFM 的预测结果为 $3.46 \times 10^{-6} mol/(m \cdot s \cdot Pa)$,约为实验值的 1.06 倍。总体来看,ABFM 的预测结果好于 BFM 和 DGM。此外,对于 BFM 和 DGM,$NL/\Delta p$ 随 p 单调增加,并不符合实验数据,也无法捕捉到 Knudsen 佯谬。因此,下面的部分仅讨论 ABFM。

表 2.3 模拟 Knudsen 实验用到的模型参数

实验流体[①]	直径 $L^{①}$/m	孔隙半径 $r_w^{①}$/m	黏度 $\mu^{②}$/(Pa·s)	温度 $T^{①}$/K
CO_2	2×10^{-2}	3.33×10^{-5}	1.49×10^{-5}	298.15

①数据来自 Knudsen[45]。
②数据来自 NIST 的 REFPROP 软件。

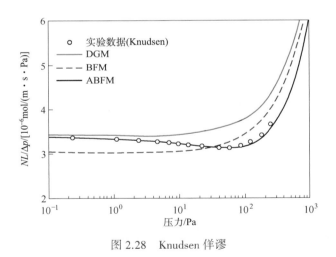

图 2.28 Knudsen 佯谬

2. 双组分

目前缺乏页岩的多组分渗流实验数据。因此,我们采用了毛细管和多孔介质的多组分渗流实验数据验证 ABFM。首先利用 Remick 和 Geankoplis[47] 的实验数据对 ABFM 进行验证。Remick 和 Geankoplis[47] 采用 Wicke-Kallenbach 装置研究了 He 和 N_2 在毛细管束中的逆流扩散现象,实验结果如图 2.29 所示。

实验用到的毛细管束由 644 根直毛细管组成,材质为玻璃,单根毛细管长 $9.6 \times 10^{-3}m$,内径为 $3.91 \times 10^{-5}m$。相对于多孔介质,毛细管束的孔隙结构参数是已知的,因此避免了迁

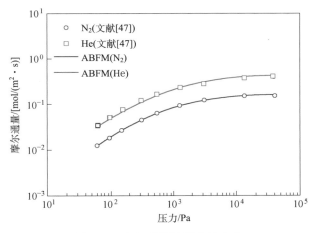

图 2.29 摩尔通量随压力的变化

曲度等不确定参数。实验过程中,毛细管束两端压力保持一致,因此不会产生黏性流动。实验压力为 $60 \sim 40024.70822$ Pa,几乎覆盖了整个过渡区。实验过程中,He 从毛细管束的一端运移到另外一端,而 N_2 的流动方向和 He 的流动方向相反。图 2.29 还展示了 ABFM 的计算结果,相应的模型参数见表 2.4。在未使用任何拟合参数的情况下,ABFM 的计算结果和实验数据符合较好,验证了 ABFM 的有效性。

表 2.4 模拟逆流扩散用到的模型参数

$L^{①}$/m	$D_{12}^{①}$/(m²/s)	$D_w^{①}$/m	$\mu_1^{②}$/(Pa·s)	$\mu_2^{②}$/(Pa·s)	$T^{①}$/K
9.6×10^{-3}	7.06×10^{-5}	3.91×10^{-5}	1.79×10^{-5}	2×10^{-5}	301.15

注:下标 1 表示 N_2,2 表示 He。
①数据来自 Remick 和 Geankoplis[47]。
②数据来自 NIST 的 REFPROP 软件。

Evans 等[48]对多组分气体渗流进行了系统的实验研究,其实验装置如图 2.30 所示。该实验装置主要由左腔室、右腔室和扩散腔组成。在扩散腔内安装有石墨隔板。Evans 等[48]首先利用惰性气体(He 和 Ar)测定了石墨隔板的等效扩散系数,实验结果如图 2.31 所示。图 2.31 还展示了 ABFM 的拟合结果。其中拟合得到的 ϕ/τ 为 1.34×10^{-4},与 Evans 等[49]的结果接近(1.42×10^{-4})。此外,拟合得到的 r_w 为 3.86×10^{-7} m,与 Young 和 Todd[50]的结果接近(3.5×10^{-7} m $\pm 0.2 \times 10^{-7}$ m)。这些参数(表 2.5)将用于后续的计算。

表 2.5 模拟非等压扩散用到的模型参数

$\phi/\tau^{①}$	$L^{②}$/m	$D_{12}^{③}$/(m²/s)	$r_w^{①}$/m	$\mu_1^{④}$/(Pa·s)	$\mu_2^{④}$/(Pa·s)	$T^{②}$/K
1.34×10^{-4}	4.47×10^{-3}	7.29×10^{-5}	3.86×10^{-7}	1.98×10^{-5}	2.26×10^{-5}	298.15

注:下标 1 表示 He,2 表示 Ar。
①拟合参数。
②数据来自 Evans 等[48]。
③数据来自 Kerkhof[34]。
④数据来自 NIST 的 REFPROP 软件。

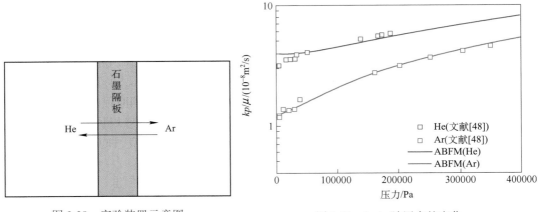

图 2.30　实验装置示意图　　　　　图 2.31　kp/μ 随压力的变化

Evans 等[48]还进行了非等压扩散实验。实验过程中,扩散腔两端存在压力差。在压力差和浓度差的共同作用下,左腔室的 He 向右腔室运移,而右腔室的 Ar 向左腔室运移,即发生逆流扩散现象。不同总压(平均压力)下的实验结果如图 2.32 所示。图 2.32 还展示了 ABFM 的计算结果,相应的模型参数如表 2.5 所示。从图 2.32 中可以看出,在存在黏性流动的情况下,ABFM 很好地预测了实验结果,从而验证了 ABFM 的有效性。

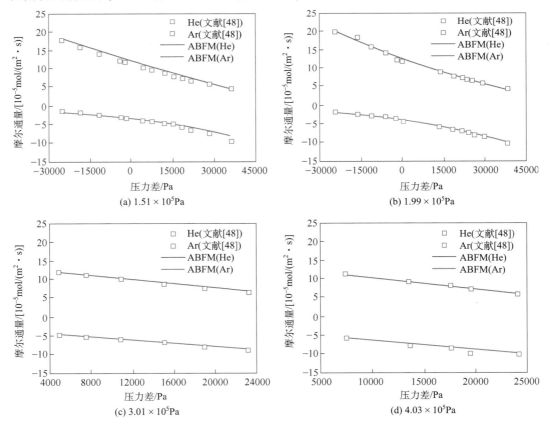

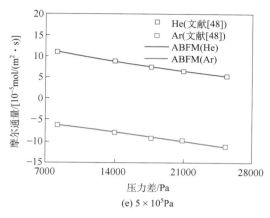

图 2.32 摩尔通量随压力差的变化

目前对于多组分渗流的实验研究集中于双组分体系。组分越多,实验难度越大,因此对于三组分及其三组分以上的体系研究很少。Remick 和 Geankoplis[51] 采用 Wicke-Kallenbach 装置研究了 He-Ne-Ar 体系在玻璃毛细管束中的等压扩散。该毛细管束由 644 根直毛细管组成,单根毛细管长 $9.6×10^{-3}$ m,内径为 $3.91×10^{-5}$ m。实验过程中,毛细管束两端压力保持一致。毛细管束左端腔室充满纯 He,而右端腔室充满 Ne/Ar 混合气体,其中 Ne 的摩尔分数为 55%,Ar 的摩尔分数为 45%。在浓度差的驱动下,Ne/Ar 混合气体从左端腔室向右端腔室运移,而 Ne 从右端腔室向左端腔室运移。各组分的摩尔通量(绝对值)如图 2.33 所示。从图 2.33 中可以看出,He 的摩尔通量最大,Ar 的摩尔通量最小。这是因为 He 的浓度梯度最大,而 Ar 的浓度梯度最小。图 2.33 还展示了 ABFM 的预测结果,模型输入参数如表 2.6 所示。ABFM 的预测结果与实验值吻合较好,验证了 ABFM 的正确性。

表 2.6 模拟等压扩散实验用到的模型参数

$D_{12}^{①}/(m^2/s)$	$D_{13}^{①}/(m^2/s)$	$D_{23}^{①}/(m^2/s)$	$\mu_1^{②}/(Pa·s)$	$\mu_2^{②}/(Pa·s)$	$\mu_3^{②}/(Pa·s)$	$T^{①}/K$
$1.068×10^{-4}$	$7.34×10^{-5}$	$3.16×10^{-5}$	$2.00×10^{-5}$	$3.13×10^{-5}$	$2.27×10^{-5}$	300.85

注:下标 1 表示 He,2 表示 Ne,3 表示 Ar。
①数据来自 Remick 和 Geankoplis[51]。
②数据来自 NIST 的 REFPROP 软件。

(二)多组分瞬态渗流模拟

上述验证均基于稳态实验数据,接下来采用瞬态实验数据对 ABFM 进行验证。Veldsink 等[52] 采用改进的 Wicke-Kallenbach 装置研究了多组分气体渗流,其实验装置如图 2.34 所示。该实验装置主要由左腔室、右腔室和扩散腔组成。其中扩散腔内放置有氧化铝膜。氧化铝膜的平均孔隙直径约为 $1.01×10^{-7}$ m。右腔室完全密封并充满 Ar,初始压力为 10^5 Pa。右腔室内安装有压力传感器。左腔室完全开放,并采用纯 Ar 吹扫,压力保持在 10^5 Pa,某一时刻改用 He 吹扫。随后 He 通过氧化铝膜进入右腔室,同时 Ar 向左端

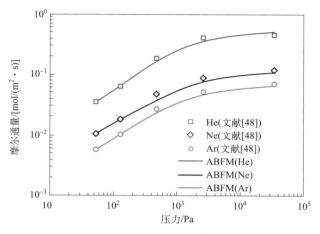

图 2.33　摩尔通量随压力的变化

流动。由于 He 的运动速度大于 Ar,右腔室的压力先升高后下降,最后达到平衡,如图 2.35所示。此外,Veldsink 等[52] 还进行了相反的实验,即 Ar 置换 He。初始时刻,右腔室充满 He。左腔室完全开放,并采用纯 He 吹扫,压力保持在 10^5 Pa,某一时刻改用 Ar 吹扫。这种情况下,Ar 向右端运动,同时 He 向左端运动。由于 He 运动速度大于 Ar,导致右腔室压力先下降后升高,最后达到平衡,如图 2.35 所示。

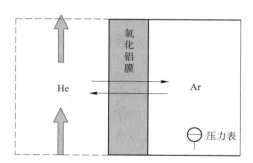

图 2.34　改进的 Wicke-Kallenbach 装置示意图

下面采用 ABFM 模拟这个过程。右腔室的压力变化 Δp 可以用下列方程描述:

$$V \frac{1}{RT} \frac{\partial p}{\partial t} = A(N_1 + N_2) \qquad (2.96)$$

$$\Delta p = p - 10^5 \qquad (2.97)$$

式中,A 为膜的截面积;N_1 和 N_2 分别为 He 和 Ar 的摩尔通量;下标 1 表示 He,2 表示 Ar。He 和 Ar 的摩尔通量由 ABFM 给出:

$$\frac{1}{RT} \nabla p_1 = \frac{p_1 N_2 - p_2 N_1}{p_t D_{12}} - f_{1m} N_1 \qquad (2.98)$$

$$\frac{1}{RT} \nabla p_2 = \frac{p_2 N_1 - p_1 N_2}{p_t D_{12}} - f_{2m} N_2 \tag{2.99}$$

$$\frac{\phi}{RT} \frac{\partial p_1}{\partial t} + \nabla N_1 = 0 \tag{2.100}$$

$$\frac{\phi}{RT} \frac{\partial p_2}{\partial t} + \nabla N_2 = 0 \tag{2.101}$$

式中,f_{1m} 和 f_{2m} 分别为组分 1 和组分 2 的阻力系数;ϕ 为孔隙度;p_t 为总压力。

计算结果如图 2.35 所示,相应的模型参数如表 2.7 所示。从图 2.35 中可以看出,ABFM 的计算结果同实验结果符合较好,从而验证了该模型的有效性。

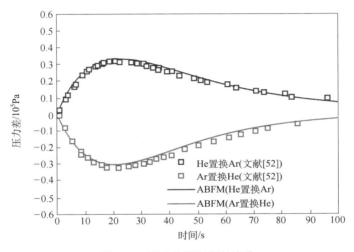

图 2.35　压力差随时间的变化

表 2.7　模拟双组分瞬态渗流用到的模型参数

$\phi/\tau^{①}$	$VL/A^{②}/m^2$	$D_{12}^{③}/(m^2/s)$	$r_w^{②}/m$	$\mu_1^{④}/(Pa·s)$	$\mu_2^{④}/(Pa·s)$	$T^{①}/K$
0.08	5.34×10^{-5}	6.98×10^{-5}	1.01×10^{-7}	1.96×10^{-5}	2.22×10^{-5}	293

注:下标 1 表示 He,2 表示 Ar。

①数据来自 Veldsink 等[52]。

②拟合参数。

③由 Fuller 关系式计算得到,见式(2.63)。

④数据来自 NIST 的 REFPROP 软件。

最后,基于 ABFM 模拟了 H_2-N_2-CO_2 体系在两个储气单元间的动态扩散过程,并将计算结果与 Veltzke 等[53]的实验结果进行对比。图 2.36 展示了他们的实验装置。该实验装置主要由 A 球、B 球和毛细管组成,其材质均为不锈钢。毛细管长为 9.1×10^{-2} m,半径为 1.72×10^{-3} m,截面积为 9.25×10^{-6} m²。A 球充满 H_2-N_2 混合气体,其中 H_2 的摩尔分数为 49.78%,N_2 的摩尔分数为 50.12%。B 球充满 N_2-CO_2 混合气体,其中 N_2 的摩尔分数为 50.12%,CO_2 的摩尔分数为 49.63%。整个实验装置为一封闭体系,因此混合物的净摩尔通量为 0,且不存在黏性流动。

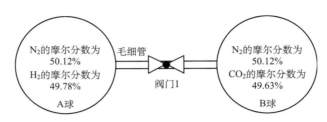

图 2.36　实验装置示意图

实验开始前,阀门 1 是关闭的。某一时刻将阀门 1 打开,气体开始扩散。一段时间后,两球中各组分浓度趋于相等,扩散减弱,整个体系趋于平衡。若假设实验时间为无限长,平衡态下的各组分摩尔分数应分别为 25%(H_2)、50%(N_2)和 25%(CO_2)。各组分摩尔分数随时间的变化如图 2.37 所示。从图 2.37 中可以看出,A 球中 H_2 的摩尔分数逐渐降低,CO_2 的摩尔分数逐渐升高;B 球中 H_2 的摩尔分数逐渐升高,CO_2 的摩尔分数逐渐降低。此外,随着时间的延长,A 球和 B 球中 H_2 的摩尔分数逐渐趋近于 25%,CO_2 的摩尔分数也逐渐趋近于 25%。这意味着 H_2 和 CO_2 的扩散符合菲克定律,即气体从浓度高的区域向浓度低的区域扩散,最后达到浓度均匀,各组分浓度随时间单调变化。然而,N_2 的摩尔分数随时间呈非单调变化。此外,N_2 还表现出奇异扩散行为。初始状态下,A 球和 B 球中 N_2 的浓度相等,即浓度差为零。实验开始后,A 球中 N_2 的摩尔分数逐渐升高,而 B 球中 N_2 的摩尔分数逐渐降低。这意味着,在浓度差为零的情况下 N_2 从 B 球向 A 球扩散,这种现象称为渗透扩散[54]。菲克定律无法解释这种现象。随后,A 球中 N_2 的摩尔分数继续升高,B 球中 N_2 的摩尔分数继续降低。这时,N_2 从低浓度区(B 球)向高浓度区(A 球)扩散,即 N_2 的扩散方向和自身的浓度梯度相反,这种现象称为逆向扩散[54]。在时间 t 约等于 40000s 时,A 球中 N_2 的摩尔分数达到了最大值,约为 0.57。同时,B 球中 N_2 的摩尔分数达到了最小值,约为 0.42。这个时刻,尽管存在浓度差,但 N_2 停止扩散,这种现象称为扩散壁垒[54]。接下来,采用 ABFM 模拟这个过程。

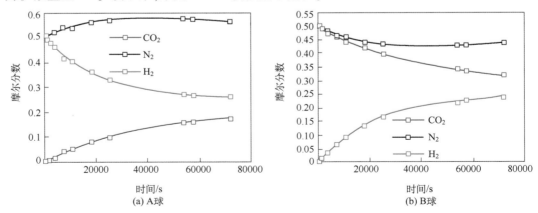

图 2.37　各组分摩尔分数随时间的变化[53]

对于左、右储气单元,有如下的控制方程:

$$V_A c \frac{\partial x_i^0}{\partial t} = - N_i^0 A^0 \tag{2.102}$$

$$V_B c \frac{\partial x_i^L}{\partial t} = N_i^L A^L \tag{2.103}$$

式中,A 为毛细管截面积,m^2;V 为球体积,m^3;c 为混合物的浓度,mol/m^3;x_i 为组分 i 的摩尔分数。下标 A 代表 A 球,下标 B 代表 B 球,上标 0 表示毛细管的左端点,上标 L 表示毛细管的右端点。对于毛细管,有如下控制方程:

$$c \frac{\partial x_i}{\partial t} = - \frac{\mathrm{d} N_i}{\mathrm{d} z} \tag{2.104}$$

毛细管左右两端各组分的摩尔通量由 ABFM 给出:

$$\frac{1}{RT} \nabla p_i = \frac{p_i N_j^0 - p_j N_i^0}{p_t D_{ij}} - f_{im} N_i^0 \tag{2.105}$$

$$\frac{1}{RT} \nabla p_i = \frac{p_i N_j^L - p_j N_i^L}{p_t D_{ij}} - f_{im} N_i^L \tag{2.106}$$

对于式(2.102)~式(2.106),求解过程如下:首先,基于初始时刻的气体组成,可以通过式(2.105)和式(2.106)得到毛细管左右两端各组分的摩尔通量;然后将求得的通量代入式(2.102)和式(2.103)便可以求解储气单元内的气体组成;将求得的气体组成又作为式(2.104)的边界条件(Dirichlet 边界),循环进行下一时刻的计算,最终得到储气单元内各组分摩尔分数随时间的变化。ABFM 的预测结果如图 2.37 所示,相关的模型参数如表 2.8所示。从图 2.37 中可以看出,ABFM 的预测结果同实验结果比较吻合,即 ABFM 较好地模拟了 N_2 的奇异扩散行为。这说明 ABFM 对多组分气体传质的描述要比传统的菲克定律深刻。下面从组分间相互作用的角度来解释 N_2 的奇异扩散行为。N_2 在传质过程中受到了 CO_2 和 H_2 的共同作用。较重的 CO_2 和 N_2 之间的相互作用要强于 H_2 和 N_2 的相互作用。在实验初始阶段,由于 CO_2 的拖曳作用,部分 N_2 随 CO_2 从 B 球向 A 球扩散,即发生渗透扩散现象。这时,N_2 的扩散主要受到 CO_2 和 H_2 浓度梯度制约,而不是其自身浓度梯度(该梯度较小)。随后,N_2 继续从 B 球(低浓度区)向 A 球扩散(高浓度区),即发生逆向扩散现象。B 球中 N_2 的摩尔分数持续下降,而 A 球中 N_2 的摩尔分数持续升高,导致 N_2 浓度梯度逐渐增大。当浓度差的作用与拖曳作用平衡时,N_2 停止扩散,即发生扩散壁垒现象。最后,N_2 在自身浓度梯度的作用下从 A 球(高浓度区)向 B 球(低浓度区)扩散。

表 2.8　模拟三组分瞬态渗流用到的模型参数

V_A/m^3	V_B/m^3	$D_{12}/(m^2/s)$	$D_{13}/(m^2/s)$	$D_{23}/(m^2/s)$	T/K
3.41×10^{-4}	3.39×10^{-4}	8.155×10^{-5}	6.8023×10^{-5}	1.6177×10^{-5}	308.15

注:数据来自 Veltzke 等[53];D 为 Maxwell-Stefan 扩散系数;下标 1 表示 H_2,2 表示 N_2,3 表示 CO_2。

第三节　本章小结

本章基于 N-S 方程和双阻力模型,建立了适用于单组分气体流动的扩展 N-S 方程和

适用于多组分气体流动的自适应双阻力模型,并对模型进行实验验证,得到以下结论:

(1)提出衡量体扩散和克努森扩散所占比重的"比例因子"。比例因子越大,体扩散变化越快,峰值越高。当 $0.1<Kn<1$ 时,克努森扩散所占比例越小;当 $Kn>1$ 时,变化趋势相反。

(2)真实气体效应增大了气体黏度和平均分子自由程,降低了吸附气的传输能力和吸附能力,降低了对流流动有效渗透率。压力升高,由于真实气体效应的影响,体扩散和克努森扩散有效渗透率增大。真实气体效应降低了总表观渗透率,但下降速度随着孔径的减小而减小。

(3)所建立的壁面阻力系数适用于连续介质区、滑移流动区、过渡区和自由分子流动区;ABFM 可弥补 DGM 和 BFM 的不足,能够较好描述多组分气体传质过程中的奇异扩散行为。

参 考 文 献

[1] Freeman C, Moridis G J, Ilk D, et al. A numerical study of transport and storage effects for tight gas and shale gas reservoir systems//International Oil and Gas Conference and Exhibition in China, Beijing, 2010.

[2] Rangarajan R, Mazid M, Matsuura T, et al. Permeation of pure gases under pressure through asymmetric porous membranes: Membrane characterization and prediction of performance. Industrial & Engineering Chemistry Process Design and Development, 1984, 23(1): 79-87.

[3] Kennard E H. Kinetic theory of gases, with an introduction to statistical mechanics. Nature, 1938, 142: 494-495.

[4] Chambre P A, Schaaf S A. Flow of Rarefied Gases. Princeton: Princeton University Press, 2017.

[5] Shi J, Zhang L, Li Y, et al. Diffusion and flow mechanisms of shale gas through matrix pores and gas production forecasting//SPE Unconventional Resources Conference Canada, Calgary, 2013.

[6] Rahmanian M, Aguilera R, Kantzas A. A new unified diffusion-viscous-flow model based on pore-level studies of tight gas formations. SPE Journal, 2012, 18(01): 38-49.

[7] Wu K, Li X, Wang C, et al. Apparent permeability for gas flow in shale reservoirs coupling effects of gas diffusion and desorption//Unconventional Resources Technology Conference, Denver, 2014.

[8] Arkilic E B, Schmidt M A, Breuer K S. Gaseous slip flow in long microchannels. Journal of Microelectromechanical Systems, 1997, 6(2): 167-178.

[9] Wang R, Zhang N, Liu X, et al. The calculation and analysis of diffusion coefficient and apparent permeability of shale gas. Journal of Northwest University (Natural Science Edition), 2013, 43(1): 75-80.

[10] Krishna R. A unified approach to the modelling of intraparticle diffusion in adsorption processes. Gas Separation & Purification, 1993, 7(2): 91-104.

[11] Sun H, Yao J, Fan D Y, et al. Gas transport mode criteria in ultra-tight porous media. International Journal of Heat and Mass Transfer, 2015, 83(1): 192-199.

[12] Nguyen P T, Roizard D, Thomas D, et al. Gas permeability: A simple and efficient method for testing membrane material/solvent compatibility for membrane contactors applications. Desalination and Water Treatment, 2010, 14(1-3): 7-15.

[13] Durst F, Gomes J, Sambasivam R. Thermofluiddynamics: Do we solve the right kind of equations//

ICHMT Digital Library Online, Jamshedpur, 2006.

[14] Dongari N, Sharma A, Durst F. Pressure-driven diffusive gas Flows in micro-channels: from the Knudsen to the continuum regimes. Microfluidics and Nanofluidics, 2009, 6(5): 679-692.

[15] Geng L, Li G, Zitha P, et al. A diffusion-viscous flow model for simulating shale gas transport in nano-pores. Fuel, 2016, 181: 887-894.

[16] Knudsen M. Die Gesetze der Molekularströmung und der inneren Reibungsströmung der Gase durch Röhren. Annalen der Physik, 1909, 333(1): 75-130.

[17] Karniadakis G, Beskok A, Aluru N. Microflows and Nanoflows: Fundamentals and Simulation. Berlin: Springer Science & Business Media, 2006: 29.

[18] Sakhaee-Pour A, Bryant S. Gas permeability of shale. SPE Reservoir Evaluation & Engineering, 2012, 15 (4): 401-409.

[19] Florence F A, Rushing J, Newsham E K, et al. Improved permeability prediction relations for low permeability sands//Rocky Mountain Oil & Gas Technology Symposium, Denver, 2007.

[20] Javadpour F, Fisher D, Unsworth M. Nanoscale gas flow in shale gas sediments. Journal of Canadian Petroleum Technology, 2007, 46 (10): 55-61.

[21] Guo C H, Xu J C, Wu K L, et al. Study on gas flow through nano pores of shale gas reservoirs. Fuel, 2015, 143: 107-117.

[22] Swami V, Settari A. A pore scale gas flow model for shale gas reservoir//SPE Americas Unconventional Resources Conference, Pittsburgh, 2012.

[23] Ungerer P, Collell J, Yiannourakou M. Molecular modeling of the volumetric and thermodynamic properties of kerogen: Influence of organic type and maturity. Energ Fuel, 2014, 29(1): 91-105.

[24] Kelemen S, Afeworki M, Gorbaty M, et al. Direct characterization of kerogen by X-ray and solid-state ^{13}C nuclear magnetic resonance methods. Energ Fuel, 2007, 21(3): 1548-1561.

[25] Bhave R. Inorganic Membranes Synthesis, Characteristics and Applications: Synthesis, Characteristics, and Applications. Berlin: Springer Science & Business Media, 2012.

[26] Xiong X, Devegowda D, Villazon M, et al. A fully-coupled free and adsorptive phase transport model for shale gas reservoirs including non-Darcy flow effects//SPE Annual Technical Conference and Exhibition, San Antonio, 2012.

[27] Chen Y, Yang R. Concentration dependence of surface diffusion and zeolitic diffusion. AIChE Journal, 1991, 37(10): 1579-1582.

[28] Do D, Wang K. Dual diffusion and finite mass exchange model for adsorption kinetics in activated carbon. AIChE Journal, 1998, 44(1): 68-82.

[29] Geng L, Li G, Tian S, et al. A fractal model for real gas transport in porous shale. AIChE Journal, 2017, 63(4): 1430-1440.

[30] Wu K, Chen Z, Li X. Real gas transport through nanopores of varying cross-section type and shape in shale gas reservoirs. Chemical Engineering Journal, 2015, 281: 813-825.

[31] Jarrahian A, Heidaryan E. A simple correlation to estimate natural gas viscosity. Journal of Natural Gas Science and Engineering, 2014, 20: 50-57.

[32] Villazon M, German G, Sigal R F, et al. Parametric investigation of shale gas production considering nano-scale pore size distribution, formation factor, and non-Darcy flow mechanisms//SPE Annual Technical Conference and Exhibition, Denver, 2011.

[33] Prabha S K, Sreehari P, Gopal M M, et al. The effect of system boundaries on the mean free path for

confined gases. AIP Advances, 2013, 3(10): 102107.

[34] Kerkhof P J. A modified Maxwell-Stefan model for transport through inert membranes: The binary friction model. The Chemical Engineering Journal, 1996, 64(3): 319-343.

[35] Fuller E N, Schettler P D, Giddings J C. New method for prediction of binary gas-phase diffusion coefficients. International & Engineering Chemistry, 1966, 58(5): 18-27.

[36] Beskok A, Karniadakis G E. Report: A model for flows in channels, pipes, and ducts at micro and nano scales. Microscale Thermophysical Engineering, 1999, 3(1): 43-77.

[37] Agrawal A, Prabhu S. Survey on measurement of tangential momentum accommodation coefficient. Journal of Vacuum Science & Technology A, 2008, 26(4): 634-645.

[38] Ström H, Sasic S, Andersson B. A novel multiphase DNS approach for handling solid particles in a rarefied gas. International Journal of Multiphase Flow, 2011, 37(8): 906-918.

[39] Gad-El-Hak M. The fluid mechanics of microdevices-The freeman scholar lecture. Journal of Fluids Engineering, 1999, 121(1): 5-33.

[40] Civan F. Effective correlation of apparent gas permeability in tight porous media. Transport Porous Media, 2010, 82(2): 375-384.

[41] Karniadakis G, Beskok A, Aluru N. Microflows and Nanoflows: Fundamentals and Simulation. Berlin: Springer Science & Business Media, 2006: 157.

[42] Wilke C. A viscosity equation for gas mixtures. The Journal of Chemical Physics, 1950, 18(4): 517-519.

[43] Loyalka S, Hamoodi S. Poiseuille flow of a rarefied gas in a cylindrical tube: Solution of linearized Boltzmann equation. Physics of Fluids A: Fluid Dynamics, 1990, 2(11): 2061-2065.

[44] Siewert C. Poiseuille and thermal-creep flow in a cylindrical tube. Journal of Computational Physics, 2000, 160(2): 470-480.

[45] Knudsen M. The law of molecular flow and viscosity of gases moving through tubes. Annalen der Physik, 1909, 28: 75-130.

[46] 樊菁, 沈青. 微尺度气体流动. 力学进展, 2002, 32(3): 321-336.

[47] Remick R R, Geankoplis C J. Binary diffusion of gases in capillaries in the transition region between Knudsen and molecular diffusion. Industrial & Engineering Chemistry Research, 1973, 12(2): 214-220.

[48] Evans Iii R, Watson G, Truitt J. Interdiffusion of gases in a low-permeability graphite. II. Influence of pressure gradients. Journal of Applied Physics, 1963, 34(7): 2020-2026.

[49] Evans Iii R, Watson G, Truitt J. Interdiffusion of gases in a low permeability graphite at uniform pressure. Journal of Applied Physics, 1962, 33(9): 2682-2688.

[50] Young J, Todd B. Modelling of multi-component gas flows in capillaries and porous solids. International Journal of Heat and Mass Transfer, 2005, 48(25-26): 5338-5353.

[51] Remick R R, Geankoplis C J. Ternary diffusion of gases in capillaries in the transition region between Knudsen and molecular diffusion. Chemical Engineering Science, 1974, 29(6): 1447-1455.

[52] Veldsink J, Versteeg G, van Swaaij W P M. An experimental study of diffusion and convection of multicomponent gases through catalytic and non-catalytic membranes. Journal of Membrane Science, 1994, 92(3): 275-291.

[53] Veltzke T, Kiewidt L, Thöming J. Multicomponent gas diffusion in nonuniform tubes. AIChE Journal, 2015, 61(4): 1404-1412.

[54] Krishna R, Wesselingh J. The Maxwell-Stefan approach to mass transfer. Chemical Engineering Science, 1997, 52(6): 861-911.

第三章 页岩气水平井多级压裂裂缝起裂与扩展

第一节 水平井多级压裂缝间应力场模型与缝间距优化

一、基于应力叠加原理的水平井多级压裂应力场解析模型

单条水压裂缝周围应力场模型是认识水平井多级压裂应力场的理论基础。油气储层可被看作为无限大块体,水力压裂裂缝所受应力状态有理由假设为无限大平面内平面应变状态。同时假设页岩储层为线弹性体。基于势理论,首先建立单条水压裂缝周边应力场模型,阐明裂缝周围应力量空间分布。

(一)单级压裂裂缝周围应力场解析模型

图 3.1 为极坐标下水压裂缝周围应力示意图。图中 r 为裂缝周围任一点到裂缝中心 O 的距离,r_1 和 r_2 分别是缝周围任一点到裂缝两个端部的距离,θ 为 r 与裂缝长轴的夹角,θ_1 和 θ_2 分别是 r_1 和 r_2 和裂缝长轴的夹角。σ_r 和 σ_θ 分别是极坐标下沿 r 方向和 θ 方向的主应力,$\sigma_{r\theta}$ 是剪应力。规定拉应力为正方向力,压应力为负方向力。

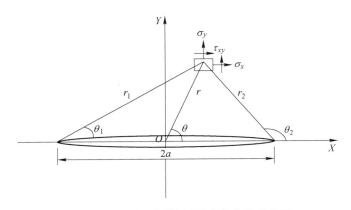

图 3.1 极坐标下裂缝周围应力分量示意图

利用 Westergaard 应力函数来描述弹性材料内部的裂缝应力分布,缝内压力加载在缝面,且假设缝内水压力恒定[1]

$$Z = p_0 \left(\frac{z}{\sqrt{(z^2 - a^2)}} - 1 \right), \qquad z = x + iy \tag{3.1}$$

式中,p_0 为裂缝内水压力,MPa;a 为裂缝的半缝长,m;z 为复变函数;Z 为裂缝应力函数。

裂缝外任意一点和裂缝的端点及中心的位置关系如图 3.1 所示,将函数 z 进行旋转,

分别得到函数 z_1 和 z_2:

$$z = re^{i\theta}, \quad z_1 = z - a = r_1 e^{i\theta_1}, \quad z_2 = z + a = r_2 e^{i\theta_2} \tag{3.2}$$

式中, $r = \sqrt{x^2 + y^2}$, $r_1 = \sqrt{(x-a)^2 + y^2}$, $\dot{r}_2 = \sqrt{(x+a)^2 + y^2}$, $\theta = \tan^{-1}\left(\dfrac{y}{x}\right)$, $\theta_1 = \tan^{-1}\left(\dfrac{y}{x-a}\right)$, $\theta_2 = \tan^{-1}\left(\dfrac{y}{x+a}\right)$。

根据断裂力学和复变函数理论,裂缝周围任意点的应力分量表达式为

$$
\begin{cases}
\dfrac{1}{2}(\sigma_x + \sigma_y) = \mathrm{Re}(Z) = p_0 \left[\dfrac{r}{r_1^{\frac{1}{2}} r_2^{\frac{1}{2}}} \cos\left(\theta - \dfrac{1}{2}\theta_1 - \dfrac{1}{2}\theta_2\right) - 1 \right] \\[4mm]
\dfrac{1}{2}(\sigma_y - \sigma_x) = y\,\mathrm{Im}(Z') = p_0 \dfrac{r\sin\theta}{a} \left(\dfrac{a^2}{r_1 r_2}\right)^{\frac{3}{2}} \sin\dfrac{3}{2}(\theta_1 + \theta_2) \\[4mm]
\tau_{xy} = -y\,\mathrm{Re}(Z') = p_0 \dfrac{r\sin\theta}{a} \left(\dfrac{a^2}{r_1 r_2}\right)^{\frac{3}{2}} \cos\dfrac{3}{2}(\theta_1 + \theta_2)
\end{cases}
\tag{3.3}
$$

式中, Re 和 Im 分别为复变函数的实部和虚部。

上述模型未考虑地应力作用。如图 3.2 所示,根据弹性力学叠加原理,水压裂缝周围应力场等于缝内水压力与地应力分别作用产生应力场的叠加。

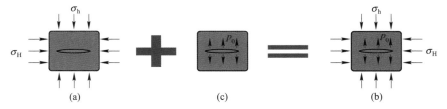

图 3.2　内载荷作用下裂缝的应力叠加示意图

规定拉应力为正,压应力为负,地应力作用下的应力分布表达式如下:

$$z = x + iy \tag{3.4}$$

根据应力叠加原理,缝内水压力与地应力同时作用时的裂缝周围任意点处应力表达式为

$$Z = (p_0 - \sigma_h) \frac{z}{\sqrt{z^2 - a^2}} - p_0 \tag{3.5}$$

将式(3.5)代入式(3.3),得到应力分量表达式:

$$\begin{cases} \dfrac{1}{2}(\sigma_x + \sigma_y) = \mathrm{Re}(Z) = (p_0 - \sigma_\mathrm{h})\left[\dfrac{r}{r^{\frac{1}{2}}r^{\frac{1}{2}}}\cos\left(\theta - \dfrac{1}{2}\theta_1 - \dfrac{1}{2}\theta_2\right)\right] - p_0 \\[3mm] \dfrac{1}{2}(\sigma_x - \sigma_y) = y\,\mathrm{Im}(Z') = (p_0 - \sigma_\mathrm{h})\dfrac{r\sin\theta}{a}\left(\dfrac{a^2}{r_1 r_2}\right)^{\frac{3}{2}}\sin\dfrac{3}{2}(\theta_1 + \theta_2) \\[3mm] \tau_{xy} = -y\,\mathrm{Re}(Z') = (p_0 - \sigma_\mathrm{h})\dfrac{r\sin\theta}{a}\left(\dfrac{a^2}{r_1 r_2}\right)^{\frac{3}{2}}\cos\dfrac{3}{2}(\theta_1 + \theta_2) \end{cases} \quad (3.6)$$

将式(3.6)代入 $\tau^2 = \left(\dfrac{1}{2}\sigma_x - \dfrac{1}{2}\sigma_y\right)^2 + \tau_{xy}^2$，得到真实地应力与缝内水压力作用下裂缝周围任意点处的最大剪应力表达式：

$$\tau = (p_0 - \sigma_\mathrm{h})\dfrac{r\sin\theta}{a}\left(\dfrac{a^2}{r_1 r_2}\right)^{3/2} \quad (3.7)$$

将式(3.7)从极坐标转化为笛卡儿坐标系，表达式为

$$\tau = \dfrac{(p_0 - \sigma_\mathrm{h})a^2 y}{\left\{\left[(x+a)^2 + y^2\right]\left[(x-a)^2 + y^2\right]\right\}^{\frac{3}{4}}} \quad (3.8)$$

真实地应力与缝内水压力作用下裂缝周围任意点处，裂缝最大正应力表达式为

$$\sigma = \dfrac{1}{2}(\sigma_x + \sigma_y) + \sqrt{\left(\dfrac{\sigma_x - \sigma_y}{2}\right)^2 + \tau_{xy}^2} \quad (3.9)$$

将式(3.3)代入式(3.9)，得到最大正应力的表达式：

$$\sigma = p_0\left\{\dfrac{r}{r_1^{\frac{1}{2}}r_2^{\frac{1}{2}}}\left[\cos\left(\theta - \dfrac{1}{2}\theta_1 - \dfrac{1}{2}\theta_2\right)\dfrac{a^2}{r_1 r_2}\sin\theta\right] - 1\right\} \quad (3.10)$$

式(3.10)转化为笛卡儿坐标下的表达式为

$$\dfrac{\sigma}{p_0} = \dfrac{\left[\begin{array}{l}\sqrt{\sqrt{A}+x-a}\left[x\sqrt{\sqrt{B}+x+a} + y\sqrt{\sqrt{B}-x-a}\right] \\ -\sqrt{\sqrt{A}-x+a}\left[x\sqrt{\sqrt{B}-x-a} - y\sqrt{\sqrt{B}+x+a}\right]\end{array}\right]}{2AB} + \dfrac{a^2 y}{r_1^{\frac{3}{2}}r_2^{\frac{3}{2}}} - 1 \quad (3.11)$$

式中

$$\begin{cases} A = (x-a)^2 + y^2 \\ B = (x+a)^2 + y^2 \end{cases} \quad (3.12)$$

如图 3.3 和图 3.4 所示，对于任意倾斜裂缝，可知作用于裂缝面上的正应力和剪应力表达式分别为

$$\sigma_\mathrm{n} = p_0 - \sigma_\mathrm{H}\sin^2\gamma - \sigma_\mathrm{h}\cos^2\gamma \quad (3.13)$$

$$\tau_\mathrm{n} = \dfrac{1}{2}(\sigma_\mathrm{H} - \sigma_\mathrm{h})\sin 2\gamma \quad (3.14)$$

假设地层为线弹性，根据线弹性力学[2-4]，当裂缝受到拉伸和剪切应力时，裂缝面上的 I 型和 II 型 Westergaard 应力函数表达式为

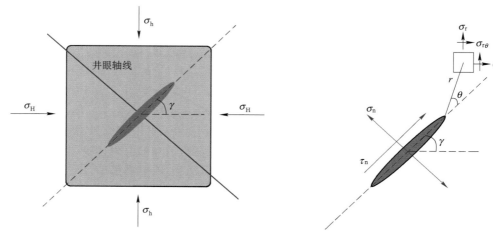

图 3.3　水力裂缝力学平面模型　　　　图 3.4　Ⅰ−Ⅱ型水力裂缝极坐标下应力分量

$$Z_{\text{I}} = \frac{\sigma_{\text{n}} z}{\sqrt{z^2 - a^2}} \tag{3.15}$$

$$Z_{\text{II}} = \frac{\tau_{\text{n}} z}{\sqrt{z^2 - a^2}} \tag{3.16}$$

式中, Z_{I}、Z_{II} 分别为 Ⅰ 型和 Ⅱ 型应力函数; z 为复变函数, $z = x + iy$; σ_{n}、τ_{n} 分别为作用在倾斜裂缝表面上的正应力和剪应力, MPa; a 为裂缝半缝长, m。

水力裂缝内部的净压力会产生诱导应力, 改变裂缝周围岩体的应力状态。诱导应力分布于裂缝周围, 在 x-y 二维平面上有 σ_x、σ_y、τ_{xy} 三个应力分量。根据叠加准则, 当裂缝受到拉剪应力作用时, 会产生 Ⅰ 型和 Ⅱ 型断裂强度因子, 裂缝受到拉剪应力时的诱导应力分量表达式为

$$\begin{cases} \sigma_x = [\text{Re}(Z_{\text{I}}) - y\text{Im}(Z'_{\text{I}})] + [y\text{Re}(Z'_{\text{II}}) - 2\text{Im}(Z_{\text{II}})] \\ \sigma_y = [\text{Re}(Z_{\text{I}}) + y\text{Im}(Z'_{\text{I}})] + [-y\text{Re}(Z'_{\text{II}})] \\ \tau_{xy} = [-y\text{Re}(Z'_{\text{I}})] + [-y\text{Im}(Z'_{\text{II}}) + \text{Re}(Z_{\text{II}})] \end{cases} \tag{3.17}$$

式中, $Z' = \text{d}Z/\text{d}z$。

von Mises 屈服准则是工程上应用比较广泛的应力分布计算方法, 其表达式为

$$\sigma_{\text{eff}}^2 = \left(\frac{\sigma_x + \sigma_y}{2}\right)^2 + 3\left(\frac{\sigma_x - \sigma_y}{2}\right)^2 + 3\tau_{xy}^2 \tag{3.18}$$

式中, σ_{eff} 表示 von Mises 有效应力。

将式(3.17)得到的裂缝的应力分量代入式(3.18), 得到裂缝周围的应力分布:

$$\sigma_{\text{eff}} = \sqrt{\begin{array}{l} \sigma_{\text{n}}^2(3A^2 + B^2 + 3C^2) + \tau_{\text{n}}^2(4A^2 - 2AB + B^2 + 3C^2 + 6CD + 3D^2) \\ + \sigma_{\text{n}}\tau_{\text{n}}(6A^2 - 2AB + 2B^2 + 6C^2 + 6CD) \end{array}} \tag{3.19}$$

式中

$$
\begin{cases}
A = \dfrac{r}{(r_1 r_2)^{1/2}} \cos\left(\theta - \dfrac{1}{2}\theta_1 - \dfrac{1}{2}\theta_2\right) - 1 \\[3mm]
B = \dfrac{r\sin\theta}{c}\left(\dfrac{a^2}{r_1 r_2}\right)^{\frac{3}{2}} \sin\dfrac{3}{2}(\theta_1 + \theta_2) \\[3mm]
C = \dfrac{r\sin\theta}{c}\left(\dfrac{a^2}{r_1 r_2}\right)^{\frac{3}{2}} \cos\dfrac{3}{2}(\theta_1 + \theta_2) \\[3mm]
D = \dfrac{r}{(r_1 r_2)^{\frac{1}{2}}} \sin\left(\theta - \dfrac{1}{2}\theta_1 - \dfrac{1}{2}\theta_2\right)
\end{cases}
\tag{3.20}
$$

式(3.19)为裂缝周围有效应力表达式。根据式(3.19)和式(3.20)可以计算得到水力裂缝周围的应力分布。

选取射孔方向和最大水平主应力夹角为0°、30°、45°和60°四种倾斜裂缝，最大水平主应力 $\sigma_H = 60\text{MPa}$，最小水平主应力 $\sigma_h = 40\text{MPa}$，缝内流体压力 $p = 50\text{MPa}$。根据式(3.17)可以计算诱导应力的分量。为了研究诱导应力的扰动范围，选择在裂缝中心处(井筒处)分析诱导应力的变化情况。

结果发现，随着垂直于裂纹面方向距离的增大，诱导应力分量 $\Delta\sigma_x$ 和 $\Delta\sigma_y$ 均逐渐减小，并且 $\Delta\sigma_x$ 比 $\Delta\sigma_y$ 小，如图3.5所示。将水力裂缝形成的诱导应力和初始地应力进行叠加，比较沿裂纹面方向和垂直于裂纹面方向的叠加应力差值发现，在垂直于裂纹面方向，超过4倍半缝长时，计算条件下的水平主应力差接近20MPa(图3.6)，和初始的地应力差值基本相等，可以认为诱导应力的扰动作用在超过4倍缝长之后可以忽略不计(相对于本章中给定的水平主应力值 $\sigma_H = 60\text{MPa}$ 和 $\sigma_h = 40\text{MPa}$)。考虑实际的地应力一般为 $20\sim30\text{MPa}$(根据地应力梯度可以算出来)，因此本节选用1MPa作为标准，判断应力的扰动范围，当应力小于1MPa时，就认为扰动效应不存在了，在实际的油田的应力中，这个值可能会更小。

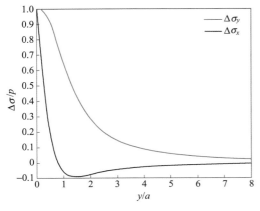

图3.5　裂缝诱导应力随垂直于
裂纹面方向变化趋势

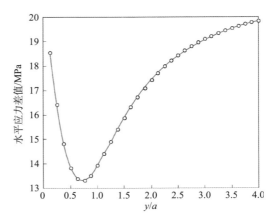

图3.6　水力裂缝周围岩体主应力差
随垂直于裂纹面方向变化趋势

取裂缝最大水平主应力 $\sigma_H = 60$MPa,最小水平主应力 $\sigma_h = 40$MPa,裂缝内静压力 $p = 50$MPa。当 $\gamma = 0°$时,根据式(3.13)、(3.14)计算得出 $\sigma_n = 10$MPa,$\tau_n = 0$,代入式(3.4)、式(3.15)和式(3.16)得到应力分布函数:

$$Z_I = \frac{10z}{\sqrt{z^2 - a^2}}, \quad Z_{II} = 0$$
$$z = x + iy \tag{3.21}$$

将式(3.21)代入式(3.19)和式(3.20),计算得到倾角为 $0°$的裂缝的 von Mises 应力分布,如图 3.7 所示。

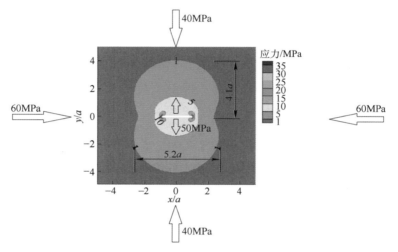

图 3.7　夹角为 $0°$裂缝的 von Mises 应力分布云图

图 3.7 中的橙色区域表示诱导应力扰动区域,从图中可以看出,诱导应力扰动区域沿裂缝对称,呈现类似于"圆形"的形状,在沿裂缝面方向上的扰动范围为 5.2 倍半缝长,垂直于裂纹面方向的扰动范围为 8.2 倍半缝长,裂缝(白线表示)端部存在着应力集中现象,随着距离裂缝端部逐渐增大,应力值迅速减小。

当 $\gamma = 30°$时,$\sigma_n = 5$MPa,$\tau_n = 5\sqrt{3}$MPa,代入式(3.15)和式(3.16),得到应力分布函数表达式:

$$Z_I = \frac{5z}{\sqrt{z^2 - c^2}}, \quad Z_{II} = \frac{5\sqrt{3}z}{\sqrt{z^2 - c^2}}$$
$$z = x + iy \tag{3.22}$$

将式(3.22)代入式(3.19)和式(3.20),可以计算得到倾角 $30°$时 von Mises 应力分布情况,如图 3.8 所示。图 3.8 中,裂缝诱导应力的扰动范围类似于"蝴蝶状",沿裂缝呈对称分布,在沿裂缝面方向上的扰动范围为 5.2 倍半缝长,垂直于裂纹面方向的扰动范围为 8.4 倍半缝长。

当 $\gamma = 45°$时,根据式(3.13)、式(3.14)计算得出 $\sigma_n = 0$,$\tau_n = 10$MPa,代入式(3.4)、式(3.15)和式(3.16)得到应力分布函数:

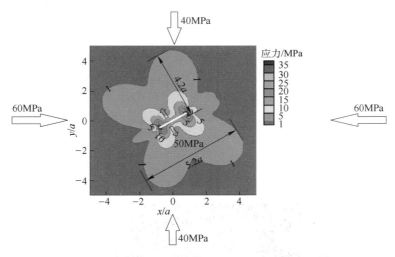

图 3.8 夹角为 30°裂缝的 von Mises 应力分布云图

$$Z_{\text{I}} = 0, \quad Z_{\text{II}} = \frac{10z}{\sqrt{z^2 - c^2}}$$

$$z = x + iy \tag{3.23}$$

将式(3.23)代入式(3.19)和式(3.20),计算得到倾角为 45°的裂缝的 von Mises 应力分布,如图 3.9 所示。图 3.9 中,裂缝诱导应力的扰动范围类似于"蝴蝶状",沿裂缝呈对称分布,在沿裂缝面方向上的扰动范围为 5.2 倍半缝长,垂直于裂纹面方向的扰动范围为 7.6 倍半缝长。

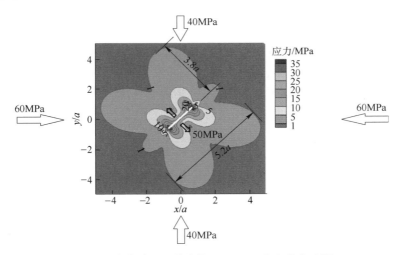

图 3.9 夹角为 45°裂缝的 von Mises 应力分布云图

当 $\gamma = 60°$时,$\sigma_\text{n} = 5\text{MPa}$,$\tau_\text{n} = 5\sqrt{3}\,\text{MPa}$,代入式(3.4)、式(3.15)和式(3.16)得到应力分布函数:

$$Z_{\text{I}} = \frac{-5z}{\sqrt{z^2 - c^2}}, \quad Z_{\text{II}} = \frac{5\sqrt{3}z}{\sqrt{z^2 - c^2}}$$

$$z = x + iy \tag{3.24}$$

将式(3.24)代入式(3.19)和式(3.20),计算得到倾角60°裂缝的 von Mises 应力分布情况,如图3.10所示。图3.10中,裂缝诱导应力的扰动范围类似于"蝴蝶状",沿裂缝呈对称分布,在沿裂缝面方向上的扰动范围为5.2倍半缝长,垂直于裂纹面方向的扰动范围为8.4倍半缝长。

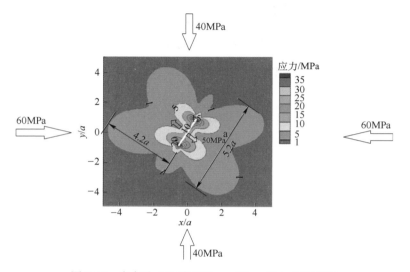

图 3.10　夹角为 60°裂缝的 von Mises 应力分布云图

造成裂缝在不同倾角下的诱导应力扰动形态不同的原因可能是:在流体压力和地应力的双重作用下,倾斜裂缝面上受到拉剪应力,由于剪应力沿着裂缝面向端部滑移,造成了裂缝中心区域的应力相应减小,应力在裂缝端部发生集中。而夹角为0°的裂缝缝面不存在剪应力,应力不会向缝两端滑移。因此,夹角为30°、45°、60°的倾斜裂缝的应力场呈"蝴蝶状"形态,夹角为0°裂缝的应力场呈向外凸出的形态。

(二)水平井多级压裂应力场解析模型

图3.11为水平井压裂裂缝二维示意图,其中 z 为缝高方向, x 为缝宽方向, y 为缝长方向,原始地应力分别为 σ_{v}、σ_{H} 和 σ_{h}。

通过 Green 和 Sneddon[5]的解析解,可以得到沿井筒方向二维水力裂缝诱导应力分量的表达式:

$$\frac{\sigma_x}{p} = 1 - \frac{\dfrac{L}{h}}{\sqrt{\left(\dfrac{L}{h}\right)^2 + \dfrac{1}{4}}} + \frac{\dfrac{L}{h}}{4\left(\sqrt{\left(\dfrac{L}{h}\right)^2 + \dfrac{1}{4}}\right)^3} \tag{3.25}$$

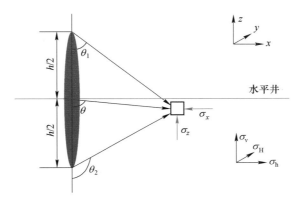

图 3.11　水平井二维垂直裂缝示意图

$$\frac{\sigma_z}{p} = 1 - \frac{\dfrac{L}{h}}{\sqrt{\left(\dfrac{L}{h}\right)^2 + \dfrac{1}{4}}} - \frac{\dfrac{L}{h}}{4\left(\sqrt{\left(\dfrac{L}{h}\right)^2 + \dfrac{1}{4}}\right)^3} \qquad (3.26)$$

式中,σ_x 和 σ_z 分别为沿水平井井筒方向和缝高方向的诱导应力,MPa;L 为沿水平井井筒方向与裂缝的距离,m;h 为裂缝的缝高,m;p 为裂缝的净压力,MPa。

根据胡克定律,缝长方向的诱导应力为

$$\frac{\sigma_y}{p} = \nu\left(\frac{\sigma_x}{p} + \frac{\sigma_z}{p}\right) \qquad (3.27)$$

式中,σ_y 为沿缝长方向的诱导应力,MPa;ν 为地层泊松比。

根据式(3.25)~式(3.27),可得裂缝诱导应力差表达式:

$$\frac{\sigma_x}{p} - \frac{\sigma_y}{p} = (1 - 2\nu)\left[1 - \frac{\dfrac{L}{h}}{\sqrt{\left(\dfrac{L}{h}\right)^2 + \dfrac{1}{4}}}\right] + \frac{\dfrac{L}{h}}{4\left(\sqrt{\left(\dfrac{L}{h}\right)^2 + \dfrac{1}{4}}\right)^3} \qquad (3.28)$$

二、水平井多级压裂缝间距优化设计

(一)以缝间诱导应力差最大为目标的缝间距优化模型

当主裂缝的净压力大于两个水平主应力差和岩石抗拉强度二者之和时,就会形成分支裂缝[6-11]。根据叠加原理,将原地应力和诱导应力进行叠加,则裂缝在原最大水平主应力方向上的应力可能会小于等于原最小水平主应力方向上的应力,即 $\sigma_H + \sigma_y \leqslant \sigma_h + \sigma_x$,经过转化为 $\sigma_x - \sigma_y \geqslant \sigma_H - \sigma_h$,当满足上面条件时,分支裂缝就会发生转向,偏离原来的延伸路径,沿着平行于水平井筒的方向延伸,当距离主裂缝一定长度之后,分支裂缝又回到原来的延伸方向上,如图 3.12 所示。

利用多级压裂形成复杂缝网的机理:通过水平井多级压裂技术在地层中形成多条主

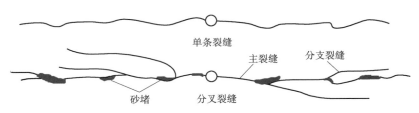

图 3.12　单条裂缝和复杂裂缝对比

裂缝,主裂缝形成的诱导应力改变周围的应力场;通过对主裂缝间距进行优化,使裂缝间的诱导应力尽可能大,从而让分支裂缝发生转向,增强和主裂缝、天然裂缝的连通性,改善油气向主裂缝流动的通道结构,最终实现提高油气产能的目的,如图 3.13 所示。图中水平井筒位于储层的中间位置,绿色的粗线表示主裂缝,在主裂缝周围存在较多的分支裂缝和天然裂缝,红色曲线表示分支裂缝,黑线曲线表示地层中的天然裂缝。

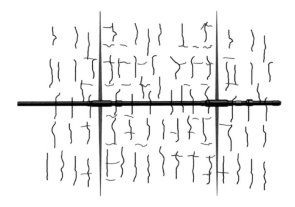

图 3.13　水平井多级压裂示意图

对式(3.28)进行求导,可得到诱导应力差达到最大值时和裂缝距离的关系式:

$$L = \sqrt{\frac{\nu}{2(3-\nu)}}h \tag{3.29}$$

将式(3.29)代入式(3.28),得到裂缝最大诱导应力差表达式:

$$\left(\frac{\sigma_x}{p} - \frac{\sigma_y}{p}\right)_{\max} = (1-2\nu)\left[1 - \frac{\sqrt{\frac{\nu}{2(3-\nu)}}}{\sqrt{\frac{\nu}{2(3-\nu)} + \frac{1}{4}}}\right] + \frac{\sqrt{\frac{\nu}{2(3-\nu)}}}{4\left[\sqrt{\frac{\nu}{2(3-\nu)} + \frac{1}{4}}\right]^3} \tag{3.30}$$

可知式(3.29)中的距离 L 与净压力无关,只与缝高 h 和地层的泊松比 ν 有关,则图 3.13中两条主裂缝诱导应力差分别达到最大时和裂缝的距离关系式为

$$L_1 = \sqrt{\frac{\nu}{2(3-\nu)}}h_1 \tag{3.31}$$

$$L_2 = \sqrt{\frac{\nu}{2(3-\nu)}} h_2 \tag{3.32}$$

式中，L_1、L_2 分别为第一条裂缝和第二条裂缝诱导应力差最大时和裂缝的距离，m；h_1、h_2 分别为第一条裂缝和第二条裂缝的半缝高，m。

通过上面的研究可知，当两条裂缝之间的缝间距为 $L_1 + L_2$ 时，缝间的诱导应力差最大，主裂缝周围的分支裂缝转向的可能性最高，沟通更多的天然裂缝，形成复杂的缝网。根据式（3.31）和式（3.32），可得裂缝之间的最优缝间距表达式为

$$L_1 + L_2 = \sqrt{\frac{\nu}{2(3-\nu)}}(h_1 + h_2) \tag{3.33}$$

（二）水平井多级压裂缝间距优化设计

水平井多级压裂欲形成缝网，受到诸如地质构造、压裂施工等多种因素的制约，为了单独考虑裂缝间距及地层泊松比对诱导应力的影响，假设地层条件如下：①地层为线弹性、各向均质地层；②施工过程中的排量保持稳定，裂缝的滤失系数相等，且缝长、缝高保持定值；③缝内流体压力恒定，且隔层杨氏模量远大于储层杨氏模量，裂缝只在储层内延伸。

以某一口油田的油井为例，具体参数如表 3.1 所示。假定缝长、缝高保持恒定，因此，影响裂缝诱导应力的因素主要是地层泊松比及裂缝的间距。裂缝的诱导应力随距离会发生改变，根据式（3.28）的计算可得到其变化规律，计算结果如图 3.14 所示。

表 3.1　缝间距优化模型参数

参数	参数值
储层杨氏模量 E_p/MPa	2.07×10^4
隔层杨氏模量 E_b/MPa	5.03×10^4
缝内流体压力/MPa	53
最大水平主应力/MPa	56
最小水平主应力/MPa	45
裂缝半缝高/m	50
裂缝半缝长/m	160

由图 3.14 可知，裂缝诱导应力差随最小水平主应力方向距离的增加呈先增大后减小的趋势，且地层泊松比越小，诱导应力差越大，并且这种趋势随着距离的增大保持稳定，说明泊松比越小，诱导应力传播的距离越大，影响范围越广。当沿井筒方向超过 4 倍半缝高时，不同泊松比下的诱导应力之间区别不大，说明诱导应力的影响范围为 4 倍半缝高。

从图 3.14 中可知，诱导应力达到最大值时和裂缝的距离与泊松比存在一定的关系，通过式（3.29）计算不同泊松比条件下诱导应力达到最大值时和裂缝的距离，计算结果表明，诱导应力差达到最大时与裂缝的距离随泊松比的增大而增大，如图 3.15 所示。岩石的泊松比一般为 0.2~0.5，即距离裂缝 20~35m 处诱导应力差达到最大值。在泥岩或者页

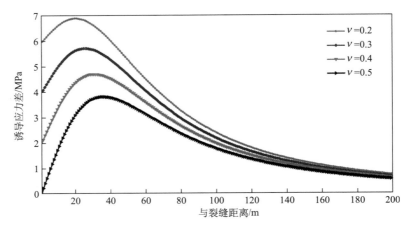

图 3.14　不同泊松比下诱导应力差随距离的变化关系

岩地层中,由于泊松比较小,诱导应力差最大时沿井筒方向距离一般在 20~27m;在砂岩地层中,泊松比较大,诱导应力差最大时沿井筒方向距离为 25~32m。

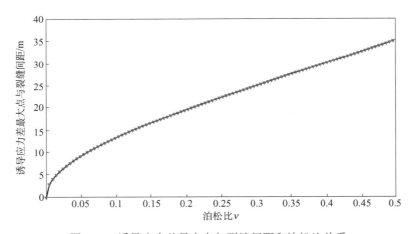

图 3.15　诱导应力差最大点与裂缝间距和泊松比关系

　　由于裂缝的诱导应力会改变相邻裂缝的应力场,进而对最优缝间距产生影响,联立式(3.28)和式(3.33),可计算得到两条裂缝之间的最优缝间距,如图 3.16 所示。图中黑色的横线表示初始地应力差,从图中可以看出,随着缝间距的不断增大,诱导应力逐渐变小,这是因为随着缝间距的增大,诱导应力迅速减小,当裂缝之间的距离超过一定值后,诱导应力对分支裂缝的影响比较小。当缝之间的间距小于 70m 时,主裂缝形成的诱导应力差会超过初始的主应力差,从而会导致分支裂缝的转向。当缝间距为 50m 时,缝间的诱导应力差最大,比初始地应力差高约 0.7MPa,故裂缝间的最优间距应选择 50m。此计算结果是在特定排量及地质条件下得到的,在实际的缝间距优化设计时,需要考虑实际现场情况并结合相关公式进行缝间距优化设计。

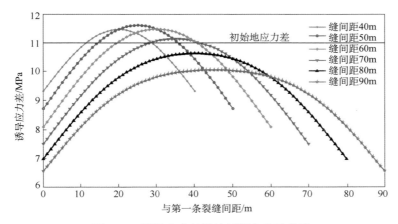

图 3.16 诱导应力差随缝间距变化示意图

第二节 水平井多级压裂裂缝起裂模型

国内外针对水力压裂裂缝起裂准则开展了大量研究。Erdogan 和 Sih[10] 提出了最大轴向应力准则（MTS 准则），Palaniswamy 和 Knauss[11] 提出了能量释放速率准则，Sih 等[12-14] 提出了应变能密度因子理论。这些准则均基于线弹性断裂力学的方法[15-18]，认为裂缝端部周围存在一个半径为定值的圆形塑性区，裂缝端部的应力趋向于无穷大。但任何材料都有一定的屈服强度，且实际上裂缝端部的塑性核区域半径是变化的[19]。因此，用线弹性力学理论研究页岩地层的水力压裂裂缝起裂就存在一定的局限性。页岩裂缝尖端存在着塑性区域，这种塑性区可抑制裂缝起裂。同时裂缝周围塑性核区域半径是变化的，裂缝总是沿着最大体积应变能方向起裂。因此，本节以塑性断裂力学理论为基础，通过应力叠加原理及 T 准则[5]，建立考虑缝尖塑性变形的裂缝起裂力学模型。

一、考虑缝尖塑性变形的裂缝起裂力学模型

（一）裂缝尖端塑性核心区及起裂角计算

利用应力叠加原理[20,21] 得到裂缝端部奇异应力场，裂缝尖端应力场表达式为

$$\begin{cases} \sigma_x = \dfrac{1}{\sqrt{2\pi r}}\left[K_{\mathrm{I}}\cos\dfrac{\theta}{2}\left(1 - \sin\dfrac{\theta}{2}\sin\dfrac{3\theta}{2}\right) \right] - K_{\mathrm{II}}\sin\dfrac{\theta}{2}\left(2 + \cos\dfrac{\theta}{2}\cos\dfrac{3\theta}{2}\right) \\[2mm] \sigma_y = \dfrac{1}{\sqrt{2\pi r}}\left[K_{\mathrm{I}}\cos\dfrac{\theta}{2}\left(1 - \sin\dfrac{\theta}{2}\sin\dfrac{3\theta}{2}\right) \right] + K_{\mathrm{II}}\sin\dfrac{\theta}{2}\cos\dfrac{\theta}{2}\cos\dfrac{3\theta}{2} \\[2mm] \tau_{xy} = \dfrac{1}{\sqrt{2\pi r}}\left(K_{\mathrm{I}}\cos\dfrac{\theta}{2}\sin\dfrac{\theta}{2}\cos\dfrac{3\theta}{2} \right) + K_{\mathrm{II}}\cos\dfrac{\theta}{2}\left(1 - \sin\dfrac{\theta}{2}\sin\dfrac{3\theta}{2}\right) \end{cases} \quad (3.34)$$

式中，σ_x、σ_y、τ_{xy} 分别为裂缝端部的应力分量，MPa；K_{I}、K_{II} 分别为 I 型和 II 型应力强度因子，MPa·m$^{1/2}$；r 为极坐标下任意一点与裂缝的距离，m；θ 为极坐标下任意一点与裂缝长

轴的顺时针夹角,(°)。

裂缝端部周围的体积应变能密度 T_V 和形状应变能密度 T_D 的表达式为

$$T_V = \frac{1 - 2\nu}{6E}(\sigma_x + \sigma_y)^2 \tag{3.35}$$

$$T_D = \frac{1 + \nu}{3E}(\sigma_x^2 + \sigma_y^2 - \sigma_x\sigma_y + 3\tau_{xy}^2) \tag{3.36}$$

式中,ν 为泊松比;E 为弹性模量,MPa。

式(3.36)可以表示成

$$T_D = \frac{1 + \nu}{3E}\sigma_{\text{Mises}}^2 \tag{3.37}$$

式中,σ_{Mises} 为 von Mises 应力,MPa。

在裂缝周围塑性核区域的边界上,von Mises 应力是相等的,所以可以认为裂缝塑性核区域边界上的形状应变能密度是常数。当塑性核区域上的体积应变能密度 T_V 达到 I 型断裂应变能的临界值时,裂缝开始失稳延伸,即

$$T_V \geqslant T_{Vc} \tag{3.38}$$

式中,T_{Vc} 为应变能的临界值,MPa。

将式(3.34)代入式(3.36),得到裂缝端部塑性核半径 R 的表达式:

$$R = \frac{1 + \nu}{6\pi E T_D} \left[\begin{array}{l} \frac{1}{4}K_I^2\left(3\sin^2\theta + 4\cos^2\frac{\theta}{2}\right) \\ + K_I K_{II}(-\sin\theta + 3\sin\theta\cos\theta) \\ + \frac{1}{4}K_{II}^2\left(-9\sin^2\theta + 4\sin^2\frac{\theta}{2} + 12\right) \end{array} \right] \tag{3.39}$$

裂缝尖端存在塑性区域,而远离裂缝尖端区域可视为弹性区域,因此,水力裂缝首先要穿过塑性区域,然后到达弹性区域。T 准则假设裂缝会沿着裂缝尖端至弹塑性边界距离最小的方向延伸,当边界的总应变能达到应变能力的临界值时,裂缝开始起裂扩展,如图 3.17 所示。

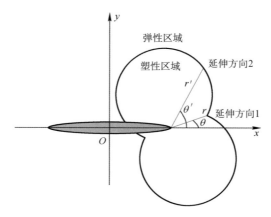

图 3.17　塑性地层裂缝 2 延伸方向示意图

假设裂缝端部的塑性区域是连续的,则裂缝延伸起裂角的计算公式为

$$\frac{\partial R}{\partial \theta} = 0 \tag{3.40}$$

$$\frac{\partial^2 R}{\partial \theta^2} > 0 \tag{3.41}$$

将式(3.39)代入式(3.40),得到起裂角的计算公式:

$$\frac{1}{2}K_{\mathrm{I}}^2(3\sin\theta\cos\theta - \sin\theta) + K_{\mathrm{I}}K_{\mathrm{II}}(3\cos2\theta - \cos\theta) + \frac{1}{4}K_{\mathrm{II}}^2(-9\sin2\theta + 2\sin\theta) = 0 \tag{3.42}$$

式(3.42)为考虑缝尖塑性变形的压裂裂缝起裂角计算模型。

（二）Ⅰ-Ⅱ型复合裂缝塑性核区域

考虑如图 3.18 所示的任意倾斜压裂裂缝,σ_{H}、σ_{h} 分别是加载在裂缝上的最大水平主应力和最小水平主应力,σ_{n}、τ_{n} 分别是作用在倾斜裂缝表面上的正应力和剪应力,p 是裂缝内流体压力,γ 是水力裂缝和最大水平主应力之间的倾斜角度,a 是裂缝半缝长。

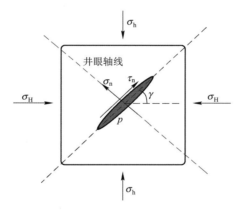

图 3.18　地应力和流体压力作用下 Ⅰ-Ⅱ型复合裂缝示意图

取裂缝缝内流体压力 $p=50\text{MPa}$,最大水平主应力 $\sigma_{\mathrm{H}}=60\text{MPa}$,最小水平主应力 $\sigma_{\mathrm{h}}=40\text{MPa}$。水力压裂裂缝尖端应力强度因子表达式为

$$K_{\mathrm{I}} = (p - \sigma_{\mathrm{H}}\sin^2\gamma - \sigma_{\mathrm{h}}\cos^2\gamma)\sqrt{\pi a} \tag{3.43}$$

$$K_{\mathrm{II}} = \frac{1}{2}(\sigma_{\mathrm{H}} - \sigma_{\mathrm{h}})\sin2\gamma\sqrt{\pi a} \tag{3.44}$$

将式(3.43)和式(3.44)代入式(3.39)得到裂缝周围的塑性核心区半径。如图 3.19 所示,在不同倾斜角度下,水力裂缝的塑性区域包络线所包含的区域发生改变,当水力裂缝倾角为 0° 和 90° 时,缝端塑性区域沿裂缝长轴方向对称,且分布范围在 0~0.18 倍半缝长之间;当倾角为 30° 和 60° 时,裂缝塑性区域沿裂缝不对称分布,分布范围在 0~0.45 倍的半缝长之间。这是因为当裂缝和最大水平主应力倾角为 0° 和 90° 时,裂缝面只受到拉

应力的作用,裂缝面上不存在剪应力,起裂方向和裂缝平行,塑性核沿缝长方向对称分布;而当裂缝与最大水平主应力倾角为 30°和 60°时,裂缝面同时受到拉应力和剪应力作用,延伸方向与裂缝呈一定的角度,塑性核不沿裂缝方向对称分布。

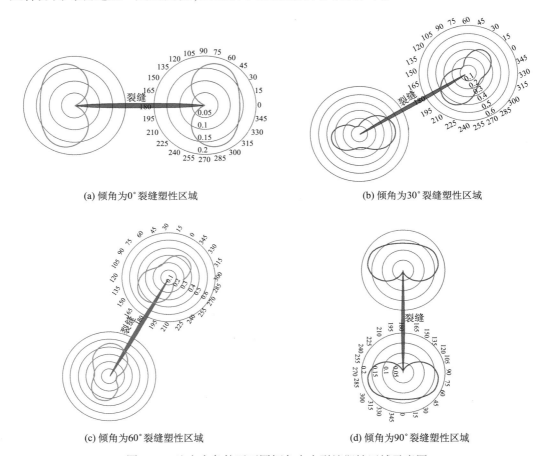

(a) 倾角为0°裂缝塑性区域　　　　　　　(b) 倾角为30°裂缝塑性区域

(c) 倾角为60°裂缝塑性区域　　　　　　　(d) 倾角为90°裂缝塑性区域

图 3.19　地应力条件下不同倾角水力裂缝塑性区域示意图

图中等值线数字为裂缝端部塑性核半径,参见式(3.39)

二、压裂裂缝起裂主要影响因素分析

(一)裂缝倾角对压裂裂缝起裂角的影响

将塑性准则和最大周向应力准则进行比较,计算结果如图 3.20 所示。计算结果表明,当缝内流体压力一定时,在裂缝倾角为 0°~90°时,水力裂缝的起裂角为 0°~180°,且起裂角随倾角的增大逐渐减小,当起裂角越大时,井筒周围的裂缝越容易发生扭曲和转向。裂缝倾角为0°~65°时,塑性准则起裂角比最大周向应力准则高 0°~20°,这是因为水力裂缝受到的拉应力较大,占据主导地位,塑性区域内的应变能较大,裂缝起裂角较大。当裂缝倾角超过 65°时,塑性准则和最大周向应力准则计算结果相差不大,这是由于随着倾角的增大,水力裂缝的拉应力和剪应力逐渐减小,塑性区域内的应变能减小,起裂角也随之减小。图 3.21 为 I - II 型复合裂缝起裂示意图,虚线围成的区域为裂缝端部的塑性核区域,红线表示最大周向应力准则起裂方向,蓝线表示塑性准则下起裂方向,θ 表示最大周向应力准则下裂缝起裂角,θ' 表示塑性准则下裂缝起裂角。

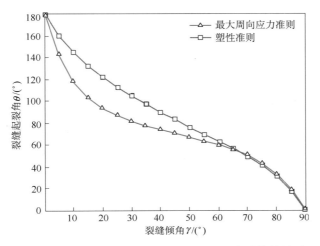

图 3.20　最大周向应力准则和塑性准则起裂角计算结果对比

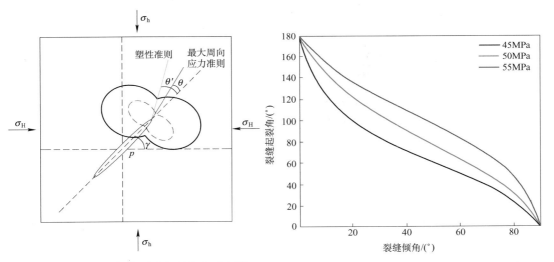

图 3.21　I - II 型复合裂缝起裂方向示意图　　图 3.22　不同施工压力下裂缝起裂角变化规律

(二) 缝内水压力对压裂裂缝起裂角的影响

假设其他条件不变,研究起裂角 θ 和缝内水压力 p 之间的关系。图 3.22 为压裂裂缝在不同流体压力下起裂角随裂缝倾角的变化趋势。当裂缝的倾斜角度一定时,流体压力越大,裂缝的起裂角也越大。这是因为缝内压力越大,使得塑性区域的膨胀应变能越大,导致起裂角增大。

第三节 基于扩展有限元的水平井多级压裂裂缝扩展模型

页岩水力压裂裂缝扩展数学建模及求解是水平井多级压裂参数优化的理论基础之一。本节在假设水力裂缝作准静态连续扩展的前提下,建立了考虑正交各向异性的页岩水力压裂多裂缝扩展数学模型,数学建模中考虑了页岩水力压裂裂缝扩展模式为过渡型扩展的研究结果。

一、水平井多级压裂裂缝扩展的数学模型

(一)模型假设

如图 3.23 所示,考虑页岩材料的正交各向异性和超低渗透性,以及清水压裂液的流变性,作出如下基本假设:

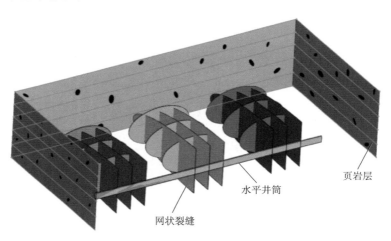

图 3.23 页岩气储层水平井压裂示意图

(1)页岩在二维平面内所处应力状态为平面应变状态。
(2)水力裂缝扩展是一种准静态的连续扩展过程。
(3)除天然裂缝外,页岩基质属性是均质连续的。
(4)页岩在平行层理的平面内具有正交各向异性,基质形变处于线弹性阶段。
(5)压裂液为不可压缩牛顿流体,在近似平行板裂缝内做定常的泊肃叶流动。
(6)页岩水力裂缝尖端流体压力为零。
(7)忽略压裂液向页岩基质的滤失作用。

将三维裂缝面简化为二维平面内的裂缝线的合理性在于:首先,有部分页岩的天然裂缝以高角度的构造裂缝为主[22],这类裂缝与页岩层理面近垂直,因此,可被简化为水平面上的裂缝线;其次,页岩气储层一般深埋地表以下数千米(>1000m),铅垂方向通常情

况下不是最小主应力方向,因此,水力压裂形成的人工裂缝同样垂直于页岩层理。基于这两个特点,三维裂缝面被简化成平面二维裂缝具有一定的合理性。

水力裂缝作准静态连续扩展是一个重要的假设,在本章开展的水力压裂可视化物理模拟实验中证实了水力裂缝扩展是一个连续过程,然而,由于实际岩石中裂缝扩展过程目前还无法直接观测,所以只能类比已有结果,认为该假设是合理的。

页岩压裂液多采用滑溜水或清水,因此假设压裂流体为不可压缩牛顿流体是合理的。如图 3.24 所示,页岩水力压裂条件下,缝内流动雷诺数远远小于 2000,因此可判定流动类型为层流流动。假设缝内流动过程为不可压缩流体作定常流动,可以理解为在一个极小的时间段内裂缝几何形态是固定的,这段时间内流体作稳定层流流动,然后下一个极小时间段,裂缝几何形态又变化为另一种形状,缝内流体瞬间达到稳定流动。缝内流体的摩擦压降全部来自流体的黏性摩擦生热。

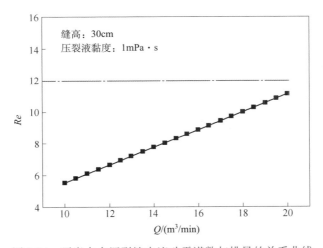

图 3.24 页岩水力压裂缝内流动雷诺数与排量的关系曲线

考虑到页岩基质渗透率极低($10^{-21}\mathrm{m}^2$ 数量级),压裂液向基质中渗滤的阻力极大,在压裂过程中的数小时内难以渗入页岩基质深部,因此,忽略压裂液滤失也是合理的。

(二)岩石受力平衡方程的建立

岩石骨架在原始地应力、缝内流体压力和内部体积力的共同作用下发生弹性形变,并处于平衡状态。在笛卡儿坐标系中,岩石应力场 S 和位移场 U 的分量形式分别表示为 $S_{i,j}$ 和 $U_{i,j}$($i=1,2;j=1,2$),则受力平衡方程可表示为

$$\nabla \cdot \boldsymbol{S} + \boldsymbol{b} = 0 \tag{3.45}$$

$$\boldsymbol{S} = \boldsymbol{C} : \boldsymbol{E}(\boldsymbol{U}) \tag{3.46}$$

式中,$\boldsymbol{C}$ 为弹性系数矩阵;$\boldsymbol{b}$ 为体积力向量;$\boldsymbol{E}(\boldsymbol{U})$ 为应变矩阵,其表达式为

$$\boldsymbol{E}(\boldsymbol{U}) = \frac{1}{2}\left[\nabla \boldsymbol{U} + (\nabla \boldsymbol{U})^{\mathrm{T}}\right] \tag{3.47}$$

页岩材料的正交各向异性决定了其本构方程与各向同性材料有所不同。本节同时考

虑页岩材料的正交各向异性和二维平面应变状态,弹性系数矩阵 $\boldsymbol{C}$ 可用式(3.48)表示[23]

$$\boldsymbol{C} = \begin{bmatrix} \dfrac{E'_1}{1 - \nu'_{12}\nu'_{21}} & \dfrac{\nu'_{12}E'_1}{1 - \nu'_{12}\nu'_{21}} & 0 \\[3mm] \dfrac{\nu'_{12}E'_2}{1 - \nu'_{12}\nu'_{21}} & \dfrac{E'_2}{1 - \nu'_{12}\nu'_{21}} & 0 \\[3mm] 0 & 0 & \dfrac{E'_1}{2(1 + \nu'_{12})} \end{bmatrix} \tag{3.48}$$

式中

$$E'_1 = \frac{E_1}{1 - \nu_{13}\nu_{31}}, \quad E'_2 = \frac{E_2}{1 - \nu_{23}\nu_{32}}$$

$$\nu'_{12} = \frac{\nu_{12} + \nu_{32}\nu_{13}}{1 - \nu_{13}\nu_{31}}, \quad \nu'_{21} = \frac{\nu_{21} + \nu_{31}\nu_{23}}{1 - \nu_{23}\nu_{32}} \tag{3.49}$$

其中,E 与 ν 分别为正交各向异性二维平面应变状态的弹性模量和泊松比;E_1 为 x 轴方向;E_2 为 y 轴方向;ν_{13}、ν_{31} 等表示矩阵 ν 中行列元素。符号右上角带撇的表示平面应变条件下的力学参数;右上角不带撇的符号则表示平面应力条件下的力学参数。

式(3.45)~式(3.48)构成了页岩变形的控制方程组,结合水力压裂问题的初始边界条件可得到位移场、应变场和应力场。

水力压裂问题的边界条件有其特殊性。求解域边界由外边界和内边界组成,其中外边界是求解域包络线,内边界则是求解域内部裂缝的两个裂缝面。外边界条件由原始地应力场给定,通常认为是定值;然而,内边界条件复杂得多,首先,边界的几何边界是随裂缝延伸而变化的;其次,裂缝面受到缝内流体压力作用,缝内流体压力又是时间和空间的函数,因此,内边界实则为一个动态边界。

如图 3.25 所示,做如下规定:求解域外边界用 Γ 表示,其中,边界外力作用区域表示

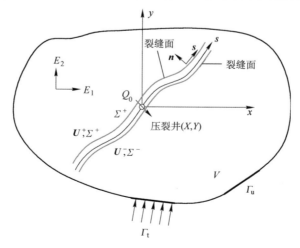

图 3.25　水力压裂问题边界条件示意图

为 $\varGamma_{\mathrm{t}}$，边界位移作用区域表示为 $\varGamma_{\mathrm{u}}$；裂缝面（两侧）用 $\varSigma$ 表示，并且裂缝面其中一侧用 $\varSigma^{+}$ 表示，另一侧用 $\varSigma^{-}$ 表示；两侧裂缝面的位移值分别用 $\boldsymbol{U}^{+}$ 和 $\boldsymbol{U}^{-}$ 表示，应力值分别用 $\boldsymbol{\sigma}^{+}$ 和 $\boldsymbol{\sigma}^{-}$ 表示；裂缝面法线方向和切线方向基向量分别用 $\boldsymbol{n}$ 和 $\boldsymbol{s}$ 表示。

对于内边界，因为正应力与剪切应力在裂缝面两侧是连续的，所以裂缝面正应力即等于缝内流体压力，缝面剪切应力等于外界施加在缝面的剪切力（通常为零），其表达式为

$$\sigma_{\mathrm{n}}^{+} = \sigma_{\mathrm{n}}^{-} = -p_{\mathrm{f}}(s,t), \quad \sigma_{\mathrm{s}}^{+} = \sigma_{\mathrm{s}}^{-} = \sigma_{\mathrm{s}}(s) \tag{3.50}$$

式中，σ_{n} 和 σ_{s} 分别为裂缝面正应力和剪应力；s 为裂缝轨迹线上任意点坐标；t 为作业时间；p_{f} 为缝内流体压力。

裂缝宽度可由岩石位移场求得，即为裂缝面法线方向上位移的间断值，其表达式为

$$[\![\boldsymbol{U}]\!] \cdot \boldsymbol{n} = (\boldsymbol{U}^{+} - \boldsymbol{U}^{-}) \cdot \boldsymbol{n} = w(s,t) \tag{3.51}$$

式中，w 为裂缝宽度。

（三）缝内黏性流动方程的建立

考虑到裂缝宽度远小于其长度，忽略流体在缝宽方向上的流动，因此可近似认为压裂液沿缝长方向作一维流动。缝内流动规律简化为不可压缩流体在两平行板间作定常泊肃叶流动，其流动方程可表示为

$$q = -\frac{w^{3}}{12\mu}\frac{\partial p_{\mathrm{f}}}{\partial s} \tag{3.52}$$

式中，μ 为压裂流体黏度；q 为流量。

缝内流动还需满足质量守恒定律，即控制体内质量随时间的变化率与通过控制面的对流质量通量之和为零。单位截面积的裂缝空间中流体质量守恒表达式可表示为

$$\frac{\partial(\rho w)}{\partial t} + \frac{\partial(\rho q)}{\partial s} = 0 \tag{3.53}$$

对于不可压缩流体，流体密度 ρ 可视为定值；裂缝宽度随时间变化，且考虑到压裂液以恒定排量注入裂缝，作为源项处理，则式（3.53）变形为

$$\frac{\partial w}{\partial t} + \frac{\partial q}{\partial s} = Q_{0}\delta(s) \tag{3.54}$$

式中，Q_{0} 为压裂液排量；$\delta(s)$ 为狄拉克函数，仅在压裂液注入点取 1。

将式（3.52）代入式（3.54）中，得到缝内压裂液流动控制方程：

$$\frac{\partial w}{\partial t} = \frac{1}{12\mu}\frac{\partial}{\partial s}\left(w^{3}\frac{\partial p_{\mathrm{f}}}{\partial s}\right) + Q_{0}\delta(s) \tag{3.55}$$

该方程属于非线性稳态热传导型方程，可用于求解缝内流体压力分布，其中，裂缝宽度在求解时为已知量，且在裂缝尖端需满足两个边界条件：①裂缝宽度在缝尖端为零；②压裂液流量在缝尖端为零，可表示为

$$w(\pm L(t),t) = 0, \quad q(\pm L(t),t) = 0 \tag{3.56}$$

式中，L 为裂缝半长。

对局部质量守恒表达式［式（3.54）］沿缝长和时间积分，考虑边界条件［式（3.56）］，可得全局质量守恒式：

$$\int_{-L}^{L} w(s,t)\,\mathrm{d}s = Q_0 t \tag{3.57}$$

其含义为注入的压裂液总体积等于压裂液占据的裂缝空间体积。

(四)控制方程组的无量纲化

控制岩石变形和缝内黏性流动的方程及其边界条件构成了一个封闭的偏微分方程组。岩石节点位移和缝内流体压力被选定为两个基本未知变量,其他参量,如裂缝宽度、岩石应力场、应变场,均可由岩石位移场和缝内压力场转换得到。

模型参变量包括时间、裂缝长度与宽度、缝内流体压力、压裂液排量等。分析可知,这些参变量间存在量纲不统一、数量级差异大的问题。例如,压力的数量级为 10^6,然而裂缝宽度的数量级为 10^{-3}。如果直接将其代入方程进行数值计算,会出现不同数量级的参变量间相加减的情况,进而导致计算机截断误差。因此,有必要进行方程无量纲化,以消除数量级差异。

首先,选取总作业时间 t^*、裂缝特征长度 l^*、裂缝特征宽度 w^*、特征压力 p^* 和等效弹性模量 E' 作为常量比例系数,定义无量纲变量如下:

$$t = t^*\tau, \quad X = l^*x, \quad Y = l^*y, \quad s = l^*\zeta, \quad L(t) = l^*\gamma(\tau) \tag{3.58}$$

$$w(s,t) = w^*\Omega(\zeta,\tau), \quad p(s,t) = p^*\Pi(\zeta,\tau), \quad q(s,t) = Q_0\Psi(\zeta,\tau) \tag{3.59}$$

$$U(X,Y) = w^*u(x,y), \quad S(X,Y) = p^*\sigma(x,y) \tag{3.60}$$

$$C_{\mathrm{m}} = \frac{C}{E'} \tag{3.61}$$

式中,τ 为无量纲时间;(x,y) 为笛卡儿坐标系无量纲坐标;ζ 为裂缝贴体坐标系无量纲坐标;γ 为无量纲裂缝长度;Ω、Π、Ψ 分别为无量纲裂缝宽度、缝内流体压力和压裂液排量;u,σ 分别为无量纲位移向量和应力向量;C_{m} 为无量纲弹性系数矩阵。

其次,将无量纲变量替换方程式(3.45)~式(3.55)中相应变量,可得无量纲方程组:

$$\begin{cases} \xi_1 \cdot \nabla \cdot (C : \varepsilon(u)) = 0 \\ \dfrac{\partial\Omega}{\partial\tau} + \xi_2 \dfrac{\partial\Psi}{\partial\zeta} = \delta(\zeta) \\ \xi_3\Psi = -\Omega^3\dfrac{\partial\Pi}{\partial\zeta} \end{cases} \tag{3.62}$$

式中

$$\xi_1 = \frac{p^*l^*}{E'w^*}, \quad \xi_2 = \frac{Q_0 t^*}{l^*w^*}, \quad \xi_3 = \frac{Q_0 l^*\mu'}{p^*w^{*3}} \tag{3.63}$$

其中,μ' 为等效压裂液黏度。

因为无量纲方程中各项量纲均为 1,所以有 $\xi_1 = \xi_2 = \xi_3 = 1$ 成立。推导可得常量比例系数间的数学关系式:

$$l^* = \left(\frac{E'Q_0^3}{\mu'}\right)^{\frac{1}{6}} t^{*\frac{2}{3}}, \quad w^* = \left(\frac{\mu'Q_0^3}{E'}\right)^{\frac{1}{6}} t^{*\frac{1}{3}}, \quad p^* = \frac{(\mu'E'^2)^{\frac{1}{3}}}{t^{*\frac{1}{3}}} \tag{3.64}$$

可见,常量比例系数是岩石力学参数、流体物性参数和作业总时间的函数。

重新改写控制方程组及其边界条件,并且不考虑岩石体力作用,由此得到方程组的无量纲形式如下:

岩石受力平衡方程:

$$\nabla \cdot \boldsymbol{\sigma} = 0 \tag{3.65}$$

$$\boldsymbol{\sigma} = \boldsymbol{C}_{\mathrm{m}} : \boldsymbol{\varepsilon}(\boldsymbol{u}) \tag{3.66}$$

$$\boldsymbol{\varepsilon}(\boldsymbol{u}) = \frac{1}{2}(\nabla \boldsymbol{u} + (\nabla \boldsymbol{u})^{\mathrm{T}}) \tag{3.67}$$

岩石变形边界条件:

$$\boldsymbol{u}\big|_{\Gamma_{\mathrm{u}}} = \hat{\boldsymbol{U}}/l^{*} \tag{3.68}$$

$$\boldsymbol{\sigma}\big|_{\Gamma_{\mathrm{t}}} = \hat{\boldsymbol{S}}/p^{*} \tag{3.69}$$

$$\boldsymbol{\Pi}\big|_{\Sigma^{\pm}} = p_{\mathrm{f}}/p^{*} \tag{3.70}$$

式中 $\hat{\boldsymbol{U}}$、$\hat{\boldsymbol{S}}$、p_{f} 分别为岩石边界处无量纲位移向量、应力张量和缝内流体压力。

缝内压裂液流动方程:

$$\frac{\partial \Omega}{\partial \tau} = \frac{\partial}{\partial \zeta}\left(\Omega^{3}\frac{\partial \Pi}{\partial \zeta}\right) + \delta(\zeta) \tag{3.71}$$

缝内流动边界条件:

$$\Omega(\zeta = \gamma_{\mathrm{f}}) = 0 \tag{3.72}$$

(五)基于水平集法的裂缝几何描述

在扩展有限元法中裂缝是离散存在且独立于计算网格,因此,无法通过网格节点信息获知裂缝的几何特征,需要单独对裂缝进行几何描述。水平集法是一种用于描述并跟踪间断面运动的数值方法,它常与扩展有限元法相结合并用于间断面扩展模拟,为扩展有限元法的裂缝描述和扩充形函数构造带来了极大方便[24]。

本章研究的裂缝属于无限大地层中的有限长裂缝,此时需要构造两个水平集函数,分别用于描述裂缝的几何形态和缝尖位置。它们分别是缝面水平集函数 $\psi(x,y)$ 和波前水平集函数 $\Phi(x,y)$,二者相互正交。水平集函数需满足的基本特征是在间断面上等于零,在间断面两侧符号相反。如图 3.26 所示,$\psi(x,y)=0$ 表示的曲线即为裂缝面,$\psi(x,y)>0$ 表示裂缝面上侧,$\psi(x,y)<0$ 表示裂缝面下侧;波前水平集始终与裂缝面正交,$\Phi(x,y)=0$ 表示裂缝尖端。反过来,两个水平集函数的逆函数 $\psi^{-1}(0)$ 和 $\Phi^{-1}(0)$ 就是裂缝面上所有点的集合以及缝尖坐标。

水平集法包括初始时刻对裂缝的水平集进行初始化和裂缝扩展后水平集动态更新两部分。首先,采用符号距离函数来构造初始水平集函数 $\psi(\boldsymbol{x},\tau=0)$,其表达式为

$$\psi(\boldsymbol{x},\tau=0) = \begin{cases} \min\limits_{\boldsymbol{x}_{\mathrm{c}} \in \Sigma} \|\boldsymbol{x} - \boldsymbol{x}_{\mathrm{c}}\|, & (\boldsymbol{x} - \boldsymbol{x}_{\mathrm{c}}) \cdot \boldsymbol{n} \geqslant 0 \\ -\min\limits_{\boldsymbol{x}_{\mathrm{c}} \in \Sigma} \|\boldsymbol{x} - \boldsymbol{x}_{\mathrm{c}}\|, & (\boldsymbol{x} - \boldsymbol{x}_{\mathrm{c}}) \cdot \boldsymbol{n} < 0 \end{cases} \tag{3.73}$$

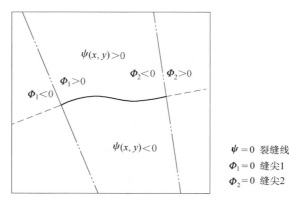

图 3.26　水平集函数表征裂缝几何形态示意图

式中，x_c 为裂缝表面上一点。该函数的物理意义是任意一点的符号距离函数等于从这一点到裂缝面的最短距离。

波前水平集函数可表示为任意点到缝尖位置的向量与缝尖单位切向量的乘积。其中，单位切向量可用裂缝扩展速度表示，其表达式为

$$\Phi(\boldsymbol{x}, \tau = 0) = (\boldsymbol{x} - \boldsymbol{x}_t) \cdot \frac{\boldsymbol{v}_t}{\| \boldsymbol{v}_t \|} \tag{3.74}$$

式中，$\boldsymbol{x}_t$ 为裂缝尖端坐标；$\boldsymbol{v}_t$ 为裂缝尖端扩展速度，包括大小与方向。当单条裂缝有两个或两个以上缝尖时，就需要相应缝尖数量的波前水平集函数分别跟踪缝尖位置。

接下来说明水平集函数 $\psi(\boldsymbol{x}, \tau)$ 和 $\Phi(\boldsymbol{x}, \tau)$ 的动态更新算法。如果已知 k 时刻的水平集函数 ψ^k 和 Φ^k，以及缝尖 $\boldsymbol{x}_t$ 的扩散速度 $\boldsymbol{v}_t^{\,n}$，则 $k+1$ 时刻的缝面水平集函数 ψ^{k+1} 和波前水平集函数 Φ^{k+1} 可由式（3.75）得到[24]：

$$\psi^{k+1} = \begin{cases} \psi^k, & \boldsymbol{x}_t \in \Sigma^k \\ \pm \left\| (\boldsymbol{x} - \boldsymbol{x}_t) \cdot \dfrac{\boldsymbol{v}_t}{\| \boldsymbol{v}_t \|} \right\|, & \boldsymbol{x}_t \in \Sigma^{k+1} \notin \Sigma^k \end{cases} \tag{3.75}$$

另外，$k+1$ 时刻的波前水平集函数 Φ^{k+1} 为

$$\Phi^{k+1} = \Phi^k - \Delta\tau \, \| \boldsymbol{v}_t^{\,k} \| \tag{3.76}$$

对于多裂缝共存的情况，每条裂缝的水平集函数各自独立，即每条裂缝的几何描述均由缝面水平集函数和波前水平集函数唯一确定，无论裂缝是否相交。

二、基于扩展有限元的多级压裂裂缝扩展数值计算方法

水力裂缝扩展数学模型求解的两个难点是不连续位移场的计算和流固耦合问题的数值解耦方法。本章围绕这两个难点，分别建立了用于岩石不连续位移场求解的扩展有限元计算方法和缝内流场的有限体积法计算方法；采用迭代法解除岩石与流体间的耦合关系，即岩石位移场与缝内压力场分开计算，然后进行两场间交叉迭代计算，直至获得收敛的计算结果。最终编制了页岩水力压裂多裂缝扩展计算机模拟程序。

（一）扩展有限元的基本理论

1.基本思想

扩展有限元是在不改变计算网格结构的前提下,通过在近似位移函数中引入"局部加强函数"来描述位移场的不连续性和近缝尖区域位移场奇异性[25]。具体而言,是将具有不连续性质的加强函数作用在与裂缝面有关的单元上,表征裂缝在单元内部的间断;将缝尖位移场渐进解构成的加强函数作用在缝尖单元上,表征近缝尖区域位移场的奇异性。把这两类局部加强函数分别称为"间断加强函数"和"缝尖加强函数"。

由此可见,局部加强函数只针对与裂缝相关的单元和节点进行局部作用。这使得扩展有限元的单元与节点类型比标准有限元要复杂多样。根据局部加强函数作用对象的不同,如图 3.27 所示,单元类型可划分为标准单元、裂缝贯穿单元、缝尖单元和混合单元。裂缝贯穿单元是指单元被裂缝贯穿,裂缝与单元有两个交点,组成该单元的节点被称为贯穿加强节点;缝尖单元是指裂缝尖端所在的单元,裂缝与单元只有一个交点,组成该单元的节点被称为缝尖加强节点。混合单元的特点是只有部分节点为贯穿加强节点或缝尖加强节点。标准单元是指不含有任何加强节点的单元。

多裂缝扩展问题存在裂缝相互交叉的情况,此时需要额外增加一类加强函数——"裂缝相交加强函数"来表征多条裂缝在同一单元内的间断,作用的单元与节点分别被称为裂缝相交单元和相交加强节点。

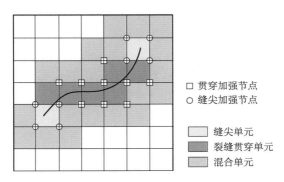

图 3.27　扩展有限元单元及节点类型示意图

2. 近似位移函数的选择

近似位移函数是扩展有限元的基础,也是基本思想的集中体现。本节根据水力压裂裂缝扩展的特点,选择适当的近似位移函数形式。

单条裂缝情况下的近似位移函数的一般形式可表示为

$$\left\{\begin{matrix} u^h(\boldsymbol{x}) \\ v^h(\boldsymbol{x}) \end{matrix}\right\} = \sum_{I \in \aleph_I} N_I(\boldsymbol{x}) \left\{\begin{matrix} u_I \\ v_I \end{matrix}\right\} + \sum_{J \in \aleph_J} N_J(\boldsymbol{x}) \varPsi_J^{\mathrm{dis}}(\boldsymbol{x}) \cdot \left\{\begin{matrix} a_{Ju} \\ a_{Jv} \end{matrix}\right\}$$
$$+ \sum_{K \in \aleph_K} N_K(\boldsymbol{x}) \varPsi_K^{\mathrm{tip}}(\boldsymbol{x}) \cdot \left\{\begin{matrix} b_{Ku} \\ b_{Kv} \end{matrix}\right\} \tag{3.77}$$

多裂缝相交情况下的近似位移函数需要考虑多裂缝表征和裂缝相交,其形式可表示为

$$\left\{\begin{matrix} u^h(\boldsymbol{x}) \\ v^h(\boldsymbol{x}) \end{matrix}\right\} = \sum_{I \in \aleph_I} N_I(\boldsymbol{x}) \left\{\begin{matrix} u_I \\ v_I \end{matrix}\right\} + \sum_{J \in \aleph_J} N_J(\boldsymbol{x}) \sum_{i=1}^{N_{\mathrm{cr}}} \varPsi_J^{\mathrm{dis}}(\boldsymbol{x}) \cdot \left\{\begin{matrix} a_{Ju}^i \\ a_{Jv}^i \end{matrix}\right\}$$
$$+ \sum_{K \in \aleph_K} N_K(\boldsymbol{x}) \sum_{i=1}^{N_{\mathrm{cr}}} \varPsi_K^{\mathrm{tip}}(\boldsymbol{x}) \cdot \left\{\begin{matrix} b_{Ku}^i \\ b_{Kv}^i \end{matrix}\right\} + \sum_{M \in \aleph_M} N_M(\boldsymbol{x}) \varPsi_M^{\mathrm{junc}}(\boldsymbol{x}) \cdot \left\{\begin{matrix} c_{Mu} \\ c_{Mv} \end{matrix}\right\} \tag{3.78}$$

式(3.77)和(3.78)中,$N_I(\boldsymbol{x})$ 为标准有限元的形函数;$N_J(\boldsymbol{x})$、$N_K(\boldsymbol{x})$、$N_M(\boldsymbol{x})$ 分别为贯穿加强节点、缝尖加强节点和相交加强节点有限元型函数;u_I,v_I 为标准节点的 X,Y 方向位移分量;a_J,b_K,c_M 为附加自由度,以四节点单元为例,每增加一个缝尖加强节点,系统会增加 4 个自由度,每增加一个贯穿加强节点,系统会增加 1 个自由度,每增加一个相交加强节点,系统会增加 1 个自由度;N_{cr} 指裂缝条数;$\aleph_I$、$\aleph_J$、$\aleph_K$、$\aleph_M$ 分别为标准节点集、贯穿加强节点集、缝尖加强节点集和相交加强节点集;$\varPsi_J^{\mathrm{dis}}$、$\varPsi_K^{\mathrm{tip}}$、$\varPsi_M^{\mathrm{junc}}$ 分别为裂缝间断加强函数、缝尖加强函数和裂缝相交加强函数,其具体形式视情况而定,例如,缝尖加强函数的选取由水力裂缝扩展模式决定,裂缝间断加强函数的选取由间断面类型(强间断面/弱间断面)决定。

分析可知,式(3.78)右侧第一项是标准有限元的近似位移函数项,右侧后三项均为扩充项,它们的形函数是由标准形函数与加强函数的乘积得到的。接下来选择合适的加强函数来表征水力压裂裂缝的特点。

1)间断加强函数的选取

裂缝间断面有两种类型:一种是强间断面;另一种是弱间断面。强间断的物理含义是位移在穿越裂缝面时发生跳跃;弱间断是位移在裂缝面上是连续的,但是位移的导数在穿越裂缝面时有跳跃。水力压裂裂缝内部充满高压流体,在流体压力作用下裂缝会张开一定宽度,即裂缝两侧位移值发生跳跃,因此,裂缝间断面属于强间断面。

针对强间断面,间断加强函数可选择具有不连续性质的阶跃函数,如常用于扩展有限元法的 Heaviside 函数[25],形式如下:

$$H(\boldsymbol{x}) = \begin{cases} +1, & \psi(\boldsymbol{x}) > 0 \\ -1, & \psi(\boldsymbol{x}) < 0 \end{cases} \tag{3.79}$$

式中,$\psi(\boldsymbol{x})$ 为表征裂缝面形状的水平集函数。以正方形四节点单元为例,单元形函数与 Heaviside 函数的乘积组成的扩展形函数(N_1、N_2、N_3、N_4 分别为四个分量)的图形如图 3.28 所示。可以看出,构造的扩展型函数表征了裂缝贯穿单元内位移强间断性。

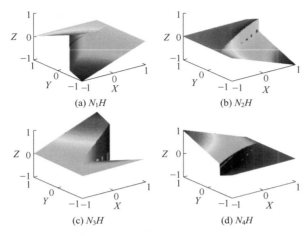

图 3.28 Heaviside 扩展型函数空间形状

2）缝尖加强函数的选取

缝尖加强函数的作用是体现缝尖应力奇异性。以往扩展有限元处理干裂缝时,常采用线弹性断裂力学中平面复合型裂缝的缝尖位移场渐近解的各项作为缝尖加强函数。对于水力裂缝而言,不同裂缝扩展模式下缝尖位移场渐近解有所不同,例如,断裂耗散型裂缝扩展的缝尖位移渐近解与距缝尖距离的 1/2 次方呈正比,而黏性耗散型裂缝扩展的缝尖位移渐近解与距缝尖距离的 2/3 次方呈正比,利用它们的缝尖位移场渐近解构造的缝尖加强函数如下[26]:

（1）断裂耗散型扩展模式:

$$f^{\text{tou}}(r,\theta) = r^{\frac{1}{2}}\left\{\sin\left(\frac{\theta}{2}\right), \cos\left(\frac{\theta}{2}\right), \sin\left(-\frac{2}{3}\theta\right), \cos\left(-\frac{2}{3}\theta\right)\right\} \tag{3.80}$$

（2）黏性耗散型扩展模式:

$$f^{\text{vis}}(r,\theta) = r^{\frac{2}{3}}\left\{\sin\left(\frac{2}{3}\theta\right), \cos\left(\frac{2}{3}\theta\right), \sin\left(-\frac{4}{3}\theta\right), \cos\left(-\frac{4}{3}\theta\right)\right\} \tag{3.81}$$

式（3.80）和式（3.81）中,r 和 θ 均为在缝尖极坐标系中定义的位置坐标。

这两类缝尖加强函数在缝尖附近取值的空间形状如图 3.29 所示,两类缝尖加强函数均体现了紧贴着缝尖的裂缝面的位移不连续性,并且还因使用了缝尖位移渐进解而能精确捕捉缝尖周围位移奇异性。

考虑到页岩水力裂缝扩展处在过渡区内,能量耗散形式以断裂耗散为主,因此选取式（3.80）作为页岩水力裂缝的缝尖加强函数。

3）相交加强函数的选取

多裂缝扩展中往往存在两条或多条裂缝在同一单元内相交的情况,此时该单元内位移的不连续性受到贯穿该单元所有裂缝的影响。Daux 等[27]首次针对该问题提出了相交加强函数并给出了数值解决方法。其基本思想是始终将其中一条裂缝作为主裂缝,其他裂缝均作为分支裂缝处理。如图 3.30 所示,三条裂缝相交于一点,将水平裂缝作为主裂缝,其他两条斜裂缝则分解成四条分支裂缝。针对每条分支裂缝与主裂缝组成的相交裂

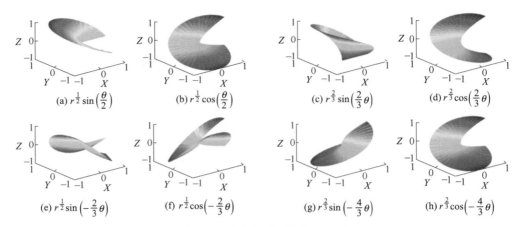

图 3.29　缝尖加强函数空间形状

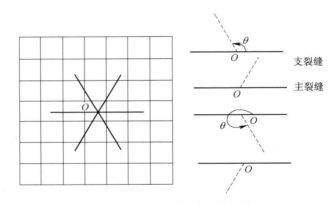

图 3.30　裂缝相交处理示意图

缝,依次采用对应的相交加强函数局部作用于相交单元节点。

　　本节在 Daux 等[27]研究的基础上,利用 Heaviside 函数构造了一种更加简便的相交加强函数:

　　(1)当 $0° < \theta < 180°$ 时:

$$J(\boldsymbol{x}) = \begin{cases} H_2(\boldsymbol{x}), & H_1(\boldsymbol{x}) < 0 \\ 0, & H_1(\boldsymbol{x}) > 0 \end{cases} \tag{3.82}$$

　　(2)当 $180° < \theta < 360°$ 时:

$$J(\boldsymbol{x}) = \begin{cases} H_2(\boldsymbol{x}), & H_1(\boldsymbol{x}) > 0 \\ 0, & H_1(\boldsymbol{x}) < 0 \end{cases} \tag{3.83}$$

式(3.82)和式(3.83)中,H_1 为主裂缝的 Heaviside 函数;H_2 为次裂缝的 Heaviside 函数;θ 为分支裂缝与主裂缝逆时针方向的夹角,如图 3.30 所示。

　　综合考虑页岩水力裂缝的强间断性、裂缝扩展模式处于过渡区,以及多裂缝相交等特点,用于页岩水力压裂裂缝扩展计算的扩展有限元法近似位移函数可表示为

$$
\begin{cases} u^h(\boldsymbol{x}) \\ v^h(\boldsymbol{x}) \end{cases} = \sum_{I \in \aleph_I} N_I(\boldsymbol{x}) \begin{cases} u_I \\ v_I \end{cases} + \sum_{J \in \aleph_J} N_J(\boldsymbol{x}) \sum_{i=1}^{N_{cr}} H(\boldsymbol{x}) \cdot \begin{cases} a_{Ju}^i \\ a_{Jv}^i \end{cases}
$$

(3.84)

$$
+ \sum_{K \in \aleph_K} N_K(\boldsymbol{x}) \sum_{i=1}^{N_{cr}} \sum_{\alpha=1}^{4} f_{\alpha}^{tou}(\boldsymbol{x}) \cdot \begin{cases} b_{Ku}^{\alpha i} \\ b_{Kv}^{\alpha i} \end{cases} + \sum_{M \in \aleph_M} N_M(\boldsymbol{x}) J(\boldsymbol{x}) \cdot \begin{cases} c_{Mu} \\ c_{Mv} \end{cases}
$$

式中，$\boldsymbol{x}$ 为矩阵，代表 (x,y) 坐标。

3. 裂缝贯穿单元和缝尖单元积分方法

裂缝贯穿单元和缝尖单元内均被裂缝分割，并且位移场在裂缝两侧不连续。如果此类单元仍沿用四节点单元中高斯积分点布置形式，那么单元积分精度会严重不足，因此需要特殊处理此类单元积分[25]。方法是将这两种单元剖分为多个三角形单元，然后在每个三角形单元中布置高阶高斯积分点。单元积分值等于每个三角形单元积分值之和。与有限元法不同的是，扩展有限元法中单元剖分的目的仅是为了提高积分精度，不会引入新的自由度，并且不需要考虑因网格形状畸变导致的单元刚度矩阵奇异问题。本章采用的单元剖分形式如图 3.31 所示，对于缝尖单元，以缝尖为起点，分别连接四节点，并且延长裂缝与四边形单元边相交，即得到 6 个三角形单元；对于裂缝贯穿单元，裂缝与单元交点与单元两节点相连接，即得到 4 个三角形单元。

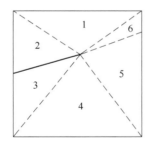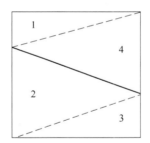

图 3.31 裂缝贯穿单元和缝尖单元剖分方法

4. 相互积分法计算应力强度因子

应力强度因子的计算精度决定裂缝扩展路径的预测精度，因此高精度计算裂缝的应力强度因子十分必要。有限元法解决裂缝问题时，"相互积分法"常被用于求解应力强度因子[28]，该方法同样适用于扩展有限元法。它的基本思想是避开缝尖附近奇异应力场求解不准确的区域，选用远离缝尖的区域作一个环路 J 积分[29]来求解应力强度因子，此时远离缝尖区域的应力场相对准确。

对于水力压裂问题，相互积分式中需要添加一项来反映缝内水压力的做功。文献[30]提出了二维裂缝带有缝面力条件下相互积分表达式，本章据此编制了用于求解水力压裂缝面受水压作用条件下的应力强度因子的计算机子程序。

计算发现，只有环路积分的圆形半径足够大，才能得到相对准确的应力强度因子。其原因是缝尖周围应力场奇异,计算结果精度较差,只有远离缝尖端,才能获得相对准确的应力场。但是并不是圆形环路半径越大越好,半径太大使得环路积分包含了长段裂缝,从而不能准确捕捉缝尖应力场。研究发现,离开缝尖端2~3个单元再取圆形积分环路计算的应力强度因子精度足够高。

(二)水力压裂中岩石变形问题的扩展有限元法

因水力压裂形成的裂缝面受到水压力作用,并且裂缝宽度分布是求解缝内流体压力分布的前提条件,所以有必要建立缝内水压力加载方法和裂缝宽度计算方法。本节将阐述岩石变形控制方程的扩展有限元离散方式、单元刚度方程的形成及总体刚度方程的组集方法,最终实现不连续位移场的求解。

1. 岩石变形控制方程弱形式推导

控制方程弱形式是扩展有限元中形成刚度方程的基础,分别定义试函数和变分函数空间为

$$\boldsymbol{u}^h = \{\boldsymbol{u}^h(\boldsymbol{x},t) \,|\, \boldsymbol{u}^h \in C^0, \boldsymbol{u}^h \,|\, \Gamma_u = \hat{\boldsymbol{u}}(t), \boldsymbol{u}^{h+} \,|\, \Gamma_f \neq \boldsymbol{u}^{h-} \,|\, \Gamma_f\} \tag{3.85}$$

$$\delta\boldsymbol{u}^h = \{\delta\boldsymbol{u}^h(x,t) \,|\, \delta\boldsymbol{u}^h \in C^0, \delta\boldsymbol{u}^h \,|\, \Gamma_u = 0, \delta\boldsymbol{u}^{h+} \,|\, \Gamma_f \neq \delta\boldsymbol{u}^{h-} \,|\, \Gamma_f\} \tag{3.86}$$

式中,C^0 为零阶连续函数空间,位移函数及其试函数均满足自身连续。考虑扩展有限元近似位移函数的一般表达式[式(3.84)],它的变分函数可以表示为

$$\delta\boldsymbol{u}^h(\boldsymbol{x}) = \sum_{I \in \aleph_I} (N_I(\boldsymbol{x})\delta\boldsymbol{u}_I) + \sum_{J \in \aleph_J} (N_J(\boldsymbol{x})\boldsymbol{\Psi}_J^{\text{dis}}(\boldsymbol{x}) \cdot \delta\boldsymbol{a}_J)$$
$$+ \sum_{K \in \aleph_K} (N_K(\boldsymbol{x})\boldsymbol{\Psi}_K^{\text{tip}}(\boldsymbol{x}) \cdot \delta\boldsymbol{b}_K) \tag{3.87}$$

对岩石受力平衡方程等式两边乘以 $\delta\boldsymbol{u}$,并在求解域 V 中积分,可得到受力平衡方程弱形式,写成分量形式为

$$\int_V \delta u_i^h \left(\frac{\partial \sigma_{ji}}{\partial x_j}\right) \mathrm{d}V = 0 \tag{3.88}$$

为了消除应力导数项,运用微分链式法则对式(3.88)左侧项进行改写

$$\int_V \delta u_i^h \left(\frac{\partial \sigma_{ji}}{\partial x_j}\right) \mathrm{d}V = \int_V \frac{\partial}{\partial x_j}(\delta u_i^h \sigma_{ji}) \mathrm{d}V - \int_V \frac{\partial(\delta u_i^h)}{\partial x_j}\sigma_{ji}\mathrm{d}V$$
$$= \int_V \frac{\partial}{\partial x_j}(\delta u_i^h \sigma_{ji}) \mathrm{d}V - \int_V \delta\varepsilon_{ij}\sigma_{ji}\mathrm{d}V \tag{3.89}$$

式(3.89)等号右侧第一项的面积分可以运用高斯定理将其转化为在求解域边界上的线积分:

$$\int_V \frac{\partial}{\partial x_j}(\delta u_i^h \sigma_{ji}) \mathrm{d}V = \int_\Gamma (\delta u_i^h n_j \sigma_{ji}) \mathrm{d}\Gamma + \int_{\Gamma_c}(\delta u_i^{h+}n_j\sigma_j^+ - \delta u_i^{h-}n_j\sigma_j^-)\mathrm{d}\Gamma_c \tag{3.90}$$

考虑到在位移边界 Γ_u 上有 $\delta u_i^h = 0$,则式(3.90)等号右侧第一项的边界积分仅限于在力边界 Γ_t 上的积分。此外,考虑到在内边界(裂缝面边界)Γ_c 上受到流体压力作用,

联合式(3.88)~式(3.90),可得岩石受力平衡方程的弱形式为

$$\int_V \delta\varepsilon_{ij}\sigma_{ji}\mathrm{d}V - \int_{\Gamma_t}(\delta u_i^h \hat{t}_i)\,\mathrm{d}\Gamma_t - \int_{\Gamma_c}(-\Pi_c n_j)\cdot(\delta u_i^{h+} - \delta u_i^{h-})\,\mathrm{d}\Gamma_c = 0 \qquad (3.91)$$

式中,t_i 为外边界力。

方程弱形式[式(3.91)]的物理含义为外边界力和内边界的流体压力对岩石做功等于岩石内能的变化。

2. 单元刚度方程的形成

扩展有限元法中假设方程弱形式(3.91)对每个网格单元均成立。以单个单元为对象,将变分近似位移函数(3.87)代入方程弱形式,以节点位移值为未知数,整理可得单元刚度方程:

$$\boldsymbol{K}^e \boldsymbol{X} = \boldsymbol{F}^e \qquad (3.92)$$

式中,$\boldsymbol{K}^e$ 为单元刚度矩阵;$\boldsymbol{F}^e$ 为单元载荷向量;$\boldsymbol{X}$ 为未知系数向量,它包含了节点位移值与附加系数值,其一般形式可表示为

$$\boldsymbol{X} = [u_{xI}, u_{yI}, a_J, b_K^1, b_K^2, b_K^3, b_K^4, c_M]^{\mathrm{T}} \qquad (3.93)$$

未知系数向量的具体形式由节点类型决定。除 x、y 方向的位移分量外,对于贯穿加强节点,x、y 方向会分别多出 1 个未知系数;对于缝尖加强节点,x、y 方向会分别多出 4 个未知系数;对于相交加强节点,x、y 方向会分别多出 1 个未知系数;对于普通节点,则没有额外的未知系数。

单元刚度矩阵可由以下积分式得到

$$\boldsymbol{K}^e = \iint_{V_e} \boldsymbol{B}^{e\mathrm{T}} \boldsymbol{C} \boldsymbol{B}^e \mathrm{d}V \qquad (3.94)$$

式中,$\boldsymbol{B}^e$ 为单元几何矩阵,在标准有限元中它由形函数的空间导数组成,但是在扩展有限元的位移模式中引入了扩充形函数,因此其一般形式变为

$$\boldsymbol{B}^e = \begin{bmatrix} \boldsymbol{B}_{\mathrm{std}}^e & \boldsymbol{B}_{\mathrm{enr}}^e \end{bmatrix} \qquad (3.95)$$

式中,矩阵 $\boldsymbol{B}_{\mathrm{std}}^e$ 为标准几何矩阵;$\boldsymbol{B}_{\mathrm{enr}}^e$ 为扩展几何矩阵,它包含了加强节点的信息,其形式与加强节点类型有关。

以四节点单元为例,对于裂缝贯穿单元、缝尖单元和相交单元内的节点,单元扩展几何矩阵的具体表达式如下:

$$\boldsymbol{B}_{\mathrm{enr}}^e = \boldsymbol{B}_J^a\Big|_{J=1,2,3,4} = \begin{bmatrix} (N_J(H(\boldsymbol{x})-H(\boldsymbol{x}_J)))_{,x} & 0 \\ 0 & (N_J(H(\boldsymbol{x})-H(\boldsymbol{x}_J)))_{,y} \\ (N_J(H(\boldsymbol{x})-H(\boldsymbol{x}_J)))_{,y} & (N_J(H(\boldsymbol{x})-H(\boldsymbol{x}_J)))_{,x} \end{bmatrix} \qquad (3.96)$$

$$\boldsymbol{B}_{\mathrm{enr}}^e = \boldsymbol{B}_K^{b\alpha}\Big|_{\substack{\alpha=1,2,3,4 \\ K=1,2,3,4}} = \begin{bmatrix} (N_K(f_\alpha(\boldsymbol{x})-f_\alpha(\boldsymbol{x}_K)))_{,x} & 0 \\ 0 & (N_K(f_\alpha(\boldsymbol{x})-f_\alpha(\boldsymbol{x}_K)))_{,y} \\ (N_K(f_\alpha(\boldsymbol{x})-f_\alpha(\boldsymbol{x}_K)))_{,y} & (N_K(f_\alpha(\boldsymbol{x})-f_\alpha(\boldsymbol{x}_K)))_{,x} \end{bmatrix}$$

$$(3.97)$$

$$\boldsymbol{B}_{\text{enr}}^{\text{e}} = \boldsymbol{B}_{M}^{\text{c}} \big|_{M=1,2,3,4} = \begin{bmatrix} (N_M(J(\boldsymbol{x}) - J(\boldsymbol{x}_M)))_{,x} & 0 \\ 0 & (N_M(J(\boldsymbol{x}) - J(\boldsymbol{x}_M)))_{,y} \\ (N_M(J(\boldsymbol{x}) - J(\boldsymbol{x}_M)))_{,y} & (N_M(J(\boldsymbol{x}) - J(\boldsymbol{x}_M)))_{,x} \end{bmatrix} \quad (3.98)$$

对于混合单元,单元几何矩阵组成需根据单元内加强节点个数及类型而定。与标准有限元的单元刚度矩阵相比,扩展有限元中含有加强节点的单元的单元刚度矩阵维数要扩大。以裂缝贯穿单位为例,$\boldsymbol{B}_{\text{std}}^{\text{e}}$ 矩阵维数为 8×8,$\boldsymbol{B}_{\text{enr}}^{\text{e}}$ 矩阵维数也是 8×8,因此,单元刚度矩阵的维数从标准有限元的 8×8 扩充到了 16×16。

通过联立式(3.94)~式(3.98),运用高斯积分方法,就可得到单元刚度矩阵的数值解。接下来,需要形成单元载荷向量,其一般形式可表示为

$$\boldsymbol{F}^{\text{e}} = \begin{bmatrix} \boldsymbol{F}_{\text{std}}^{\text{e}} & \boldsymbol{F}_{\text{enr}}^{\text{e}} \end{bmatrix} \quad (3.99)$$

由式(3.99)可知,单元载荷向量同样由两部分组成,$\boldsymbol{F}_{\text{std}}^{\text{e}}$ 与标准有限元的单元载荷向量相同;$\boldsymbol{F}_{\text{enr}}^{\text{e}}$ 为扩充部分,其元素构成与加强节点类型有关。

不考虑体力作用,因此只需计算受到边界力作用的节点载荷向量,其他节点载荷向量均为零向量。水力压裂中外边界力为原始地应力,受力节点类型为标准节点;内边界力为缝内流体压力,受缝内流体压力的节点类型包括贯穿加强节点和缝尖加强节点。这三类节点对应的载荷向量表达式分别为

$$\boldsymbol{F}_I^{\text{u}} = \int_{\Gamma_{\text{t}}} N_I \hat{\boldsymbol{t}} \text{d}\Gamma \quad (3.100)$$

$$\boldsymbol{F}_J^{\text{a}} = \int_{\Sigma} N_J (H(\boldsymbol{x}) - H(\boldsymbol{x}_J)) \boldsymbol{\Pi} \text{d}\boldsymbol{\Sigma} \quad (3.101)$$

$$\boldsymbol{F}_K^{\text{b}\alpha} \big|_{\alpha=1,2,3,4} = \int_{\Sigma_{\text{t}}} N_K (f_\alpha(\boldsymbol{x}) - f_\alpha(\boldsymbol{x}_K)) \boldsymbol{\Pi} \text{d}\boldsymbol{\Sigma} \quad (3.102)$$

式中,$\boldsymbol{\Sigma}^{\text{t}}$ 表示近缝尖区域。

式(3.101)和式(3.102)构成了缝内水压力加载方法,可以看出,扩展有限元法中缝内流体压力是在单元载荷向量的扩充部分体现的,缝面水压力是施加到贯穿加强节点上,缝尖部分的水压力是施加到缝尖加强节点上。

对近缝尖区域流体压力的处理因裂缝扩展模式而异。对于断裂耗散型裂缝,缝内流动存在流体滞后,近缝尖区域流体压力为零;对于黏性耗散型裂缝,缝内流体压力在缝尖处是奇异的,此时采用靠近缝尖的缝尖流动单元中点处的流体压力值作为缝尖受到的外力。本章所研究的页岩水力裂缝扩展处于过渡区内,缝尖端存在流体滞后,缝尖单元的流体压力为零。

对于干裂缝扩展问题,式(3.101)和式(3.102)均等于零向量,只有当裂缝内有流体压力作用时,它们才起作用,这是用扩展有限元法解决水力压裂问题的特殊之处。

3. 整体刚度方程的形成

上一节针对单个四边形网格进行单元分析,得到了单元刚度方程。接下来将求解域作为一个整体,方程弱形式作用于整个求解域,并代入变分近似位移函数,推导可得整体刚度矩阵方程:

$$KX = F \tag{3.103}$$

式中，K 为整体刚度矩阵，由各单元的单元刚度矩阵 K^e 组集而成；F 为整体载荷向量，由各单元的单元载荷列阵 F^e 组集而成。

组集标准单元的单元刚度矩阵和单元载荷列阵的方法与标准有限元的组集方法相同，但是，对于缝尖单元、裂缝贯穿单元与混合单元的单元刚度矩阵和单元载荷列阵组集方法有特殊之处。

扩展有限元中需要组集的元素可分为两类，一类是与节点位移有关的项，我们称之为"标准项"；另一类是与附加未知系数有关的项，称之为"扩展项"。下面仍以四节点单元为例，假设求解域内仅含一条裂缝，网格节点数为 N，单元 S 的四个节点编码依次为 s_1、s_2、s_3、s_4，目的是确定单元 S 的单元刚度矩阵各元素在整体刚度矩阵中的位置编码，用向量表示记为 I_d。

对于四节点单元而言，标准项共有 8 个元素，分别是四个节点的 x,y 方向位移，它们在整体刚度矩阵中位置编码可表示为

$$I_d = [\,2s_1-1 \quad 2s_1 \quad 2s_2-1 \quad 2s_2 \quad 2s_3-1 \quad 2s_3 \quad 2s_4-1 \quad 2s_4\,] \tag{3.104}$$

其组集方法与标准有限元相同。扩展项的位置编码是在式（3.104）基础上扩充，步骤如下：

（1）步骤 1：为加强节点具有的附加自由度编号。如图 3.32 所示，按照节点编码顺序遍历搜索加强节点，并通过判断加强节点类型，给予节点附加自由度以相应的流水编号，

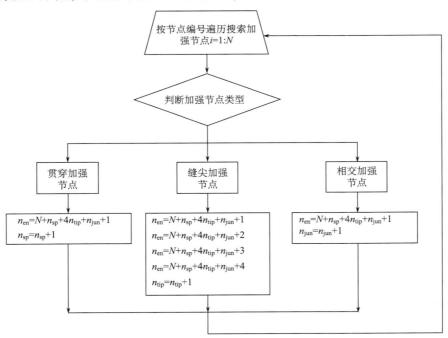

图 3.32 加强节点编号规则

n_{en} 为加强节点数量；n_{sp} 为裂缝贯穿单元节点数量；n_{tip} 为缝尖单元节点数量；
n_{jun} 为交叉单元节点数量；N 为普通节点数量

附加自由度的编号从 $N+1$ 开始。

（2）步骤 2：判断单元 S 中每个节点类型，如果是贯穿加强节点，则节点编号向量扩充为

$$\boldsymbol{I}_{\mathrm{d}} = [\boldsymbol{I}_{\mathrm{d}} \quad 2s'_{\mathrm{sp}} - 1 \quad 2s'_{\mathrm{sp}}] \tag{3.105}$$

式中，s'_{sp} 为贯穿加强节点位置编码。

如果是缝尖加强节点，则节点编号向量扩充为

$$\begin{aligned}\boldsymbol{I}_{\mathrm{d}} = [\boldsymbol{I}_{\mathrm{d}} \quad & 2s'_{\mathrm{t}} - 1 \quad 2s'_{\mathrm{t}} \quad 2(s'_{\mathrm{t}} + 1) - 1 \quad 2(s'_{\mathrm{t}} + 1) \\ & 2(s'_{\mathrm{t}} + 2) - 1 \quad 2(s'_{\mathrm{t}} + 2) \quad 2(s'_{\mathrm{t}} + 3) - 1 \quad 2(s'_{\mathrm{t}} + 3)]\end{aligned} \tag{3.106}$$

式中，s'_{t} 为缝尖加强节点位置编码。

（3）步骤 3：利用节点编号向量从总体刚度矩阵提取部分矩阵与单元 S 的单元刚度矩阵相对应，可表示为

$$\boldsymbol{K}(\boldsymbol{I}_{\mathrm{d}}, \boldsymbol{I}_{\mathrm{d}}) = \boldsymbol{K}^{\mathrm{e}} \tag{3.107}$$

4. 裂缝宽度计算方法

除去在缝尖单元中的部分裂缝面，其余裂缝面均在裂缝贯穿单元中。位移在裂缝面处的跳跃值是通过 Heaviside 函数表征的，裂缝两侧的 Heaviside 函数值之差代表了位移的跳跃，因此，裂缝宽度计算式可由近似位移函数推导得到：

$$\begin{aligned}w(\boldsymbol{x}) &= (\boldsymbol{u}^{+} - \boldsymbol{u}^{-}) \cdot \boldsymbol{n} = \Big(\sum_{J=1}^{4} N_{J}(\boldsymbol{x}) [1 - (-1)] a_{J}\Big) \cdot \boldsymbol{n} \\ &= \Big(2 \sum_{J=1}^{4} N_{J}(\boldsymbol{x}) a_{J}\Big) \cdot \boldsymbol{n}\end{aligned} \tag{3.108}$$

（三）基于有限体积法的缝内流场计算

缝内流动方程的待求变量为当前时刻的缝内流体压力分布。前一时刻裂缝几何形态、缝内流体压力及裂缝宽度分布，以及当前时刻裂缝几何形态与裂缝宽度分布均为已知变量。本节采用有限体积法离散缝内黏性流动方程，可用于处理弯曲裂缝与平直裂缝内流场计算。本章未考虑由于裂缝弯曲而引起的附加压降。

1. 裂缝系统的网格划分与节点编号

在利用有限体积法离散缝内流动方程前，需建立合理的裂缝网格系统。本章采用一维线性网格离散裂缝线，将裂缝线与裂缝贯穿单元的交点及裂缝尖端作为网格节点。如图 3.33 所示，将包含裂缝尖端的裂缝网格称为缝尖流动单元，其余网格称为缝内流动单元。

如图 3.34 所示，考虑半缝长，当前时刻裂缝单元编号为 $1 \sim N$，其中编号 $1 \sim (N-1)$ 的单元为缝内流动单元，编号 N 的单元为缝尖流动单元，压裂液以恒定排量 Q_0 注入 1 号单元。单元节点编号依次为 $1, 2, 3, \cdots, N+1$。缝内流动方程求解同时涉及裂缝宽度和缝内

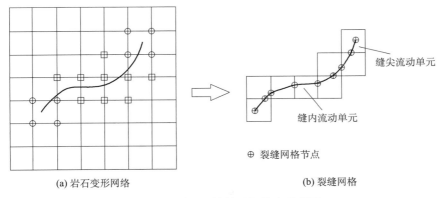

图 3.33　裂缝网格单元与节点示意图

流体压力两个参量,其中裂缝宽度与流体流动速度相关,而缝内流体压力与流体流动速度若在同一套网格节点上取值,会出现收敛性差的问题[31]。因此,本章采用交错网格,即缝内流体压力 Π 取自网格中点处,裂缝宽度 Ω 取自网格节点处。

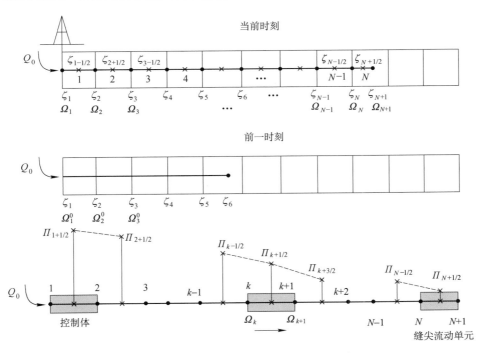

图 3.34　缝内流动方程有限体积离散方法示意图

2. 有限体积离散方程建立

对第 k 号缝内流动单元运用有限体积法,积分缝内流动方程,可得

$$\int_{\zeta_k}^{\zeta_{k+1}} \frac{\partial \Omega}{\partial t} \mathrm{d}\zeta = \int_{\zeta_k}^{\zeta_{k+1}} \frac{\partial}{\partial \zeta}\left(\Omega^3 \frac{\partial \Pi}{\partial \zeta}\right)\mathrm{d}\zeta \tag{3.109}$$

式中,Ω 为无量纲裂缝宽度;Π 为无量纲缝内流体压力。

将式(3.109)左侧的裂缝宽度采取向后差分格式展开,式(3.109)右侧沿缝长方向积分,则变形为

$$\int_{\zeta_k}^{\zeta_{k+1}} \frac{\Omega - \Omega^0}{\Delta t}\mathrm{d}\zeta = \left[\Omega^3 \frac{\partial \Pi}{\partial \zeta}\right]_k^{k+1} \tag{3.110}$$

对式(3.110)裂缝宽度积分项采用梯形积分法进行数值积分,对流体压力导数项采用中点差分格式离散,则得到有限体积离散方程为

$$\frac{1}{\Delta t}\frac{\Delta\zeta_k}{2}(\Omega_k + \Omega_{k+1}) - \frac{1}{\Delta t}\frac{\Delta\zeta_k}{2}(\Omega_k^0 + \Omega_{k+1}^0)$$
$$= \Omega_k^3 \frac{\Pi_{k-1/2} - \Pi_{k+1/2}}{\zeta_{k+1/2} - \zeta_{k-1/2}} - \Omega_{k+1}^3 \frac{\Pi_{k+1/2} - \Pi_{k+3/2}}{\zeta_{k+3/2} - \zeta_{k+1/2}}, \qquad k = 2:(N-1) \tag{3.111}$$

式中,$\Delta\zeta_k = \zeta_{k+1} - \zeta_k$,该等式的物理意义为流入第 k 号缝内流动单元的净流量等于该单元的裂缝体积的变化。

该式适用范围是第 2~($N-1$)号缝内流动单元。第 1 号流动单元因存在流体注入,第 N 号流动单元因缝尖流动的特殊性,则缝内流动方程离散格式均与式(3.111)不同。

考虑到无量纲注入流量 q_0,第 1 号流动单元的有限体积离散方程可表示为

$$\frac{1}{\Delta t}\frac{\Delta\zeta_1}{2}(\Omega_1 + \Omega_2) - \frac{1}{\Delta t}\frac{\Delta\zeta_1}{2}(\Omega_1^0 + \Omega_2^0) = \frac{q_0}{2} - \Omega_2^3 \frac{\Pi_{1+1/2} - \Pi_{2+1/2}}{\zeta_{2+1/2} - \zeta_{1+1/2}} \tag{3.112}$$

当假设裂缝双翼对称,且仅为单条裂缝扩展时,$q_0 = 1$;当存在多条裂缝同步扩展时,q_0 是指流入当前裂缝的分流量。

对于缝尖流动单元,有限体积离散方程可表示为

$$\int_{\zeta_N}^{\zeta_{N+1}} \frac{\Omega - \Omega^0}{\Delta t}\mathrm{d}\zeta = \Omega_N^3 \frac{\Pi_{N-1/2} - \Pi_{N+1/2}}{\zeta_{N+1/2} - \zeta_{N-1/2}} \tag{3.113}$$

等式左边的积分考虑到裂缝尖端宽度为零,采用梯形积分可得

$$\frac{1}{\Delta t}\frac{\Delta\zeta_N \Omega_N}{2} - \frac{1}{\Delta t}\frac{\Delta\zeta_N \Omega_N^0}{2} = \Omega_N^3 \frac{\Pi_{N-1/2} - \Pi_{N+1/2}}{\zeta_{N+1/2} - \zeta_{N-1/2}} \tag{3.114}$$

式(3.111)、式(3.112)和式(3.114)构成了以缝内流体压力为未知量的线性方程组。

3. 裂缝宽度的时间导数项的离散格式

对式(3.109)中左侧裂缝宽度的时间导数项的处理需要分类讨论:事先判断当前时刻与前一时刻的裂缝尖端是否同处一个缝尖单元内。如果是,那么说明裂缝扩展后裂缝尖端仍处于前一时刻的缝尖单元内,此时该项的离散格式可按式(3.111)、式(3.112)、式(3.114)计算;如果否,则需要确定前一时刻裂缝尖端位置与当前时刻第几号缝内流动单元对应。以图3.34所示情况为例,前一时刻裂缝尖端位置处在当前时刻第 5 号缝内流动单元中,因此,对于第 1~4 号单元,离散格式仍按式(3.111)和式(3.112)计算,然而,对于第 5 号缝内流动单元,离散格式变为

$$\int_{\zeta_5}^{\zeta_6} \frac{\partial \Omega}{\partial t} \mathrm{d}\zeta = \frac{1}{\Delta t} \frac{\Delta \zeta_k}{2} (\Omega_5 + \Omega_6) - \frac{1}{\Delta t} \frac{\Delta \zeta_N \Omega_N^0}{2} \tag{3.115}$$

对于第 $6 \sim (N-1)$ 号缝内流动单元,离散格式退化为

$$\int_{\zeta_k}^{\zeta_{k+1}} \frac{\partial \Omega}{\partial t} \mathrm{d}\zeta = \frac{1}{\Delta t} \frac{\Delta \zeta_k}{2} (\Omega_k + \Omega_{k+1}), \qquad 6 \leqslant k < N \tag{3.116}$$

对于缝尖流动单元,离散格式退化为

$$\int_{\zeta_N}^{\zeta_{N+1}} \frac{\partial \Omega}{\partial t} \mathrm{d}\zeta = \frac{1}{\Delta t} \frac{\Delta \zeta_N \Omega_N}{2} \tag{3.117}$$

4. 矩阵方程的形成与求解

将采用有限体积法离散得到的方程组整理成以裂缝单元中点处流体压力值为未知向量的矩阵方程,可表示为

$$\begin{bmatrix} 1 & -1 & & & & & \\ \lambda_2 & -(\lambda_2 + \lambda_3) & \lambda_3 & & & & \\ & \lambda_3 & -(\lambda_3 + \lambda_4) & \lambda_4 & & & \\ & & \ddots & \ddots & \ddots & & \\ & & & \lambda_{N-1} & -(\lambda_{N-1} + \lambda_N) & \lambda_N & \\ & & & & & 1 & -1 \end{bmatrix} \begin{bmatrix} \Pi_{1+1/2} \\ \Pi_{2+1/2} \\ \Pi_{3+1/2} \\ \vdots \\ \Pi_{N-1/2} \\ \Pi_{N+1/2} \end{bmatrix} = \begin{bmatrix} b_1 \\ b_2 \\ b_3 \\ \vdots \\ b_{N-1} \\ b_N \end{bmatrix}$$

$$\tag{3.118}$$

系数矩阵中各元素的表达式可归纳为

$$\lambda_k = \frac{\Omega_k^3}{\zeta_{k+1/2} - \zeta_{k-1/2}}, \quad \lambda_{k+1} = \frac{\Omega_{k+1}^3}{\zeta_{k+3/2} - \zeta_{k+1/2}}, \qquad 2 \leqslant k \leqslant N-1 \tag{3.119}$$

力向量矩阵中各元素的表达式可归纳为

$$b_1 = -\frac{\Omega_2^3}{\zeta_{2+1/2} - \zeta_{1+1/2}} \left[\frac{1}{\Delta t} \frac{\zeta_2 - \zeta_1}{2} (\Omega_1 - \Omega_1^0 + \Omega_2 - \Omega_2^0) - \frac{q_0}{2} \right] \tag{3.120}$$

$$b_k = \frac{1}{\Delta t} \frac{\zeta_{k+1} - \zeta_k}{2} (\Omega_k - \Omega_k^0 + \Omega_{k+1} - \Omega_{k+1}^0), \qquad 2 \leqslant k \leqslant N-1 \tag{3.121}$$

考虑到页岩水力裂缝缝尖单元流体压力为零,因此有

$$\Pi_{N+1/2} = 0 \tag{3.122}$$

可见系数矩阵为三对角矩阵,可用追赶法求解缝内流体压力向量。

(四)迭代解耦计算方法

针对岩石位移场和缝内压力场分别编制了计算机程序,并以此为基础,运用迭代法解除岩石变形与缝内流动间的耦合关系。基本思想是分开计算位移场和压力场,然后进行两场间交叉迭代计算,它们的计算结果互为外加载荷或边界条件,直至得到收敛的位移场和压力场。首先讨论单条水力裂缝扩展的数值求解方法,它是多裂缝扩展计算的基础。

设定每个时间步长内裂缝延伸长度为一定值,通过迭代求解收敛的裂缝宽度及缝内

流体压力,然后计算一个时间步长内裂缝增加的体积,从而计算出时间步长值。规定 $m+1$ 时刻为当前时刻,m 时刻为前一时刻。计算方法如图 3.35 所示,主要计算流程如下所述:

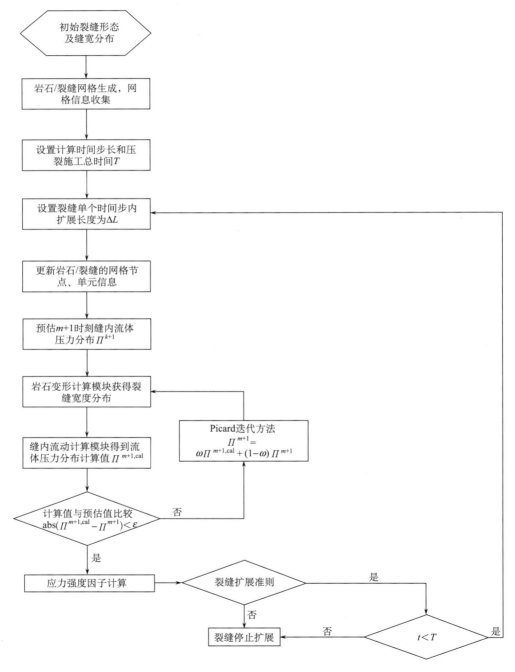

图 3.35　裂缝扩展计算程序流程图
ω 为加权系数;ε 为计算残差;T 为压裂泵注时间

步骤 1：设置单个时间步长内裂缝扩展距离恒定为 ΔL，确定裂缝尖端位置，由于裂缝几何拓扑发生变化，所以需要分别更新岩石与裂缝的网格节点与单元信息。

步骤 2：预估缝内流体压力分布，然后利用岩石位移场计算程序计算得到裂缝宽度分布。

步骤 3：在裂缝尖端位置与裂缝宽度分布均已知的条件下，利用缝内压力场计算程序得到缝内流体压力分布。

步骤 4：对比缝内流体压力预估值与计算值。如果不满足误差限，则返回步骤 2 继续迭代，下一迭代步的缝内流体压力值采用 Picard 迭代方法计算得到。如果已满足误差限，则可计算应力强度因子。

步骤 5：计算应力强度因子，并根据裂缝扩展准则判断裂缝是否继续扩展。如果继续扩展，裂缝扩展准则会给出下一时间步裂缝扩展的方位，此时需返回步骤 1，重新确定下一时刻的裂缝尖端位置。

步骤 6：直至计算到预定的压裂总时间为止。

用于迭代计算的 Picard 迭代方法是一种可获得较好收敛性的数值算法，常被用于迭代解耦计算中[32]。如式(3.123)，下一迭代步的参数取值由当前迭代步计算值与预估值的加权求和产生：

$$X^{j+1} = (1 - \omega)X^{j} + \omega X^{j+1/2} \qquad (3.123)$$

式中，ω 为加权系数，取值范围为 0~0.5；X^{j+1} 为下一迭代步取值；X^{j} 为预估值；$X^{j+1/2}$ 为当前迭代步计算结果。

当裂缝尖端位置被重新确定后，缝内流体压力预估值的选取对计算收敛速度有较大影响。计算发现，采用上一时刻或上一迭代步收敛的缝内流体压力作为本次迭代步的预估值可以获得理想的收敛速度，此时，新生裂缝节点的流体压力预估值均设置为原裂缝最后一个节点的流体压力。

在初始时刻裂缝参数中，裂缝几何拓扑与缝内流体压力需事先给定。将初始时刻缝内流体压力视为静水压力，其大小设定为裂缝起裂压力。初始时刻裂缝宽度是由岩石变形计算模块得到的。

(五) 多裂缝扩展数值计算方法

水力压裂过程中涉及多裂缝扩展的情况有水平井多级压裂，对于页岩储层，还需要考虑水力裂缝与天然裂缝间相互作用关系。对于水平井多级压裂，人工裂缝是顺序压裂形成的，因此，求解域中裂缝由已压裂形成的水力裂缝与正在压裂的水力裂缝组成，其中已压裂形成的水力裂缝不再扩展，缝内流体压力等于地层压力，而需要计算的是正在压裂的水力裂缝扩展行为。当储层中存在天然裂缝时，多裂缝是由水力裂缝与天然裂缝组成，此时需要判断天然裂缝与水力裂缝的相交形式。

多裂缝扩展计算中岩石受到多条裂缝水压力的共同作用，并且缝内流体压力可能不一致；同时，需要在每一个时间步内判断裂缝间是否相交，如果存在裂缝相交，需要确定相交点位置及裂缝相交单元信息。

天然裂缝是地层本身具有的，它参与了原始地应力场的形成，因此认为天然裂缝周围应力场与原始地应力场相等,初始状态无任何不同。基于这种观点,认为天然裂缝在未发生剪切滑移或拉伸压缩破坏前,它被视为岩石基质的一部分,对水力裂缝的扩展路径不产生任何影响。在每个时间步内,通过计算天然裂缝面所受正应力与剪应力,来判断天然裂缝是否发生拉伸、压缩、剪切等形式的破坏。如果天然裂缝状态发生变化,则按照第二章第三节规定的裂缝相交准则处理。

如图 3.36 所示,裂缝面上一点的正应力与剪应力可由该点的应力状态得到,公式如下:

$$\begin{cases} \sigma_n = \sigma_x \cos^2\beta + \sigma_y \sin^2\beta + 2\tau_{xy}\sin\beta\cos\beta \\ \tau_n = \tau_{xy}(\cos^2\beta - \sin^2\beta) + (\sigma_y - \sigma_x)\sin\beta\cos\beta \end{cases} \tag{3.124}$$

式中,σ_n、τ_n 为裂缝面一点处所受正应力与剪应力;σ_x、σ_y、τ_{xy} 均为裂缝面一点处的应力分量;β 为裂缝面与铅垂方向夹角。

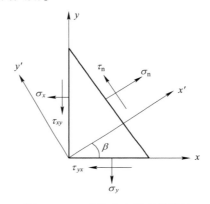

图 3.36 一点处应力状态的描述

计算中天然裂缝被离散为多段,计算每段裂缝中点处正应力与剪应力值,然后代入式(3.64)和式(3.65)中,判断裂缝是否会发生剪切滑移或压缩破坏。

三、数值模型验证

（一）计算实例

根据建立的岩石变形与缝内流动迭代解耦计算方法,编制了计算机程序,计算了单条平直水力裂缝沿垂直于最小水平主应力方向扩展的缝长 L_f、缝宽 w 等参数随时间变化情况。求解域与外边界条件如图 3.37 所示,正方形求解域边长 500m,x、y 方向网格设置为 300 个,网格密度 1.67m/grid。为避免边界效应,模拟裂缝扩展长度小于 100m,裂缝长度与求解域边长之比小于 1/5。其他模型参数取值如表 3.2 所示。

原始地应力场的正确表征是模拟水力压裂裂缝扩展的基础,初始时刻裂缝未扩展前求解域内各个节点的 x、y 方向应力值应分别等于原始最大水平主应力与最小水平主应力。为了证明原始地应力场在数值模型中正确表征,本节给出了初始时刻 x、y 方向应力云图和位移云图,如图 3.38 所示,可以看出,初始时刻各个节点 x、y 方向应力值分别等于

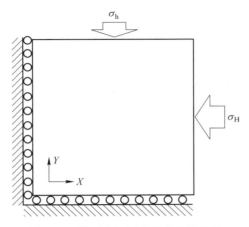

图 3.37 模型求解域边界条件示意图

40MPa 和 30MPa。

表 3.2 单条平直水力裂缝扩展模型参数

物理量	取值	单位符号	说明
岩石弹性模量	30	GPa	—
岩石泊松比	0.20	无量纲	—
压裂液动力黏度	1	mPa·s	模拟清水
压裂排量	3	L/s	单位高度裂缝的排量
最大水平主应力	40	MPa	—
最小水平主应力	30	MPa	—
初始裂缝半长	10	m	—

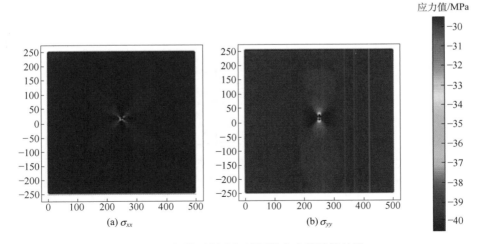

图 3.38 初始时刻求解域原始应力场计算结果

纵横轴坐标为正方形求解域的边长,单位为 m

考虑到清水压裂液黏度小且裂缝宽度随时间变化逐渐增大,利用式(3.52)计算了页岩水力压裂条件下单位缝长的缝内流动摩阻与排量的关系,结果如图3.39所示。可以看出,单位缝长的缝内流动摩阻数量级仅为 10^3 Pa,假设裂缝可延伸至 100m,缝内流动摩阻不足 1MPa。由于缝内压力需要克服最小水平主应力,所以缝内压力会大于或近似等于最小水平主应力。此时,缝内流动摩阻要比最小水平主应力小一个数量级,因此,忽略缝内流动摩阻,认为缝内压力仅需要克服最小水平主应力。

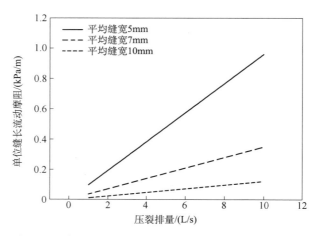

图 3.39　裂缝内流动摩阻与排量关系曲线($\mu=1$ mPa・s)

为了验证这一假设,计算对比了考虑与不考虑缝内流动摩阻条件下裂缝长度与宽度随时间的变化情况,结果如图3.40、图3.41和表3.3所示。结果表明,这两种情况下裂缝长度与宽度等参数的计算结果十分接近。因此,页岩水力压裂条件下不考虑缝内流动摩阻是可行的,缝内流体压力可近似等于垂直于裂缝面的局部地应力值。

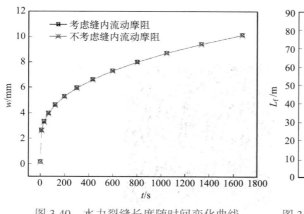

图 3.40　水力裂缝长度随时间变化曲线

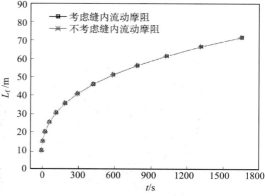

图 3.41　井壁处水力裂缝宽度随时间变化曲线

表 3.3　裂缝扩展时间对比

裂缝长度 /m	裂缝扩展时间/s		时间比值
	考虑流动摩阻	不考虑流动摩阻	
15	8.3879	8.9085	0.94
20	28.3905	29.6629	0.96
25	63.3710	65.4742	0.98
30	116.7743	119.7359	0.97
35	192.1166	195.9416	0.98
40	292.9891	297.6704	0.98
45	423.0641	428.5885	0.99
50	586.1038	592.4546	0.99
55	785.96915	793.1275	0.99
60	1026.62921	1034.5753	0.99
65	1312.1708	1320.8842	0.99
70	1646.8079	1656.2680	0.99

当忽略缝内流动摩阻后,缝内流体压力各处相等,裂缝面相当于受到均匀面力作用,这样简化的好处是自然解除了岩石变形与缝内流动的耦合关系,不再需要迭代解耦计算。

（二）模型验证

为了证明应力强度因子计算的正确性,将数值结果与解析解对比。无限大地层内单条水力裂缝在静水压力和水平主应力作用下,缝尖端 I 型和 II 型应力强度因子的解析表达式如下[34]:

$$\begin{cases} K_{\text{I}} = \sqrt{\pi L_{\text{f}}} \, [p - (\sigma_{\text{H}} \sin^2\beta + \sigma_{\text{h}} \cos^2\beta)] \\ K_{\text{II}} = \dfrac{\sqrt{\pi L_{\text{f}}}}{2}(\sigma_{\text{H}} - \sigma_{\text{h}}) \sin2\beta \end{cases} \tag{3.125}$$

式中,K_{I} 为 I 型应力强度因子;K_{II} 为 II 型应力强度因子;p 为缝内静水压力;β 为裂缝倾角,定义为裂缝与最大水平主应力方向夹角;L_{f} 为裂缝半长。

数值计算中,为了近似无限大地层,裂缝长度需远小于求解域边长,以消除求解域边界对裂缝周围应力的影响。该算例选取裂缝半长($L_{\text{f}} = 5\text{m}$)为求解域边长的 1/60,其他模型参数参见表 3.4。计算得到了三种网格密度($150 \times 150, 200 \times 200, 300 \times 300$）条件下裂缝尖端应力强度因子,并与解析模型对比。如图 3.42 和图 3.43 所示,计算值与解析解吻合得很好,最大相对误差不超过 0.45%,这也说明考虑缝内水压力作用的相互积分法求取缝尖应力强度因子具有较高精度。同时发现,相对误差并不严格随着网格密度的增大而减小,其原因是相互积分法中圆形积分路径的半径会随网格密度变化而变化。

表 3.4   模型参数取值

模型参数	符号	算例取值	单位
最大水平主应力	σ_H	6.0	MPa
最小水平主应力	σ_h	1.0	MPa
弹性模量	E	8.4	GPa
泊松比	ν	0.23	无量纲
破裂压力	p_f	15.5	MPa

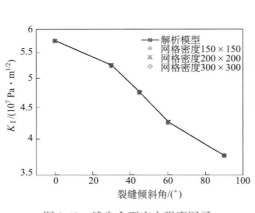

图 3.42   缝尖 Ⅰ 型应力强度因子
数值结果与解析模型对比

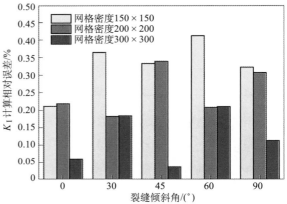

图 3.43   缝尖 Ⅰ 型应力强度因子
数值结果与解析解相对误差

第四节   水平井多级压裂裂缝扩展行为及其主控因素

长水平段水平井多级压裂已成为高效开采页岩气的核心技术,深入认识页岩水力压裂裂缝扩展规律对优化水力压裂设计尤为重要。由于页岩各向异性较强,天然裂缝发育,并且水力压裂裂缝间距普遍较小,所以裂缝扩展规律相比砂岩储层更加复杂多变。本节利用自行编制的页岩水力压裂多裂缝扩展计算机程序,模拟得到不同裂缝间距、水平地应力差、页岩各向异性程度等条件下的多裂缝扩展规律,并且通过水力裂缝动态扩展产生的局部地应力场变化,解释多裂缝扩展中裂缝扩展行为。

一、页岩水平井压裂裂缝扩展行为特征

砂岩储层是均质各向同性储层的代表,而页岩储层则是各向异性储层的代表,对比二者的水平井多级压裂裂缝扩展行为,有助于认识页岩各向异性对裂缝扩展行为的影响。

（一）模型基础数据

模型参数包括岩石力学参数与水力压裂参数两大部分,其中岩石力学参数包括反映材料各向异性的弹性模量、泊松比、断裂韧性等,水力压裂参数包括压裂排量、压裂液动力黏度、注液点坐标、初始裂缝长度及方位等。

页岩弹性模量与泊松比取值分别为 $E_1 = 30\text{GPa}$, $E_2 = 25\text{GPa}$, $\nu_{12} = 0.20$, $\nu_{21} = 0.22$, $\nu_{23} = 0.15$, $\nu_{32} = 0.18$, $\nu_{13} = 0.25$, $\nu_{31} = 0.28$, 此处参数均是平面应力状态下的取值,平面应变状态下的取值需通过式转换得到。其他模型参数如表 3.5 所示,这些参数取值作为基准值,在参数敏感性分析时,参数取值将在基准数据基础上合理浮动。

表 3.5　水平井压裂裂缝扩展模型基本参数

物理量	取值	单位	说明
压裂液动力黏度	1	mPa·s	模拟清水
最大水平主应力	40	MPa	—
最小水平主应力	30	MPa	—
压裂裂缝间距	50	m	—
初始裂缝半长	10	m	—
初始裂缝方位	0	(°)	垂直最小水平主应力
地层压力	15	MPa	—

（二）裂缝扩展路径对比

水平井多级压裂是依次压裂形成水力裂缝,已形成的水力裂缝内压力与地层压力相平衡。已形成的水力裂缝产生的局部应力场会对后续正在压裂的裂缝扩展路径产生影响,这种现象被称为"缝间应力干扰"。在暂不考虑天然裂缝存在的条件下,分别针对页岩储层和砂岩储层($E = 30\text{GPa}$, $\nu = 0.20$),模拟一口水平井实施五段压裂的裂缝扩展过程,结果如图 3.44 所示。

由图 3.44 可知,无论是砂岩储层还是页岩储层,除第一条裂缝外,其余后续形成的裂缝均形成了"锅底"状的弯曲裂缝,这种现象正是缝间应力干扰的结果。因此可得,缝间应力干扰无论是对均质各向同性的砂岩储层还是对各向异性的页岩储层的裂缝扩展均产生了显著影响,是不可忽略的因素之一。

为了定量对比两种储层裂缝扩展的差异性,如图 3.45 所示,以裂缝在 X 轴方向上弯曲的最大距离作为弯曲程度的度量,并定义该距离为"裂缝弯曲量"。结果用直方图 3.46 表示,图中数据是裂缝两个缝尖的裂缝弯曲量的平均值。可以发现,只有当各向异性的弹性模量之比较大时,页岩的裂缝扩展弯曲量相比砂岩的裂缝弯曲量有显著差别;然而,对于各向异性弹性模量为 1.5:1.0 和 1.2:1.0 的条件,页岩与砂岩的裂缝扩展弯曲量差异性并不明显。

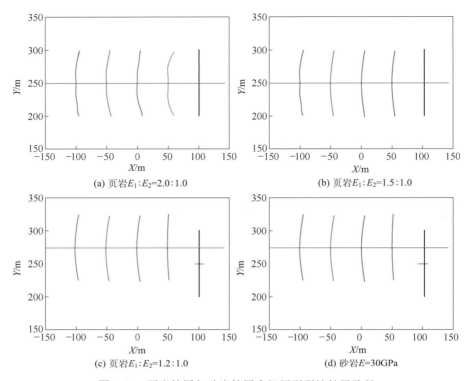

图 3.44　页岩储层与砂岩储层多级压裂裂缝扩展路径

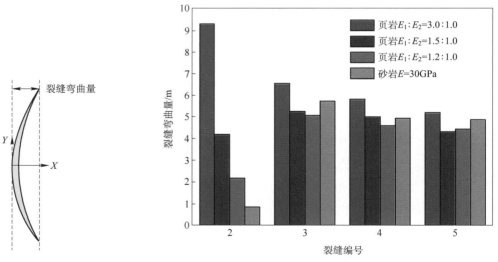

图 3.45　裂缝弯曲量定义示意图　　图 3.46　页岩储层与砂岩储层裂缝弯曲量对比直方图

（三）裂缝扩展缝间应力干扰特征

缝间应力干扰是由缝内流体压力在裂缝周围形成局部应力场所引起的。局部应力场

的特点是应力值大小及应力方向相比于原始地应力场的大小与方向均发生了改变。如图
3.47 所示,原始最大水平主应力方向为水平方向,然而水力压裂裂缝周围的局部最大水
平主应力方向相比于原始最大水平主应力方向逆时针偏转了角度 β,将此偏转角 β 定义
为原始地应力场偏转角。局部应力场方向的改变是引起裂缝扩展方向发生局部变化的内
因,本节通过计算求解域各个节点的应力方向,绘制成地应力方向云图,解释上述"锅底"
状裂缝形成的原因。

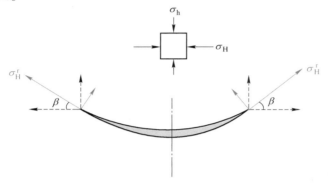

图 3.47　裂缝周围局部应力场水平最大主应力偏转角示意图

σ_H^r 为局部最大水平主应力

图 3.48 为第 4 号水力裂缝扩展过程中原始地应力场偏转角云图,可以看出,前 3 条

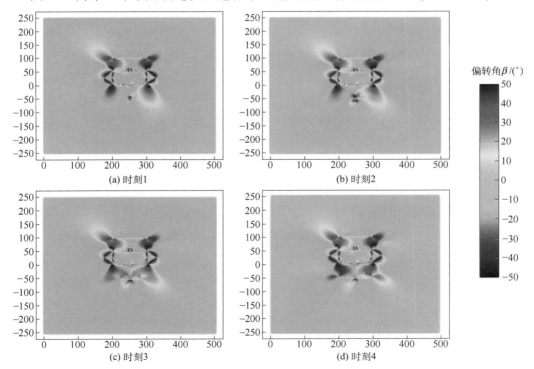

图 3.48　第 4 号裂缝扩展中原始地应力场偏转角变化云图

已压裂形成的裂缝周围形成了与原始地应力方向显著不同的局部地应力场,在裂缝尖端局部地应力方向变化相比裂缝面周围变化更加明显。第 3 号裂缝左侧缝尖局部应力场的最大水平主应力顺时针偏转角度 10°~40°,然而,右侧缝尖局部应力场的最大水平主应力则是逆时针偏转角度 10°~40°,该处局部应力场会对第 4 号裂缝的扩展产生影响。

第 4 号裂缝扩展初期所在位置未进入前 3 条裂缝形成的局部应力场影响范围内,与此同时,第 4 号裂缝周围也形成了局部地应力场,随着第 4 号裂缝扩展,逐渐进入前 3 条裂缝的局部应力场的影响范围内,此时应力场方向随着时间显著变化。因此,第 4 号裂缝发生弯曲是受到前 3 条裂缝形成的局部应力场影响的结果。

图 3.49 为第 4 号裂缝在不同裂缝间距条件下扩展至第 7 个时间步时应力场方向云图。可以看出,随着裂缝间距的减小,第 4 号裂缝受到前 3 条已压开裂缝形成的局部应力场的影响逐渐增强,这正是裂缝弯曲量随着裂缝间距的减小而增大的原因所在。

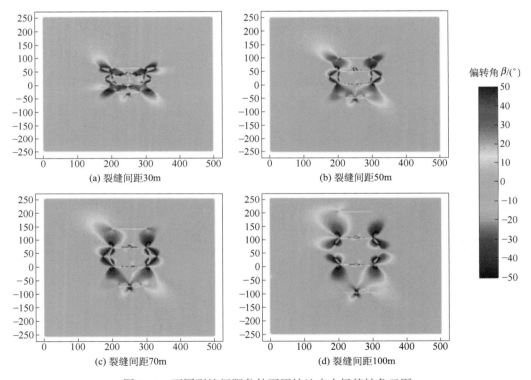

图 3.49　不同裂缝间距条件下原始地应力场偏转角云图

二、裂缝扩展行为的主控因素分析

水平井多级压裂裂缝在局部应力场作用下发生弯曲,裂缝弯曲程度会影响水力压裂效果。相比平直裂缝,弯曲裂缝具有更大面积的裂缝面,这会增大泄油面积,有利于油气产出。然而,如果裂缝弯曲曲率过大,就会增加压裂施工砂堵的风险。因此,有必要分析影响裂缝弯曲扩展的规律,分析裂缝间距、水平主应力差等因素的裂缝弯曲量变化规律。

（一）裂缝间距影响

裂缝间距是指水平井多级压裂水力裂缝之间的距离。计算了裂缝间距在 30m、50m、70m、100m 四种条件下裂缝扩展路径,结果如图 3.50 所示。可以看出,这四种裂缝间距条件下的裂缝扩展均发生了转向,但是裂缝弯曲量明显不同。

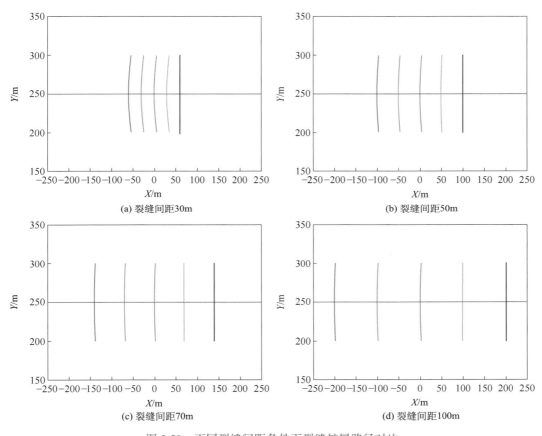

(a) 裂缝间距30m   (b) 裂缝间距50m

(c) 裂缝间距70m   (d) 裂缝间距100m

图 3.50 不同裂缝间距条件下裂缝扩展路径对比

图 3.51 对比了不同裂缝间距条件下每条裂缝的裂缝弯曲量。由图 3.51 可知,对于特定裂缝,裂缝弯曲量随着裂缝间距的减小而增大;对于特定的裂缝间距,第 2~5 号裂缝的裂缝弯曲量均不相同,其中,当裂缝间距为 30m 和 50m 时,第 3 号裂缝的裂缝弯曲量达到最大,然而,当裂缝间距为 70m 和 100m 时,第 2 号裂缝的裂缝弯曲量不足 0.5m,且第3~5号裂缝的裂缝弯曲量基本不变。

（二）水平主应力差影响

图 3.52 为不同水平主应力差条件下裂缝扩展路径对比,可以看出,四种不同水平主应力差条件下裂缝均发生了不同程度的转向。如图 3.53 所示,对比裂缝弯曲量发现,裂缝弯曲量随着水平主应力差的增大而减小,其原因是水平主应力差越大,裂缝在相互垂直

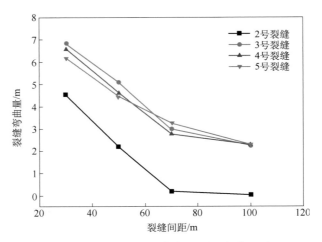

图 3.51　不同裂缝间距条件下裂缝弯曲量对比

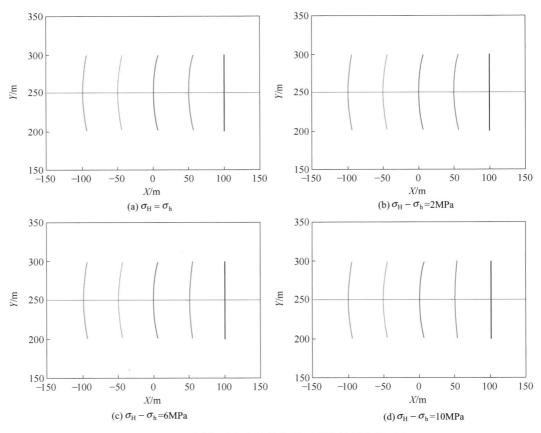

图 3.52　不同水平主应力差条件下裂缝扩展路径对比

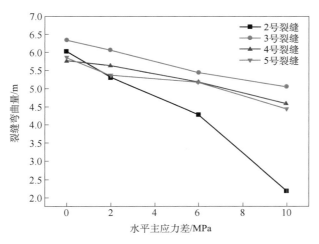

图 3.53　不同水平主应力差条件下裂缝弯曲量对比

的两个水平主应力方向上的能量释放率的差异性也越大,裂缝趋向于向垂直于最小主应力方向扩展。此外,第 2 号裂缝的裂缝弯曲量在水平主应力差 2~10MPa 条件下均小于第 3~5 号裂缝的裂缝弯曲量。

第五节　本章小结

本章基于应力叠加原理,建立了 Ⅰ-Ⅱ 型复合水力裂缝的诱导应力扰动模型和水平井多级压裂缝间最大诱导应力差模型,推导得到了以诱导应力差最大为目标的最优缝间距表达式;建立了考虑缝尖塑性变形的压裂裂缝起裂力学模型和考虑正交各向异性的页岩水力压裂多裂缝扩展数学模型,并数值模拟了页岩水平井多级压裂多裂缝扩展过程,得到如下主要结论:

(1)压裂裂缝诱导应力范围受到缝内水压力、裂缝倾角、地应力等参数影响,沿裂缝呈对称分布。水平井多级压裂缝间应力干扰使得局部地应力差改变,有利于裂缝发生转向,提高油藏接触面积。

(2)裂缝尖端的塑性区域半径和应力强度因子存在二次方关系,在不同倾斜角度下,水力裂缝的塑性区域包络线所包含的区域发生改变。当裂缝和最大水平主应力倾角为 0° 和 90° 时,起裂方向和裂缝平行,塑性核沿缝长方向对称分布;当裂缝与最大水平主应力倾角为 30° 和 60° 时,延伸方向与裂缝呈一定的角度,塑性核不沿裂缝方向对称分布。

(3)缝间应力干扰对各向异性的页岩储层裂缝扩展影响不可忽略。水力裂缝周围的局部地应力方向随着水力裂缝的扩展动态变化,裂缝尖端周围的局部地应力方向变化更为明显,后续水力裂缝受局部地应力的影响会发生裂缝转向。

参 考 文 献

[1]Chai H B, Cao P, Zhao Y L, et al. Implementation and application of constitutive model for damage

evolution of fractured rock mass. Chinese Journal of Geotechnical Engineering, 2010, 32(7): 1047-1053.

[2] 杨慧, 江学良, 曹平. 渗透水压下岩体多裂纹相互作用的计算. 土木建筑与环境工程, 2011, 33(6):19-24.

[3] 赵延林, 王卫军, 黄永恒, 等. 裂隙岩体渗流-损伤-断裂耦合分析与工程应用. 岩土工程学报, 2010, 32(1):24-32.

[4] Khan S, Khraisheh M K. A new criterion for mixed mode fracture initiation based on the crack tip plastic core region. International Journal of Plasticity, 2004, 20(1): 55-84.

[5] Green A, Sneddon I. The distribution of stress in theneighbourhood of a flat elliptical crack in an elastic solid. Mathematical Proceedings of the Cambridge Philosophical Society, 1950, 14(6): 159-163.

[6] McNeil F, van Gijtenbeek K, van Domelen M. New hydraulic fracturing process enables far-field diversion in unconventional reservoirs//SPE European Unconventional Resources Conference and Exhibition, Vienna, 2012.

[7] Zhou J, Chen M, Jin Y, et al. Analysis of fracture propagation behavior and fracture geometry using a tri-axial fracturing system in naturally fractured reservoirs. International Journal of Rock Mechanics and Mining Sciences, 2008, 45(7): 1143-1152.

[8] 蒋廷学. 页岩油气水平井压裂裂缝复杂性指数研究及应用展望. 石油钻探技术, 2013, 41(2): 7-12.

[9] 钟森. SF 气田水平井分段压裂关键参数优化设计. 断块油气田, 2013, 4: 525-529.

[10] Erdogan F, Sih G. On the crack extension in plates under plane loading and transverse shear. Journal of Basic Engineering, 1963, 85(4): 519-525.

[11] Palaniswamy K, Knauss W. On the problem of crack extension in brittle solids under general loading. Mechanics Today, 1978, 4(30): 87-98.

[12] Sih G C. Some Basic problems in fracture mechanics and new concepts. Engineering Fracture Mechanics, 1973, 5(2): 365-377.

[13] Sih G C. Strain-energy-density factor applied to mixed mode crack problems. International Journal of Fracture, 1974, 10(3): 305-321.

[14] Sih G C. A special theory of crack propagation//Mechanics of Fracture Initiation and Propagation. Engineering Applications of Fracture Mechanics, Dordrecht: Springer, 1991.

[15] Khan S, Khraisheh M K. Analysis of mixed mode crack initiation angles under various loading conditions. Engineering Fracture Mechanics, 2000, 67(5): 397-419.

[16] Maiti S, Smith R. Comparison of the criteria for mixed mode brittle fracture based on the preinstability stress-strain field part I: Slit and elliptical cracks under uniaxial tensile loading. International Journal of Fracture, 1983, 23(4): 281-295.

[17] 孙志宇, 刘长印, 苏建政, 等. 射孔水平井爆燃气体压裂裂缝起裂研究. 石油天然气学报, 2010, 32(04): 124-129.

[18] 艾池, 赵万春, 郭伯云. 重复压裂裂缝起裂角模型研究. 石油钻采工艺, 2009, 31(4): 89-93.

[19] 许建国, 刘振东, 董玉霞, 等. 压裂水平井人工裂缝起裂规律与施工对策. 钻采工艺, 2009, 32(4): 36-48.

[20] Theocaris P, Kardomateas G, Andrianopoulos N. Experimental study of the criterion in ductile fractures. Engineering Fracture Mechanics, 1983, 17(5): 439-447.

[21] Theocaris P, Andrianopoulos N. The mises elastic-plastic boundary as the core region in fracture criteria. Engineering Fracture Mechanics, 1982, 16(3): 425-432.

[22] 丁文龙, 许长春, 久凯, 等. 泥页岩裂缝研究进展. 地球科学进展, 2011, 26(2): 135-144.

[23] 谭继锦. 正交各向异性材料应力应变关系的表述形式. 力学与实践, 1991, 13(2): 64-65.

[24] Stolarska M, Chopp D, Moës N, et al. Modelling crack growth by level sets in the extended finite element method. International Journal for Numerical Methods in Engineering, 2001, 51(8): 943-960.

[25] Moës N, Dolbow J, Belytschko T. A finite element method for crack growth without remeshing. International Journal for Numerical Methods in Engineering, 1999, 46(1): 131-150.

[26] Gordeliy E, Peirce A. Enrichment strategies and convergence properties of the XFEM for hydraulic fracture problems. Computer Methods in Applied Mechanics & Engineering, 2015, 283: 474-502.

[27] Daux C, Moes N, Dolbow J, et al. Arbitrary branched and intersecting cracks with the extended finite element method. International Journal for Numerical Methods in Engineering, 2000, 48: 1741-1760.

[28] Wang S, Yau J, Corten H. A Mixed-mode crack analysis of rectilinear anisotropic solids using conservation laws of elasticity. International Journal of Fracture, 1980, 16(3): 247-259.

[29] Rice J R. Mathematical analysis in the mechanics of fracture. Mathematical Fundamentals, 1968, 2(2B): 191-311.

[30] Cho Y, Beom H, Earmme Y. Application of a conservation integral to an interface crack interacting with singularities. International Journal of Fracture, 1994, 65(1): 63-73.

[31] 陶文拴. 数值传热学. 西安: 西安交通大学出版社, 2001.

[32] Adachi J, Siebrits E, Peirce A, et al. Computer simulation of hydraulic fractures. International Journal of Rock Mechanics and Mining Sciences, 2007, 44(5): 739-757.

第四章 基质孔-人工缝耦合的非常规页岩气产能模型

第一节 基质孔-人工缝分形分布的页岩气压裂产能模型

页岩储层基质包括有机质和无机质,两种基质的孔隙尺度和气体传输机理均有差异。基质的渗透率极低,一般在纳达西尺度。储层中发育着大量的天然微裂缝,原始地层条件下天然裂缝是闭合的。经过大型水力压裂后,原先闭合的天然裂缝重新张开,与人工裂缝沟通形成复杂缝网,从而获得经济产量(图 4.1)。本章综合考虑有机质、无机质、天然裂缝和人工裂缝,建立页岩储层多级压裂分形产能预测模型。

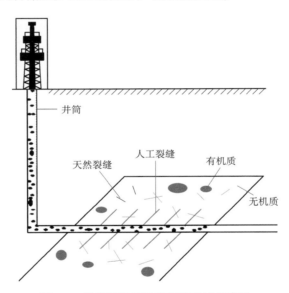

图 4.1 页岩储层基质和裂缝系统示意图

一、模型建立及验证

如图 4.2 所示,本节模拟封闭气藏内的一口压裂水平井,水平井周围形成对称分布的双翼裂缝,且人工裂缝垂直于井筒。模型的基本假设包括:①气体仅包含单组分的甲烷气;②吸附气体的吸附-解吸附作用满足朗缪尔等温吸附定律;③有机质中游离气和吸附气共存,无机质、天然裂缝和人工裂缝中仅存在游离气;④气体流动路径为从有机质流入无机质,再从无机质流入天然裂缝,最后流入人工裂缝和井筒;⑤储层较薄,不考虑重力影响;⑥储层温度恒定;⑦水平井定压生产,基质仅仅向天然裂缝供气;⑧不考虑地质力学的影响和裂缝间的相互干扰。

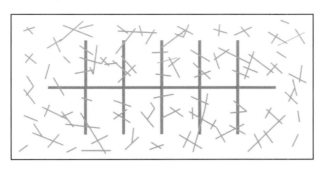

图 4.2 分段压裂水平井示意图

黑色代表井筒,红色代表人工裂缝,绿色代表天然裂缝

由于有机质块体的尺寸比无机质块体小很多[1],与储层尺度相比,单个有机质块体尺寸更是微乎其微。利用离散的方法表征有机质和无机质在储层中的分布是很困难的,同时数值计算的计算量也非常大。所以,本节拟采用连续介质的方法表征有机质/无机质内气体的流动(图 4.3),结合离散裂缝模型,建立气藏产能计算模型。

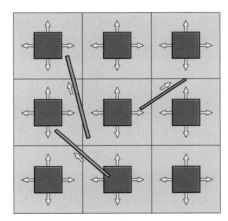

图 4.3 基质连续表征方法

棕色代表有机质,灰色代表无机质,绿色代表天然裂缝

(一)基质系统

页岩基质由有机质和无机质两部分组成。有机质、无机质孔隙直径相差一到两个数量级,并且各自的孔径分布均具有分形特征。另外,气体在两种孔隙内的赋存和流动方式也存在差异。所以,预测页岩气藏产能时要将两者分开考虑。

气体在有机质孔隙系统中的流动机理包括对流流动、体扩散、克努森扩散、表面扩散和吸附–解吸附等。根据质量守恒原理,有机质系统的连续方程可表示为

$$\frac{\partial (m_{om})}{\partial t} + \nabla \cdot \left(- \rho_{om} \frac{k_{app,om}}{\eta_{om}} \nabla p_{om} \right) = - W_{om} \tag{4.1}$$

式中, m_{om} 为有机质内现有的游离气和吸附气总量; ρ_{om} 为有机质孔隙中的真实气体密度, 可由实际气体状态方程求得; $k_{app,om}$ 为有机质的分形表观渗透率; η_{om} 为气体黏度; ∇p_{om} 为有机质系统压力差; W_{om} 为有机质和无机质之间的传输项, 前面的负号表示气体是由有机质向无机质中流动。

游离气与吸附气总量 m_{om} 可表示为

$$m_{om} = \varepsilon_{kp} \phi \rho_{om} + \varepsilon_{ks} (1 - \phi - \phi_f) q_a \tag{4.2}$$

式中, ϕ 为孔隙度; ϕ_f 为裂缝孔隙度; ε_{ks} 为有机质颗粒体积占岩心总颗粒体积的百分比; ε_{kp} 为有机质孔隙体积占基质内总孔隙体积的百分比; q_a 为单位体积的有机质中吸附气的总质量。

有机质孔隙度 ϕ_{om} 和无机质孔隙度 ϕ_{in} 分别表示为

$$\phi_{om} = \varepsilon_{kp} \phi, \qquad \phi_{in} = (1 - \varepsilon_{kp}) \phi \tag{4.3}$$

q_a 为可以由朗缪尔体积 V_L 推导得到[2]:

$$q_a = \frac{\rho_s \rho_{gstd}}{\varepsilon_{ks}} V_L \frac{p_{om}}{Z p_L + p_{om}} \tag{4.4}$$

式中, ρ_s 为岩心密度; ρ_{gstd} 为标况下 (273.15K, 101.325kPa) 气体的密度。

本书给出了有机质中考虑对流、扩散等传输机理的分形表观渗透率表达式。则 $k_{app,om}$ 可以表示为

$$
\begin{aligned}
k_{app,om} ={}& \frac{\varepsilon_{kp} \phi \gamma^2 L_0^{1-D_{T,om}}}{32} \frac{D_{max,om}^{1+D_{T,om}} (2 - D_{f,om})}{3 + D_{T,om} - D_{f,om}} \frac{1 - (D_{min,om}/D_{max,om})^{3+D_{T,om}-D_{f,om}}}{1 - (D_{min,om}/D_{max,om})^{2-D_{f,om}}} \\
&+ \frac{\varepsilon_{kp} \phi \gamma \eta_r L_0^{1-D_T}}{3p} \sqrt{\frac{8ZRT}{\pi M}} D_{max,om}^{D_{f,om}-2} \frac{2 - D_{f,om}}{1 - (D_{min,om}/D_{max,om})^{2-D_{f,om}}} \left(1 - \frac{p}{2Z} \frac{\partial Z}{\partial p} \right) \Omega \\
&+ 4\varepsilon_{ks} (1 - \phi) D_{s,0} \frac{\eta_r RT}{\gamma^2 p} C_{amax} L_0^{1-D_T} \frac{2 - D_{f,om}}{D_{max,om}^2 [1 - (D_{min,om}/D_{max,om})^{2-D_{f,om}}]} \\
&\left(\frac{Z}{Z p_L + p} - \frac{p}{Z p_L + p} \frac{\partial Z}{\partial p} \right) \left[\frac{\gamma b}{D_{T,om} - D_{f,om}} (D_{max,om}^{D_{T,om}} - D_{max,om}^{D_{f,om}} D_{min,om}^{D_{T,om}-D_{f,om}}) \right. \\
&\left. - \frac{b^2}{D_{T,om} - D_{f,om} - 1} (D_{max,om}^{D_{T,om}-1} - D_{max,om}^{D_{f,om}} D_{min,om}^{D_{T,om}-D_{f,om}-1}) \right]
\end{aligned} \tag{4.5}
$$

式中, Ω 和 b 表达式如下:

$$\Omega = \frac{D_{max,om}}{2} \int_{-1}^{1} f \left(\frac{D_{max,om}}{2} t + \frac{D_{max,om}}{2} \right) dt$$

$$= \frac{D_{max,om}}{2} \int_{-1}^{1} \frac{Kn_r^2 + \frac{\gamma Kn_r D_{max,om}}{2} (t + 1)}{Kn_r^2 + \frac{D_{max,om}^2 \gamma^2}{4} (t + 1)^2} \left[\frac{D_{max,om}}{2} (t + 1) \right]^{-D_f + D_T + 1} dt$$

$$= \frac{D_{\max,om}}{2} \left\{ \frac{5}{9} \frac{Kn_r^2 + \dfrac{\gamma Kn_r D_{\max,om}}{2}\left(-\dfrac{\sqrt{15}}{5}+1\right)}{Kn_r^2 + \dfrac{D_{\max,om}^2 \gamma^2}{4}\left(-\dfrac{\sqrt{15}}{5}+1\right)^2} \left[\frac{D_{\max,om}}{2}\left(-\frac{\sqrt{15}}{5}+1\right) \right]^{-D_f+D_T+1} \right.$$

$$+ \frac{8}{9} \frac{Kn_r^2 + \dfrac{\gamma Kn_r D_{\max,om}}{2}}{Kn_r^2 + \dfrac{D_{\max,om}^2 \gamma^2}{4}} \left(\frac{D_{\max,om}}{2} \right)^{-D_f+D_T+1}$$

$$+ \frac{5}{9} \frac{Kn_r^2 + \dfrac{\gamma Kn_r D_{\max,om}}{2}\left(\dfrac{\sqrt{15}}{5}+1\right)}{Kn_r^2 + \dfrac{D_{\max,om}^2 \gamma^2}{4}\left(\dfrac{\sqrt{15}}{5}+1\right)^2} \left. \left[\frac{D_{\max,om}}{2}\left(\frac{\sqrt{15}}{5}+1\right) \right]^{-D_f+D_T+1} \right\} \tag{4.6}$$

式(4.5)和式(4.6)中,γ 为无量纲形状修正因子;L_0 为弯曲毛细管沿着流动方向的直线长度;D_T 为迂曲度分形维数;D_f 为基质孔隙系统的分形维数;$D_{\max,om}$ 和 $D_{\min,om}$ 分别为有机质孔隙系统的最大孔径和最小孔径;Kn_r 为不同形状的孔隙的克努森数;η_r 为真实气体黏度;字母变量的下角 om 和 in 分别代表有机质系统和无机质系统。

$$b = D_m \theta \tag{4.7}$$

有机质与无机质的渗透率相差不大(多数情况下相差一个数量级),并且无机质间距与裂缝间距相比很小,所以从有机质到无机质的流动很快会达到拟稳态。本章拟采用 Warren-Root PSS 模型,求得有机质与无机质之间的传输项 W_{om} 表达式如下:

$$W_{om} = \frac{MZRTc_{om}k_{app,om}\sigma_{pss}(c_{om}-c_{in})}{\eta} \tag{4.8}$$

式中,c_{om} 为单位体积有机质孔隙中的游离气摩尔数;c_{in} 为单位体积无机质孔隙中的游离气摩尔数。c_{om} 和 c_{in} 可由式(4.9)得到:

$$c_{om} = \frac{p_{om}}{ZRT}, \qquad c_{in} = \frac{p_{in}}{ZRT} \tag{4.9}$$

σ_{pss} 为拟稳态形状因子,它反映了有机质的形状,可利用式(4.10)求得[3]:

$$\sigma_{pss} = 4\left(\frac{1}{L_{mx}^2} + \frac{1}{L_{my}^2} \right) \tag{4.10}$$

其中,L_{mx} 和 L_{my} 分别为 x 轴和 y 轴方向的无机质单元间距。

无机质孔隙内仅存在游离气,同时有机质内的气体会流入无机质内。无机质系统的连续方程表示为

$$\frac{\partial m_{in}}{\partial t} + \nabla \cdot \left(-\rho_{in} \frac{k_{app,in}}{\eta_{in}} \nabla p_{in} \right) = W_{om} \tag{4.11}$$

式中,m_{in} 为无机质孔隙中的游离气含量,可表示为

$$m_{in} = (1 - \varepsilon_{kp})\phi\rho_{in} \tag{4.12}$$

$k_{app,in}$ 为无机质的分形表观渗透率,可表示为

$$k_{app,in} = \frac{(1-\varepsilon_{kp})\phi\gamma^2 L_0^{1-D_{T,in}}}{32} \frac{D_{max,in}^{1+D_{T,in}}(2-D_{f,in})}{3+D_{T,in}-D_{f,in}} \frac{1-(D_{min,in}/D_{max,in})^{3+D_{T,in}-D_{f,in}}}{1-(D_{min,in}/D_{max,in})^{2-D_{f,in}}}$$

$$+ \frac{(1-\varepsilon_{kp})\phi\gamma\eta_r L_0^{1-D_T}}{3p}\sqrt{\frac{8ZRT}{\pi M}}D_{max,in}^{D_{f,in}-2}\frac{2-D_{f,in}}{1-(D_{min,in}/D_{max,in})^{2-D_{f,in}}}\left(1-\frac{p}{2Z}\frac{\partial Z}{\partial p}\right)\Omega$$

$$(4.13)$$

(二)离散裂缝模型

页岩气藏中发育有大量微裂缝,原始状态下呈闭合状态。经过大型水力压裂后,这些微裂缝重新张开,与人工裂缝交错形成复杂缝网,有利于页岩气的开发。因此,页岩气藏中天然裂缝的描述对气体的流动模拟和产能预测起到至关重要的作用。

目前,用于描述裂缝性油气藏的数值模型主要有 Warren-Root 等效连续模型和离散裂缝模型(discrete frature model)(图 4.4)。等效连续模型假设裂缝均匀分布于基质中,是对真实地层的高度简化,该方法很难描述裂缝的非均质性。与连续介质模型相比,离散裂缝模型更接近实际的裂缝形态和分布,可以描述储层中裂缝的非均质分布,因此本节采用离散裂缝模型对页岩气藏的天然裂缝进行描述。

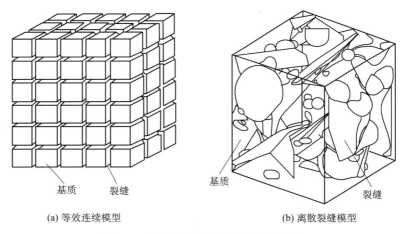

(a) 等效连续模型　　　　　　　　　(b) 离散裂缝模型

图 4.4　描述裂缝型油气藏的两种模型

岩石力学中通常用光滑平板模型来描述裂缝,裂缝中的流体流动可以用经典 N-S 方程表征,用来表示裂缝等效渗透率的立方定律即由此得来。此时沿裂缝开度方向的流动物理量均为常数,所以可以对裂缝进行降维处理,将其视为基质的内边界,并且假设裂缝中仅存在平行于裂缝面方向的流动,缝宽方向的流动忽略不计。对二维模型,本节采用三角形网格剖分研究区域,裂缝降维到一维线单元;对三维模型,可采用四面体进行网格剖分,裂缝降维到二维面单元(图 4.5)。裂缝经过降维处理后,成为储层基质的流动边界,裂缝中的流动压力与基质边界处的压力相等。由于裂缝形态的复杂性,划分网格时需采用非结构化网格与网格加密技术。

气体在天然裂缝和人工裂缝中的流动满足达西定律。对于二维的研究对象,缝内流

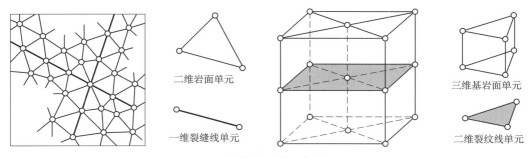

图 4.5 离散裂缝模型降维处理

动是一维的,达西流动表达式为

$$q_f = -\frac{k_f}{\eta} L_f \nabla_T p_f \tag{4.14}$$

式中,q_f为单位长度的裂缝中气体体积流量;k_f为裂缝渗透率;L_f为裂缝宽度;$\nabla_T p_f$为裂缝切向的压力梯度,则缝内流体流动的连续方程为

$$L_f \frac{\partial(\phi_f \rho_f)}{\partial t} + \nabla_T \cdot (\rho_f q_f) = 0 \tag{4.15}$$

式中,ρ_f为缝内气体密度。

(三)水平井产能预测模型建立

如图 4.6 所示,为了减少计算量,以水平井筒为对称线,只研究整个储层的一半。压裂后的水力裂缝为双翼裂缝,且沿水平井筒方向均匀分布。储层中存在大量天然裂缝(假设 300 条),长度满足正态分布(1~40m),方向和位置均为随机分布。基质中包含有机质和无机质,两者孔径分布均满足分形分布。有机质单元内部孔径满足分形分布,有机质单元之间最大孔径和最小孔径设置为定值;无机质单元内部孔径满足分形分布,单元之

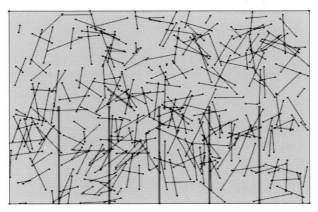

图 4.6 页岩气水平井多段压裂储层模型
蓝色线段代表人工裂缝,黑色线段代表天然裂缝

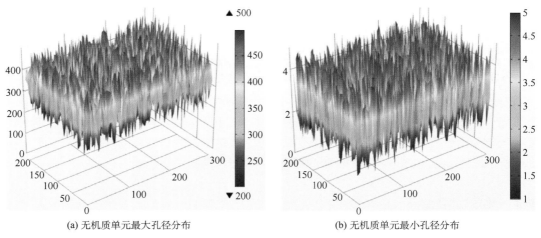

(a) 无机质单元最大孔径分布   (b) 无机质单元最小孔径分布

图 4.7　无机质单元间最大、最小孔径分布(孔径单位:nm)

间最大孔径和最小孔径满足正态分布(图 4.7)。本章选用非结构化三角形网格,并在裂缝周围进行加密。

假设储层初始压力为 p_i,则模型初始条件为

$$p_{om}(x,y,t)\big|_{t=0} = p_{in}(x,y,t)\big|_{t=0} = p_f(x,y,t)\big|_{t=0} = p_i \tag{4.16}$$

用 Γ_1 代表井筒内边界,Γ_2 代表外边界。水平井定压生产,井底压力为 p_w,外边界均为封闭边界,则边界条件为

$$p_f(x,y,t)\big|_{\Gamma_1} = p_w$$

$$\frac{\partial p_{om}}{\partial n}\bigg|_{\Gamma_0} = 0 , \quad \frac{\partial p_{in}}{\partial n}\bigg|_{\Gamma_0} = 0 , \quad \frac{\partial p_f}{\partial n}\bigg|_{\Gamma_0} = 0 \tag{4.17}$$

模型采用 COMSOL 有限元软件求解。离散天然裂缝分布先在 Matlab 中编程完成,再利用 COMSOL with Matlab 将离散裂缝导入 COMSOL 中。无机质单元孔径分布同样先在 Matlab 中编程得到,再导入 COMSOL 软件中。

模型中的基本参数如表 4.1 所示。

表 4.1　模型基本参数

参数	值	单位
储层尺度	300×200×30	m×m×m
有机质孔隙体积/基质总孔隙体积	0.5	无量纲
有机质颗粒体积/岩心总颗粒体积	0.01	无量纲
基质总孔隙度	0.05	无量纲
裂缝孔隙度	0.001	无量纲
普适气体常量	8.314	J/(mol·K)
温度	423	K

续表

参数	值	单位
零载荷下的表面扩散系数 $D_{s,0}$	1×10^{-7}	m^2/s
x 轴方向无机质单元间距	1×10^{-4}	m
y 轴方向无机质单元间距	1×10^{-4}	m
原始地层压力	15	MPa
井底压力	3.45	MPa
岩心颗粒密度	2600	kg/m^3
朗缪尔压力	10	MPa
朗缪尔体积	3.12×10^{-3}	m^3/kg
标况下气体摩尔体积	0.0224	m^3/mol
天然裂缝渗透率	0.1	D
人工裂缝渗透率	1	D
天然裂缝宽度	0.5	mm
人工裂缝宽度	3	mm
天然裂缝数量	300	无量纲
甲烷黏度($p=0.1MPa,T=423K$)	1.49×10^{-5}	Pa·s
甲烷摩尔质量	0.016	kg/mol
有机质/无机质单元长度	0.2	mm
有机质最大孔径	50	nm
有机质最小孔径	1	nm
无机质最大孔径	200~500	nm
无机质最小孔径	1~5	nm

(四)模型验证

1.模型稳定性验证

由于模型中天然裂缝的方向和位置是随机的,为了验证模型的可重复性和可靠性,本节在保证天然裂缝数量为300,缝长为正态分布(1~40m),其他模型参数均保持不变的前提下,进行了额外25组产能计算,发现结果最多相差不到8%,说明模型设定的天然裂缝数量足够多,具有可重复性。图4.8、图4.9分别是其中的四组天然裂缝分布图及对应的产量变化图。

2. 产能模型准确性验证

为了验证建立的产能预测模型的准确性,笔者将模型分别应用在 Marcellus 和 Barnett 页岩气藏中的两口井,并进行产量历史拟合(图4.10、图4.11)。模型拟合使用的基本数据均是调研 Marcellus 和 Barnett 页岩气藏相关文献得到[4-8]。

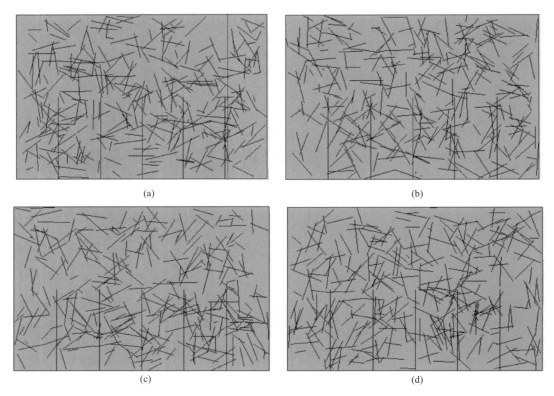

图 4.8　四种天然裂缝分布图

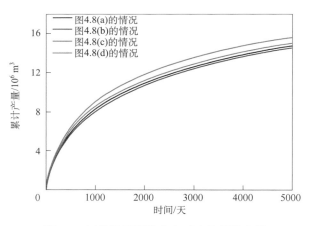

图 4.9　四种天然裂缝分布对应的累计产量

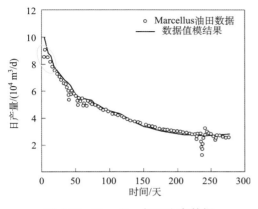

图 4.10 Marcellus 气田生产数据
与模型计算结果对比

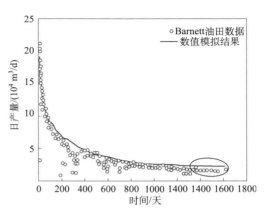

图 4.11 Barnett 气田生产数据
与模型计算结果对比

从图 4.10 和图 4.11 中可知，本节模型求解结果与实际产能数据拟合结果较好，因此本节建立的产能预测模型合理可靠。对于 Marcellus 气藏，早期数值模拟计算结果比实际生产数据略大(黄色框所示)，这可能因为生产早期压裂液返排影响了页岩气生产，生产后期模型模拟结果与实际生产数据拟合程度较好。对于 Barnett 气藏，生产到 1300 天以后，模型计算结果比实际生产数据略大，这可能是因为模型未考虑地质力学作用引起的。由于 Marcellus 气藏生产数据仅有 275 天，地质力学作用影响还不明显，所以生产后期模型计算结果与生产数据一致性较好。

表 4.2 Marcellus 和 Barnett 气藏基本参数

参数	Marcellus 气藏	Barnett 气藏	单位
模型模拟尺度	609.6×152.4×52.7	550×145×90	m×m×m
朗缪尔压力	3×10^{6}	4.48×10^{6}	Pa
朗缪尔体积	2.5×10^{-3}	2.72×10^{-3}	m^{3}/kg
原始地层压力	34.5×10^{6}	20.34×10^{6}	Pa
井底压力	2.4×10^{6}	3.69×10^{6}	Pa
储层温度	352	352	K
气体黏度	2.01×10^{-5}	2.01×10^{-5}	Pa·s
天然裂缝数量	600	600	无量纲
天然裂缝渗透率	50	50	mD
水力裂缝宽度	3	3	mm
水力裂缝渗透率	1	1	D
水力裂缝半长	97.5	47.2	m
水力裂缝数量	14	28	无量纲
孔隙度	0.06	0.06	无量纲

参数	Marcellus 气藏	Barnett 气藏	单位
有机质最大孔径	62	50	nm
有机质最小孔径	1	1.5	nm
无机质最大孔径	300	250	nm
无机质最小孔径	2.5	2	nm

二、基质孔-人工缝分形分布对页岩气压裂产能预测的影响

本节在建立的页岩气藏水平井产能预测模型基础上,研究了不同流动机理随页岩气生产的变化情况及基质孔径分布、天然裂缝参数、人工裂缝参数和吸附现象对产能的影响规律。模型计算基本参数如表 4.3 所示。

表 4.3　产能模型计算基本参数

参数	Marcellus 气藏	单位
模型模拟尺度	300×200×30	m×m×m
朗缪尔压力	10×10^{6}	Pa
朗缪尔体积	3.12×10^{-3}	m^{3}/kg
原始地层压力	15×10^{6}	Pa
井底压力	3×10^{6}	Pa
储层温度	423	K
气体黏度	1.49×10^{-5}	Pa·s
天然裂缝数量	300	无量纲
天然裂缝渗透率	0.1	D
水力裂缝宽度	3	mm
水力裂缝渗透率	1	D
水力裂缝半长	100	m
水力裂缝数量	5	无量纲
孔隙度	0.05	无量纲
有机质最大孔径	50	nm
有机质最小孔径	1	nm
无机质最大孔径	200~500	nm
无机质最小孔径	1~2	nm
表面扩散系数	1×10^{-7}	m^{2}/s
无机质间距	1×10^{-4}	m

(一)流动机理变化

随着页岩气的开发,储层压力逐渐下降,控制气体传输的流动机理也发生变化。图 4.12 为有机质最大孔径 $D_{maxom} = 50nm$、最小孔径 $D_{minom} = 1nm$ 时,某时刻储层有机质/无机质中不同流动机理的表观渗透率占总表观渗透率的比例分布图。由图中可知,随着生产的进行,对流流动对流动的贡献越来越小,体扩散、克努森扩散和表面扩散贡献越来越大。因为页岩气的产出导致储层压力下降,克努森数逐渐增大,所以对流流动所占比例越来越小,体扩散和克努森扩散所占比例越来越大。表面扩散质量流量通量随着压力减小而逐渐增大,所以表面扩散随着页岩气的生产对流动贡献率越来越高。

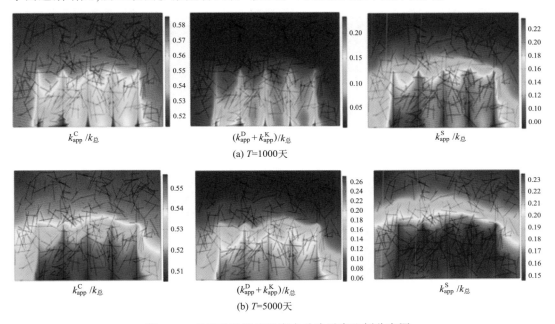

(a) T=1000天

(b) T=5000天

图 4.12 各流动机理渗透率占总渗透率比例分布图

k_{app}^{C} 为对流流动表观渗透率;k_{app}^{K} 为克努森扩散表观渗透率;k_{app}^{S} 为表面扩散表观渗透率;
k_{app}^{D} 为体扩散表观渗透率($D_{maxom} = 50nm$, $D_{minom} = 1nm$)

图 4.13 为不同最大有机质孔径下,生产 1000 天时不同流动机理的表观渗透率占总表观渗透率的比例分布图。由图 4.13 可知,$D_{maxom} = 100nm$ 时,对流对流动的贡献率比 $D_{maxom} = 50nm$ 时要大。体扩散、克努森扩散和表面扩散的贡献率比 $D_{maxom} = 50nm$ 时小。这也是因为孔径增大,克努森数减小,对流在流动中的比例增大,扩散所占比例减小。

图 4.14 为储层中 A、B 两点对应的不同流动机理渗透率占总渗透率的百分比。由图 4.14 可知,对流所占比例随生产的进行逐渐减小,扩散所占比例逐渐增大。相同生产时间下,近井地带的 A 点压力比远井地带的 B 点压力低,克努森数相对较大,对流流动渗透率比例更小,体扩散和克努森扩散渗透率比例更大。较低的压力使表面扩散质量通量更大,导致 A 点表面扩散渗透率比例大于 B 点。

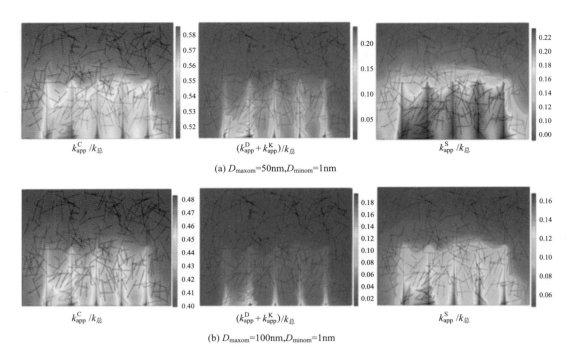

(a) $D_{maxom}=50nm, D_{minom}=1nm$

$k_{app}^{C}/k_{总}$ $(k_{app}^{D}+k_{app}^{K})/k_{总}$ $k_{app}^{S}/k_{总}$

(b) $D_{maxom}=100nm, D_{minom}=1nm$

图 4.13　生产 1000 天时各流动机理渗透率占总渗透率比例分布图

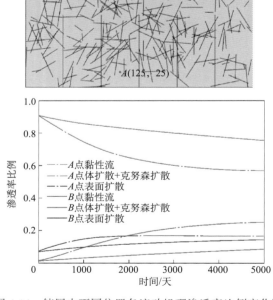

图 4.14　储层中不同位置各流动机理渗透率比例变化图

（二）天然裂缝参数

页岩气藏发育大量的天然裂缝，水力压裂后，闭合的天然裂缝重新张开，对页岩气的生产有关键作用。本节研究了天然裂缝数量、渗透率及层理对产能的影响。

1. 天然裂缝数量

保证天然裂缝渗透率始终为 100mD，设置随机分布的天然裂缝数量分别为 100 条、200 条、300 条、400 条（图 4.15），研究其对产能的影响。图 4.16（a）、（b）分别表示了 0～2000 天和 2000～6000 天时，页岩气日产量随天然裂缝数量的变化情况。由图 4.16（a）可知，0～750 天时，天然裂缝数量越多，页岩气日产量越大。这是因为天然裂缝数量增多，增加了气体向人工裂缝流动的通道，从而提高了产能。生产超过 750 天后，裂缝数量为 300 条时的日产量超过了数量为 400 条时的日产量；生产超过 4000 天后，裂缝数量为 200 条时的日产量最大 [图 4.16（b）]。这是因为前期生产速度较大造成储层能量迅速下降，导致后期生产能力不足。同时，生产 750 天前，四种裂缝数量情况下的日产量相差较大；生产 750 天后，日产量相差较小，这主要是因为页岩气生产前期，大部分产能是裂缝和基质中的游离气贡献的，此时天然裂缝的影响明显；生产后期，以基质内的吸附气渗流作用为主，天然裂缝的影响减弱。

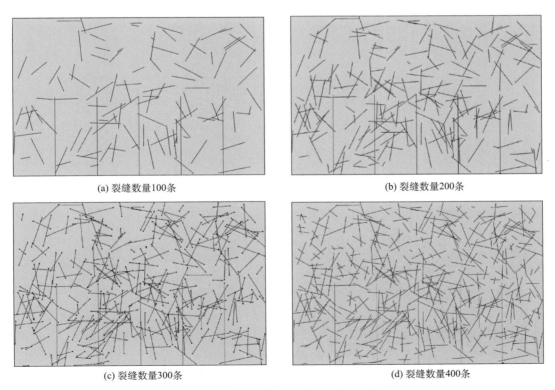

(a) 裂缝数量100条

(b) 裂缝数量200条

(c) 裂缝数量300条

(d) 裂缝数量400条

图 4.15 不同数量天然裂缝的分布情况

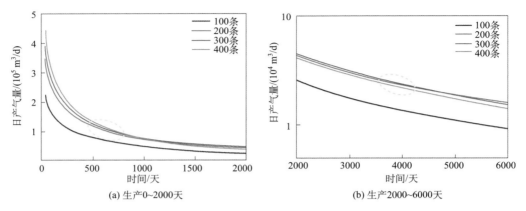

(a) 生产0~2000天　　　　　　　(b) 生产2000~6000天

图 4.16　不同天然裂缝数量下日产气量的变化情况

图 4.17 为不同天然裂缝数量下累计产量的变化情况。由图 4.17 可知,天然裂缝数量越多,累计产量越大。其中裂缝数量为 100 条时,累计产气量比其他三种情况的产气量少得多。这主要是因为裂缝数量为 100 条时,储层改造区域比其他三种情况小,导致产能较小。而裂缝数量等于 200 条、300 条、400 条时,储层改造区域相差不大,产能相差不多(图4.18)。说明气藏内的天然裂缝数量过少时,会大大减少产气量;天然裂缝数量达到一定程度后,即使数量再增加,累计产气量增加效果也不明显。

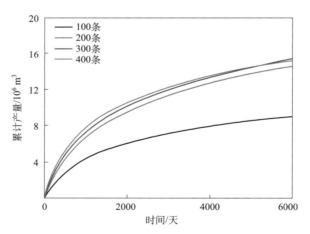

图 4.17　不同天然裂缝数量下累计产量变化情况

2. 天然裂缝渗透率

图 4.19 表示了天然裂缝渗透率对累计产气量的影响。由图 4.19 可知,天然裂缝渗透率对产能影响比较明显。天然裂缝渗透率越大,累计产气量越高。因为渗透率越大,气体在裂缝中的流动阻力越小,从而更易流入人工裂缝和井筒中,累计产量也越高。

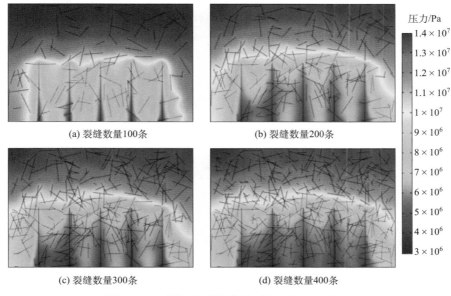

(a) 裂缝数量100条　　　　　　　　　　　　(b) 裂缝数量200条

(c) 裂缝数量300条　　　　　　　　　　　　(d) 裂缝数量400条

图 4.18　不同天然裂缝数量时储层改造示意图

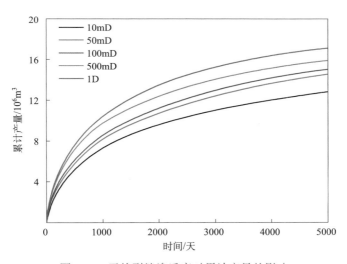

图 4.19　天然裂缝渗透率对累计产量的影响

3. 层理

　　硬脆性页岩储层层理发育完善,对井壁稳定和页岩气的生产有重要影响。本节研究了页岩储层中层理对页岩气产能的影响。一般沿层理方向天然裂缝渗透率比垂直于层理方向的天然裂缝渗透率高一到两个数量级[9]。如图 4.20 所示,假设沿层理方向和沿平行/垂直于层理方向的天然裂缝数量均为 300 条,沿层理方向渗透率为 100mD,垂直于层理方向渗透率为 50mD。两种分布下的累计计产气量如图 4.21 所示,结果表明尽管垂直于层理方向的天然裂缝渗透率比平行于层理方向的渗透率小,但图 4.20(b)所示的情况的累计产量比图 4.20(a)所示的情况还要大。这是因为图 4.20(b)所示的情况中形成了复杂缝网,有利于增大储层产能改造区域。这也证明了复杂缝网的形成确实有利于页岩气开采。另外,生产前期图 4.20(a)、(b)的累计产气量相差较大,生产后期两者相差较小。这是因为前期天然裂缝对产能的影响更大,生产后期基质的影响逐渐增大,天然裂缝对产能的影响变小。

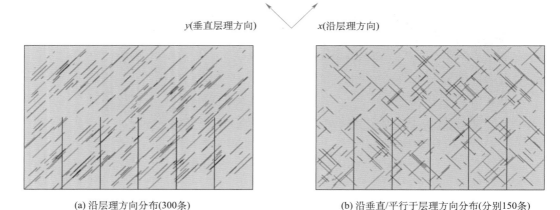

(a) 沿层理方向分布(300条)　　　　　　　(b) 沿垂直/平行于层理方向分布(分别150条)

图 4.20　两种天然裂缝分布图

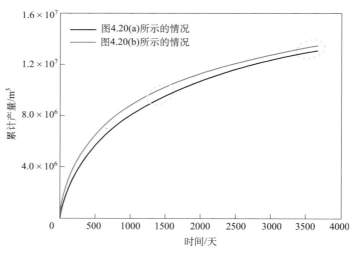

图 4.21　裂缝沿层理方向和沿垂直/平行层理方向分布的累计产量对比

(三)人工裂缝参数

目前,页岩气的商业开发主要依靠大型水力压裂技术,因此人工裂缝对页岩气藏产能影响较大。本书主要研究的人工裂缝参数包括裂缝半长、裂缝宽度、渗透率、裂缝间距和裂缝数量等。

1. 裂缝半长

保持模型中的其他参数不变,仅改变裂缝半长来模拟裂缝长度对页岩气水平井日产量和累计产量的影响。如图 4.22 所示,0~1200 天时,页岩气日产量随着裂缝半长的增加而增大;随着生产的进行,日产量逐渐减小,并且裂缝越长,日产气量衰减率越大,生产到 1200 天之后,裂缝半长 125m 时的日产量超过了裂缝半长为 150m 时的日产量;生产到 3300 天后,裂缝半长为 100m 时的日产量超过了另外四种情况。这是因为当裂缝半长较大时,生产前期日产量较大,地层能量迅速衰减,导致生产后期气藏能量不足,日产量迅速下降。

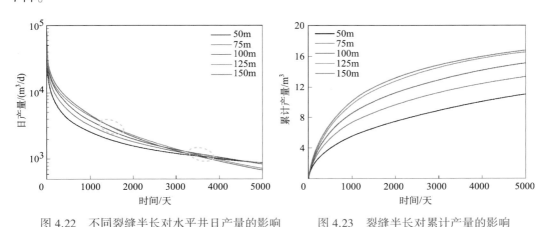

图 4.22　不同裂缝半长对水平井日产量的影响　　　图 4.23　裂缝半长对累计产量的影响

图 4.23 为不同裂缝半长条件下累计产气量对比图。从图 4.23 中可看出,随着裂缝半长增加,累计产气量增大。这是因为裂缝半长增大,压力波及范围增大,泄气体积增加,从而使更多气体流入井筒中。但是,并不是裂缝半长越大越好。裂缝半长为 125m 时,5000 天累计产量约为 $1.65 \times 10^7 \text{m}^3$,比裂缝半长等于 100m 时的累计产量增大约 10%。而裂缝半长为 150m 时的累计产量比 125m 时的累计产量仅提高约 2.3%,提高产能的效果并不明显,同时缝长增大会导致施工成本增加、难度增大,所以压裂施工设计中需要对裂缝半长进行优化。

2. 裂缝导流能力

裂缝导流能力指储层闭合压力下,裂缝渗透率与裂缝支撑缝宽的乘积。裂缝导流能力直接决定了气体在人工裂缝中流动的难易程度。由定义可知,决定裂缝导流能力的因素包括两个:渗透率和缝宽。所以本节分别研究了人工裂缝渗透率和支撑缝宽对产能的影响。

图 4.24 表示人工裂缝渗透率和缝宽对累计产量的影响。由 4.24(a)可知,裂缝渗透

率越高,累计产量越大。这是因为渗透率越高,气体在缝内流动能力越强,有利于页岩气的生产。渗透率等于 0.01D 时,累计产量约为 $9.7×10^6 m^3$,比渗透率为 10D 时的累计产量下降了 44.3%。渗透率为 100D 时的累计产量比 1D 时的累计产量提高约 11.3%,可见渗透率增大到一定程度,累计产量增幅减小。这是因为人工裂缝渗透率较高时,气体在裂缝内传输的能力要远远大于基质向天然裂缝及天然裂缝向人工裂缝中的供气能力,即使人工裂缝渗透率有所降低,对累计产量的影响并不明显;反之,人工裂缝渗透率较低时,增加了气体在缝内的流动阻力,从而使累计产量显著减少。如图 4.24(b)所示,缝宽对产能的影响表现出类似的特点。当缝宽较小时(1mm),气体向井筒流动的有效面积较小,累计产量显著减少;而其余四个缝宽条件下(2mm、3mm、4mm、5mm)计算得到的累计产量相差不大。比较图 4.24(a)和(b)可知,人工裂缝渗透率对产能的影响比缝宽的影响更大,而且不同缝宽条件下(除了缝宽很小的情况)的累计产量差别不大,所以本节认为,影响人工裂缝导流能力的主要因素是裂缝渗透率,可以将缝宽视为定值(如等于 3mm)。

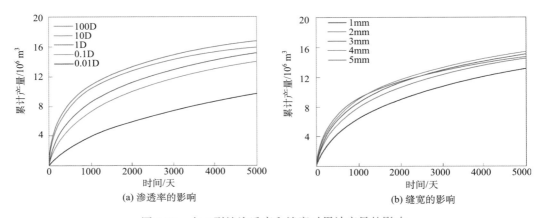

图 4.24 人工裂缝渗透率和缝宽对累计产量的影响

3. 裂缝间距

保持人工裂缝均匀分布且数量等于 5 条,改变裂缝间距 x_f,研究其对产能的影响情况。如图 4.25 所示,随着裂缝间距的减小,累计产量逐渐减小。生产到 4000 天时,裂缝间距为 60m 时累计产能最大。这是因为裂缝间距为 60m 和 70m 时,储层改造体积最大,产能相对较高(图 4.26)。同时由于 $x_f=70m$ 时前期产量较大,导致地层压力下降快,后期生产能力弱于 $x_f=60m$ 时的情况;裂缝间距为 30m、40m、50m 时,储层改造区域较小,泄气面积也越小,导致产能较小。生产到 4000 天以后,缝间距等于 50m 时的产能逐渐成为最大。

4. 裂缝数量

保持裂缝间距为 50m,改变裂缝数量,研究不同裂缝数量对产能的影响。图 4.27、图 4.28 分别表示裂缝数量对日产量和累计产量的影响。如图 4.27 所示,裂缝数量越多,气

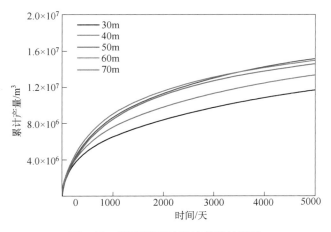

图 4.25 裂缝间距对累计产量的影响

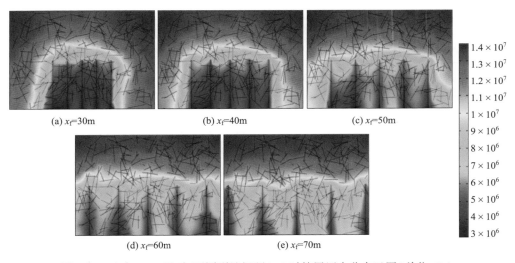

图 4.26 生产 1000 天时,不同裂缝间距(x_f)时储层压力分布云图(单位:Pa)

藏日产量越高。这是因为裂缝数量增加,储层改造更充分,对气井的供气量逐渐增多。同时,随着裂缝数量的增加,日产量增大的幅度越来越小。生产到约 3300 天时,4 条裂缝的日产量超过了 5 条裂缝时的日产量。如图 4.28 所示,裂缝条数越多,累计产量越大。生产前期,较多的裂缝数量会增大储层改造区域,提高泄气面积,进而增大了累计产气量;生产后期,压力波及范围基本固定,裂缝数量对产能影响减弱。

(四)基质孔径分布

图 4.29 表示无机质最大、最小孔径对累计产量的影响。孔径越大,累计产量越大。这是因为孔径越大,气体表观渗透率越大,越容易流动,而且无机质孔隙内的自由气含量

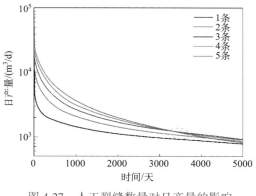

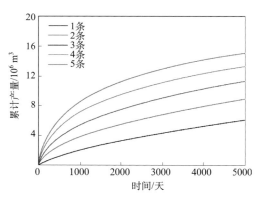

图 4.27　人工裂缝数量对日产量的影响　　　　图 4.28　裂缝数量对累计产量的影响

越多,从而使产能增大。无机质最大孔径对产能影响最多可达 13.9%,无机质最小孔径对产能影响最多可达 10.4%。图 4.30 表示有机质最大、最小孔径对累计产量的影响。有机质最大孔径对产能的影响最多可达 4.7%,最小孔径的影响基本可以忽略。本书认为,对

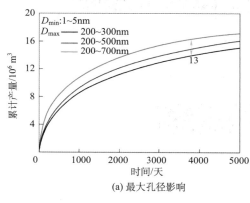

(a) 最大孔径影响

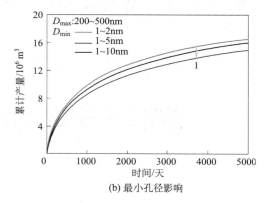

(b) 最小孔径影响

图 4.29　无机质最大、最小孔径对累计产量的影响

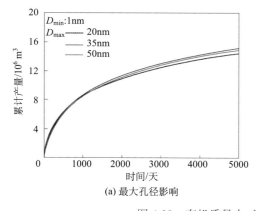

(a) 最大孔径影响

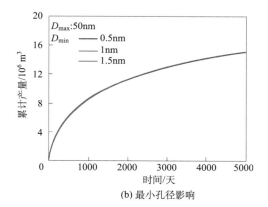

(b) 最小孔径影响

图 4.30　有机质最大、最小孔径对累计产量的影响

表观渗透率的影响从大到小依次是无机质最大孔径、无机质最小孔径、有机质最大孔径、有机质最小孔径,所以基质孔径对产能影响排列顺序同上。由于基质中孔径分布对产能影响最多可达 13.9%,所以本节将基质孔隙的非均匀分布特性引入到产能预测模型中具有重要意义。

(五)吸附现象影响

页岩气藏中存在大量吸附气,对产能有很大影响。图 4.31 表示朗缪尔体积 V_L 和朗缪尔压力 p_L 对累计产量的影响。累计产气量随着 V_L 的增大而增大。主要是因为 V_L 越大,储层中的吸附气量越大。生产过程中吸附气逐步脱附,成为游离气。不考虑吸附作用时,5000 天时累计产量约为 $1.19 \times 10^7 \, \text{m}^3$。$V_L = 4.68 \times 10^{-3} \, \text{m}^3/\text{kg}$ 时,累计产气量为 $1.56 \times 10^7 \, \text{m}^3$,是不考虑吸附作用时的累计产量的 1.32 倍,说明吸附气对页岩气藏产能影响很大,朗缪尔体积是评价页岩气产能的重要参数。

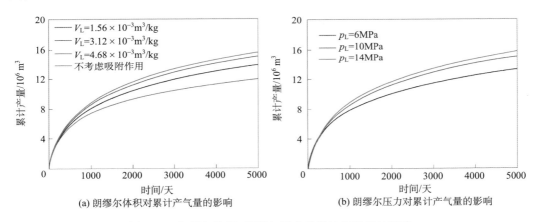

图 4.31 朗缪尔体积、朗缪尔压力对累计产气量的影响

保证 V_L 为定值,改变 p_L 的值,研究朗缪尔压力对累计产气量的影响。p_L 从 6MPa 增大到 10MPa,5000 天时的累计产气量增大了 13.1%;p_L 从 10MPa 增大到 14MPa 时,累计产气量增大了 5.3%。这主要是因为朗缪尔压力增大使脱附作用减弱,使总脱附气量降低。同时脱附作用减弱导致孔隙内压力下降,自由气生产速度加快。前期自由气对产能的贡献大于吸附气,所以累计产气量随着朗缪尔压力的增大而增大。

第二节 考虑岩石变形应力敏感的页岩气压裂产能模型

目前已有较多针对煤层基质应力敏感方面的理论、实验和数值模拟研究,但由于页岩独特的岩石物理性质和页岩气不同的生产机制,研究页岩气复杂流动和基质变形的全耦合模型较少见。页岩气储层必须经过大型水力压裂才能形成经济产量,压裂后一般会形成由主裂缝和次生裂缝组成的网状裂缝,如何表征人工裂缝(主裂缝和次生裂缝)生产过程中导流能力的损失是页岩气产能预测和完井参数优化的重要组成部分。

本节首先介绍了孔隙介质变形渗流本构方程、基质孔隙度和渗透率模型，以及如何建立变形渗流全耦合模型。其次引入离散裂缝模型来表征人工裂缝，考虑页岩基质流固耦合特性和人工裂缝压缩变形造成的导流能力损失，建立了页岩气水平井多级压裂完井产能计算模型，利用有限元方法对模型求解并与连续介质模型进行比较验证。最后分析了基质和裂缝的应力敏感性对页岩气完井参数优选的影响规律。

一、基质孔隙变形渗流全耦合模型

（一）孔隙介质变形渗流本构方程

1. 孔隙介质变形本构方程

假设孔隙介质在外力作用下发生线弹性变形且各向同性，其受力平衡方程为

$$\sigma_{ij} = 2G\varepsilon_{ij} + \left(\frac{2G\nu}{1-2\nu}\right)\varepsilon_{kk}\delta_{ij} - \alpha p\delta_{ij} \tag{4.18}$$

式中，G 为剪切模量；ν 为泊松比；δ_{ij} 为克罗内克符号，当 $i=j$ 时，$\delta_{ij}=1$，当 $i \neq j$ 时，$\delta_{ij}=0$；α 为 Biot 系数。式（4.18）表征了总应力 σ_{ij} 与应变 ε_{ij} 和孔隙压力 p 之间的关系，这里定义拉应力为正。

对式（4.18）进行转换，可得到应变与应力和孔隙压力之间的关系式：

$$\varepsilon_{ij} = \frac{1}{2G}\sigma_{ij} - \left(\frac{1}{6G} - \frac{1}{9K}\right)\sigma_{kk}\delta_{ij} + \frac{\alpha}{3K}p\delta_{ij} \tag{4.19}$$

式中，K 为岩石的体积模量。

根据体积应变定义 $\varepsilon_{\mathrm{v}} = \varepsilon_{xx} + \varepsilon_{yy} + \varepsilon_{zz}$，可得

$$\varepsilon_{\mathrm{v}} = \frac{1}{3K}\sigma_{kk} + \frac{\alpha}{K}p \tag{4.20}$$

定义平均压应力 $\bar{\sigma} = -\dfrac{\sigma_{kk}}{3} = -\dfrac{\sigma_{11} + \sigma_{22} + \sigma_{33}}{3}$，则体积应变为

$$\varepsilon_{\mathrm{v}} = -\frac{1}{K}(\bar{\sigma} - \alpha p) \tag{4.21}$$

对于线弹性体应变与位移之间关系可表示为

$$\varepsilon_{ij} = \frac{1}{2}(u_{i,j} + u_{j,i}) \tag{4.22}$$

式中，$u_{i,j}$ 表示 i 方向的位移分量对 j 方向求偏导。

考虑体积力，物体动量方程表示为

$$\sigma_{ij,j} + f_i = 0 \tag{4.23}$$

式中，f_i 为 i 方向体积力的分量。

将式（4.18）和式（4.22）代入式（4.23），得到表征孔隙介质变形方程：

$$Gu_{i,jj} + \left(\frac{G}{1-2\nu}\right)u_{j,ji} - \alpha p_{,i} + f_i = 0 \tag{4.24}$$

式中，$p_{,i}$ 为压力在 i 方向的偏导数。

2. 页岩孔隙内气体流动本构方程

孔隙内流体质量守恒方程为

$$\frac{\partial m}{\partial t} + \nabla \cdot (\rho_g v) = Q_p \tag{4.25}$$

式中，ρ_g 为气体密度；v 为气体流动速度；Q_p 为流动源项，仅在边界处存在；t 为时间；m 为单位孔隙体积内气体质量，包含自由气和吸附气。Saghafi[10] 指出 m 可表示为

$$m = \rho_g \phi + \rho_{sc} \rho_r \frac{V_L p}{p + p_L} \tag{4.26}$$

式中，ϕ 为孔隙度；ρ_{sc} 为气体在标准状况下（0.1MPa，0℃）密度；ρ_r 为页岩密度；V_L 和 p_L 分别为朗缪尔体积和朗缪尔压力。

气体在孔隙介质中渗流速度 v 可根据达西定律表示为

$$v = -\frac{k_{app}}{\mu} \nabla p \tag{4.27}$$

式中，k_{app} 为气体的表观渗透率[1]。

基于真实气体状态方程气体密度 ρ_g 可表示为

$$\rho_g = \frac{pM_g}{ZRT} \tag{4.28}$$

式中，M_g 为气体摩尔质量。

将式（4.26）~式（4.28）代入式（4.25），可得

$$\frac{\partial}{\partial t}\left(\frac{p\phi}{Z}\right) + \frac{p_{sc}\rho_r V_L p_L}{(p_L + p)^2} \frac{T}{T_{sc}} \frac{\partial p}{\partial t} - \nabla \cdot \left(k_{app} \frac{p}{\mu Z} \nabla p\right) = Q_p \frac{RT}{M_g} \tag{4.29}$$

式（4.29）表征了多孔介质内自由气和吸附气的瞬态流动模型，该模型中气体压缩因子 Z 和气体密度 ρ_g 根据 Helmholtz 自由能方法[11-13] 进行计算，甲烷的黏度根据 Chung 模型[14] 编程来计算，气体表观渗透率采用综合考虑气体滑脱和孔内扩散的毛细管内气体流动通用方程[15] 来计算。

由于流动方程中气体物性参数和表观渗透率均是孔隙压力的函数，因而方程具有很强的非线性，必须通过迭代求解。而孔隙度的变化与体积应变有关，由式（4.21）可知，体积应变除了与孔隙压力有关外还与平均应力有关，平均应力需通过求解变形方程（4.24）得到。孔隙压力的变化与孔隙介质变形相互影响，需通过建立孔隙度模型和渗透率模型来进行耦合求解。

（二）页岩基质孔隙度和渗透率模型

1.孔隙度模型

根据孔隙弹性理论[16]，假设初始状态下岩石体积应变 $\varepsilon_{v0} = 0$，在外力载荷和流体压力作用下，孔隙介质的体积变化可由式（4.30）和式（4.31）表示：

$$\frac{\Delta V}{V} = -\frac{1}{K}(\dot{\sigma} - \alpha \dot{p}) \tag{4.30}$$

$$\frac{\Delta V_{\mathrm{p}}}{V_{\mathrm{p}}} = -\frac{1}{K_{\mathrm{p}}}(\dot{\sigma} - \beta \dot{p}) \tag{4.31}$$

式中，$\dot{\sigma}$ 和 $\dot{p}$ 分别代表应力和孔隙压力变化量；K 和 K_{p} 分别代表岩石整体体积模量和孔隙体积模量；α 为 Biot 系数，$\alpha = 1 - K/K_{\mathrm{s}}$，$K_{\mathrm{s}}$ 为固体颗粒的体积模量；β 为无因次系数，$\beta = 1 - K_{\mathrm{p}}/K_{\mathrm{s}}$。

对比式(4.21)，采用平均应力表示的体积应变为

$$\frac{\Delta V}{V} = -\frac{1}{K}(\dot{\bar{\sigma}} - \alpha \dot{p}) \tag{4.32}$$

$$\frac{\Delta V_{\mathrm{p}}}{V_{\mathrm{p}}} = -\frac{1}{K_{\mathrm{p}}}(\dot{\bar{\sigma}} - \beta \dot{p}) \tag{4.33}$$

式中，V_{p} 为孔隙体积。

根据 Maxwell-Betti 互等定理：

$$\left.\frac{\partial V}{\partial p}\right|_{\bar{\sigma}} = -\left.\frac{\partial V_{\mathrm{p}}}{\partial \bar{\sigma}}\right|_{p} \tag{4.34}$$

可得 $K_{\mathrm{p}} = \dfrac{\phi}{\alpha} K$。根据孔隙度定义 $\phi = V_{\mathrm{p}}/V$ 及 $V = V_{\mathrm{p}} + V_{\mathrm{s}}$，（$V_{\mathrm{s}}$ 为基质体积）可推出以下表达式：

$$\frac{\Delta V}{V} = \frac{\Delta V_{\mathrm{s}}}{V_{\mathrm{s}}} + \frac{\Delta \phi}{1 - \phi} \tag{4.35}$$

$$\frac{\Delta V_{\mathrm{p}}}{V_{\mathrm{p}}} = \frac{\Delta V_{\mathrm{s}}}{V_{\mathrm{s}}} + \frac{\Delta \phi}{\phi(1 - \phi)} \tag{4.36}$$

联立式(4.30)~式(4.36)可求出孔隙度变化量 $\Delta\phi$：

$$\Delta \phi = \phi \left(\frac{1}{K} - \frac{1}{K_{\mathrm{p}}}\right)(\dot{\bar{\sigma}} - \dot{p}) \tag{4.37}$$

将平均应力表示为体积应变函数，并代入式(4.37)可得

$$\Delta \phi = (\alpha - \phi)\left(\dot{\varepsilon}_{\mathrm{v}} + \frac{\dot{p}}{K_{\mathrm{s}}}\right) \tag{4.38}$$

根据假设 $\varepsilon_{\mathrm{v0}} = 0$，则

$$\dot{\varepsilon}_{\mathrm{v}} = \varepsilon_{\mathrm{v}} - \varepsilon_{\mathrm{v0}} = -\frac{1}{K}(\dot{\bar{\sigma}} - \alpha \dot{p}) \tag{4.39}$$

由于 $\phi - \phi_0 = \Delta\phi$（$\phi_0$ 为岩石初始孔隙度），将式(4.38)和式(4.39)代入可得[8]

$$\phi = \frac{1}{1 + S - S_0}[\phi_0 + \alpha(S - S_0)] \tag{4.40}$$

式中，$S = \varepsilon_{\mathrm{v}} + \dfrac{p}{K_{\mathrm{s}}}$，$S_0 = \dfrac{p_0}{K_{\mathrm{s}}}$。在耦合模型中当求出某点处的位移和孔隙压力后，根据式(4.40)可直接更新某点处的孔隙度，继而根据渗透率模型得到孔隙介质的固有渗透率。

孔隙介质的体积应变 ε_v 由孔隙空间应变 ε_p 和固体颗粒应变 ε_{sm} 相加组成,固体颗粒应变 ε_{sm} 受流体压力和有效应力两部分作用,可分别表示为

$$\varepsilon_{sm1} = -\frac{p}{K_s}(1 - \phi) \tag{4.41}$$

$$\varepsilon_{sm2} = \frac{\sigma'_{kk}}{3K_s} \tag{4.42}$$

平均有效应力定义为

$$\frac{\sigma'_{kk}}{3} = \frac{\sigma'_{xx} + \sigma'_{yy} + \sigma'_{zz}}{3} = K\varepsilon_v + \frac{K}{K_s}p \tag{4.43}$$

根据式(4.36)~式(4.38)可得固体颗粒应变 ε_{sm}:

$$\varepsilon_{sm} = \varepsilon_{sm1} + \varepsilon_{sm2} = \frac{K}{K_s}\varepsilon_v + \frac{p}{K_s}\left[\frac{K}{K_s} - (1 - \phi)\right] \tag{4.44}$$

由此可得孔隙空间应变 ε_p[7]:

$$\varepsilon_p = \alpha\varepsilon_v + (\alpha - \phi)\frac{p}{K_s} \tag{4.45}$$

考虑页岩解气吸附对孔隙度影响时需对式(4.40)进行修正,如式(4.46)所示:

$$\phi_c = \frac{1}{1 + S - S_0}[\phi_0 + \alpha(S - S_0)] + \frac{\partial\phi_{eff}}{\partial p}\Delta p \tag{4.46}$$

式中,ϕ_c 为修正后的有效孔隙度;Δp 为相邻时间步上的压差值;$\frac{\partial \phi_{eff}}{\partial p}\Delta p$ 物理意义为气体解吸附导致的孔隙度增加量。

2. 渗透率模型

储层渗透率随有效应力增加而降低的现象称为储层的应力敏感性,结合实验数据,学者已提出多个模型来修正应力敏感性储层渗透率。McKee 等[17]最早提出的渗透率修正模型为

$$\frac{k}{k_0} = \frac{e^{-3\overline{c_p}\Delta\sigma}}{1 - \phi_0(1 - e^{-\overline{c_p}\Delta\sigma})} \tag{4.47}$$

式中,$\overline{c_p}$ 为孔隙平均压缩率;$\Delta\sigma$ 为有效应力增量;k_0、ϕ_0 分别为岩石基质的初始渗透率和孔隙度。对于孔隙度远小于 1 的致密储层,式(4.47)可简化为

$$\frac{k}{k_0} = e^{-3\overline{c_p}\Delta\sigma} \tag{4.48}$$

式(4.48)为渗透率修正的经典指数模型,之后的修正模型与该式有着很大的相似之处,如基于单轴应变假设的 Shi-Durucan 模型[18]及基于恒定地应力假设的 Robertson-Christiansen 模型[19]。

常用于岩石基质渗透率修正的另一模型与孔隙度的三次方有关,可表示为

$$k_\infty = k_0\left(\frac{\phi_c}{\phi_0}\right)^3 \tag{4.49}$$

式中，k_∞ 为岩石基质的固有渗透率。上节中已得到了页岩基质的修正孔隙度模型，可直接用于修正渗透率。这里选用式(4.49)来修正基质渗透率。

（三）变形渗流全耦合模型建立

上一部分建立的孔隙内流体流动方程考虑了岩石基质孔隙度随时间变化，对式(4.29)中的第一项进行整理可得

$$\frac{\partial}{\partial t}\left(\frac{p\phi}{Z}\right) = \phi\frac{\partial}{\partial t}\left(\frac{p}{Z}\right) + \frac{p}{Z}\frac{\partial \phi}{\partial t} \tag{4.50}$$

根据偏微分链式法则：

$$\frac{\partial}{\partial t}\left(\frac{p}{Z}\right) = \frac{\partial}{\partial p}\left(\frac{p}{Z}\right)\frac{\partial p}{\partial t} = \left[\frac{1}{Z} + p\frac{\partial}{\partial p}\left(\frac{1}{Z}\right)\right]\frac{\partial p}{\partial t} = \left(\frac{1}{Z} - \frac{p}{Z^2}\frac{\partial Z}{\partial p}\right)\frac{\partial p}{\partial t} \tag{4.51}$$

根据气体状态方程，真实气体等温压缩率为

$$c_g = -\frac{1}{V}\left(\frac{\partial V}{\partial p}\right)\Big|_T = \frac{1}{p} - \frac{1}{Z}\frac{\partial Z}{\partial p} \tag{4.52}$$

气体体积模量定义为

$$K_g = \frac{1}{c_g} \tag{4.53}$$

将式(4.52)和式(4.53)代入式(4.51)，整理可得

$$\frac{\partial}{\partial t}\left(\frac{p}{Z}\right) = \frac{p}{Z}\left(\frac{1}{K_g}\right)\frac{\partial p}{\partial t} \tag{4.54}$$

同理，式(4.50)中，$\frac{\partial \phi}{\partial t} = \frac{\partial \phi}{\partial p}\frac{\partial p}{\partial t} = \frac{\partial \varepsilon_p}{\partial p}\frac{\partial p}{\partial t}$，将式(4.45)代入后可得

$$\frac{\partial \phi}{\partial t} = \left(\alpha\frac{\partial \varepsilon_v}{\partial p} + \frac{\alpha - \phi}{K_s}\right)\frac{\partial p}{\partial t} \tag{4.55}$$

将式(4.51)和式(4.55)代入式(4.50)可得

$$\frac{\partial}{\partial t}\left(\frac{p\phi}{Z}\right) = \frac{p}{Z}\left(\frac{\phi}{K_g} + \alpha\frac{\partial \varepsilon_v}{\partial p} + \frac{\alpha - \phi}{K_s}\right)\frac{\partial p}{\partial t} \tag{4.56}$$

定义 Biot 模量 M：$\frac{1}{M} = \frac{\phi}{K_g} + \frac{\alpha - \phi}{K_s}$，代入式(4.56)可使其简化为

$$\frac{\partial}{\partial t}\left(\frac{p\phi}{Z}\right) = \frac{p}{Z}\left(\frac{1}{M} + \alpha\frac{\partial \varepsilon_v}{\partial p}\right)\frac{\partial p}{\partial t} \tag{4.57}$$

气体地层体积系数 B_g 定义为

$$B_g = \frac{V}{V_{sc}} = \frac{p_{sc}}{p}\frac{T}{T_{sc}}\frac{Z}{Z_{sc}} \tag{4.58}$$

标准状况下 $Z_{sc} = 1$，将式(4.58)代入式(4.29)中的第二项可得

$$\frac{p_{sc}\rho_r V_L p_L}{(p_L + p)^2}\frac{T}{T_{sc}}\frac{\partial p}{\partial t} = \frac{B_g\rho_r V_L p_L}{(p_L + p)^2}\frac{p}{Z}\frac{\partial p}{\partial t} \tag{4.59}$$

将式(4.57)和式(4.59)代入式(4.29)可得

$$\frac{p}{Z}\left(\frac{1}{M} + \alpha\frac{\partial\varepsilon_v}{\partial p}\right)\frac{\partial p}{\partial t} + \frac{B_g\rho_r V_L p_L}{(p_L + p)^2}\frac{p}{Z}\frac{\partial p}{\partial t} = \nabla\cdot\left(k_a\frac{p}{\mu Z}\nabla p\right) + Q_p\frac{RT}{M_g} \tag{4.60}$$

式(4.60)中，偏微分项前的系数都是待求变量压力的函数。为使气体不稳定渗流方程更好地反映气藏实际情况，这里引入拟压力 $m(p)$[12]来替换压力：

$$m(p) = 2\int_{p_m}^{p}\frac{p}{\mu Z}\mathrm{d}p \tag{4.61}$$

式中，p_m 为参考压力，一般设为大气压。

根据 Liebnitz 法则可得

$$\frac{\partial m(p)}{\partial t} = 2\frac{p}{\mu Z}\frac{\partial p}{\partial t} \tag{4.62}$$

$$\nabla m(p) = 2\frac{p}{\mu Z}\nabla p \tag{4.63}$$

式(4.61)中的积分式可采用满足工程精度的 Simpson 数值积分方法[13]得到：

$$m(p) = 2\int_{p_m}^{p}f(p)\mathrm{d}p = \frac{2h}{3}[f(p_m) + 4f(p') + f(p)] \tag{4.64}$$

式中，$h = (p - p_m)/2$；$p' = p_m + h$。

当求得拟压力 $m(p)$ 后，为了求出压力 p，将式(4.64)转换为压力函数 $F(p)$：

$$F(p) = \frac{2h}{3}\left[f(p_m) + 4f\left(\frac{p_m + p}{2}\right) + f(p)\right] - m(p) \tag{4.65}$$

求解压力的问题转换为求函数 $F(p)$ 的零点问题，采用 Secant 数值迭代方法来求解，求解表达式为

$$p_n = p_{n-1} - \frac{f(p_{n-1})(p_{n-1} - p_{n-2})}{f(p_{n-1}) - f(p_{n-2})} \tag{4.66}$$

式中，p_{n-1} 和 p_{n-2} 为迭代循环的边界值，可分别取为储层最小压力和最大压力。经过有限次迭代后，p_n 逐渐逼近函数 $F(p)$ 的零点，即所求的压力 p。

将拟压力表达式代入式(4.60)可得流体流动方程：

$$\alpha\frac{2p}{\mu Z}\frac{\partial\varepsilon_v}{\partial t} + \left(\frac{1}{M} + \frac{B_g\rho_r V_L p_L}{(p_L + p)^2}\right)\frac{\partial m(p)}{\partial t} = \frac{k_{app}}{\mu}\nabla^2 m(p) + Q_p\frac{2RT}{\mu M_g} \tag{4.67}$$

同理，由拟压力表示的孔隙介质变形方程：

$$G\nabla^2 u + \left(\frac{G}{1 - 2\nu}\right)\nabla(\nabla\cdot u) - [m]\alpha\frac{\mu Z}{2p}\nabla m(p) + f = 0 \tag{4.68}$$

式中，对于平面问题 $[m] = [1,1,0]^T$，对于三维问题 $[m] = [1,1,1,0,0,0]^T$。式(4.67)和式(4.68)即为拟压力形式的页岩基质内流固耦合方程，在每一个方程中均含有位移和拟压力的未知量，因此需要联立两个方程同时求解，即全耦合求解。

基质流动的 Dirichlet 和 Neumann 边界条件分别为

$$p(t) = \widetilde{p}, \qquad \partial\Omega \tag{4.69}$$

$$-\boldsymbol{n}^T\frac{k_{app}}{\mu}\nabla m(p) = Q_p, \qquad \partial\Omega \tag{4.70}$$

整个求解域上孔隙压力初始条件：

$$p(0) = p_0, \qquad \Omega \tag{4.71}$$

孔隙介质变形或载荷边界条件：

$$\boldsymbol{u}(t) = \widetilde{\boldsymbol{u}}, \qquad \partial\Omega \tag{4.72}$$

$$\boldsymbol{n}^{\mathrm{T}}\boldsymbol{\sigma} = \boldsymbol{f}, \qquad \partial\Omega \tag{4.73}$$

整个求解域上变形或载荷初始条件：

$$\boldsymbol{u}(0) = \boldsymbol{u}_0, \qquad \Omega \tag{4.74}$$

$$\boldsymbol{n}^{\mathrm{T}}\boldsymbol{\sigma}(0) = \boldsymbol{\sigma}_0, \qquad \Omega \tag{4.75}$$

式(4.67)和式(4.68)表征了流体流动与岩石基质变形的全耦合模型,由于方程具有较强的非线性,无法求得解析解,必须采用数值方法进行求解。

二、人工裂缝变形渗流耦合产能模型

该模型在页岩基质流固全耦合模型的基础上引入离散裂缝模型来表征人工裂缝,假设人工裂缝未沟通的天然裂缝均被矿物充填处于闭合状态,对产能无贡献,因此在产能模型中未考虑。考虑页岩基质流固耦合特性和裂缝压缩变形造成的导流能力损失,建立了页岩气水平井多级压裂完井产能计算模型,最后利用有限元方法对模型求解并与连续介质模型进行比较验证。

(一)裂缝渗透率与有效应力关系

实际生产过程中裂缝会受到正应力和剪应力作用,因而可能会产生压缩和滑移变形改变裂缝宽度,如图4.32所示[20],最终改变裂缝渗透率和导流能力。

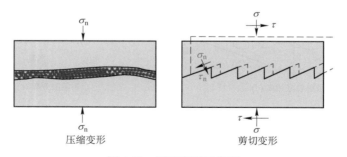

压缩变形　　　　　　　　　剪切变形

图4.32　裂缝变形示意图

Willis-Richards 等[21]给出了裂隙宽度与有效应力之间关系：

$$w = w_{\mathrm{n}} + w_{\mathrm{s}} + w_{\mathrm{res}} = \frac{w_0}{1 + 9\sigma_{\mathrm{n}}'/\sigma_{\mathrm{nref}}} + u_{\mathrm{s}}\tan\varphi_{\mathrm{dil}}^{\mathrm{eff}} + w_{\mathrm{res}} \tag{4.76}$$

式中, w_{n} 为正应力作用下裂缝缝宽; w_{s} 为剪切应力作用下裂缝缝宽; w_{res} 为高应力条件下残余缝宽,一般可忽略; w_0 为无正应力作用下裂缝初始缝宽; σ_{n}' 为有效正应力; σ_{nref} 为参考正应力,定义为使初始缝宽降低90%的正应力; u_{s} 为裂缝壁面间的剪切位移; $\varphi_{\mathrm{dil}}^{\mathrm{eff}}$ 为有效剪胀角。

根据莫尔−库仑准则，只有当剪应力大于裂缝剪切强度时才会发生剪切变形。裂缝剪切强度可根据下式判断[21]：

$$\tau_{\mathrm{p}} = \sigma_{\mathrm{n}}' \tan(\varphi_{\mathrm{f}} + \varphi_{\mathrm{dil}}^{\mathrm{eff}}) \tag{4.77}$$

式中，τ_{p} 为裂缝剪切强度；φ_{f} 为摩擦角，一般介于 $30°\sim40°$。根据室内测试结果有效剪胀角可表示为

$$\varphi_{\mathrm{dil}}^{\mathrm{eff}} = \frac{\varphi_{\mathrm{dil}}}{1 + 9\sigma_{\mathrm{n}}'/\sigma_{\mathrm{nref}}} \tag{4.78}$$

因此裂缝剪切位移函数可由分段函数表示为

$$u_{\mathrm{s}} = \begin{cases} \dfrac{\tau_{\mathrm{n}} - \sigma_{\mathrm{n}}' \tan(\varphi_{\mathrm{f}} + \varphi_{\mathrm{dil}}^{\mathrm{eff}})}{K_{\mathrm{sh}}}, & \tau_{\mathrm{n}} \geqslant \sigma_{\mathrm{n}}' \tan(\varphi_{\mathrm{f}} + \varphi_{\mathrm{dil}}^{\mathrm{eff}}) \\ 0, & \tau_{\mathrm{n}} < \sigma_{\mathrm{n}}' \tan(\varphi_{\mathrm{f}} + \varphi_{\mathrm{dil}}^{\mathrm{eff}}) \end{cases} \tag{4.79}$$

式中，K_{sh} 为裂缝抗剪刚度。将式（4.78）代入式（4.76），并假设 $w_{\mathrm{res}} = 0$，可得

$$w(\sigma_{\mathrm{n}}', \tau_{\mathrm{n}}) = \frac{w_0}{1 + 9\sigma_{\mathrm{n}}'/\sigma_{\mathrm{nref}}} + u_{\mathrm{s}} \tan\left(\frac{\varphi_{\mathrm{dil}}}{1 + 9\sigma_{\mathrm{n}}'/\sigma_{\mathrm{nref}}}\right) \tag{4.80}$$

由式（4.80）可知，裂缝宽度为有效正应力和剪应力的函数。在笛卡儿坐标系中地应力一般仅在 x、y 和 z 三个方向求得，对于与坐标轴呈一定夹角的裂缝所受正应力和剪应力需通过坐标旋转得到，如式（4.81）所示：

$$\boldsymbol{\sigma}_{\mathrm{fl}} = \boldsymbol{R} \boldsymbol{\sigma}_{\mathrm{fg}} \boldsymbol{R}^{\mathrm{T}} \tag{4.81}$$

式中，$\boldsymbol{\sigma}_{\mathrm{fl}}$ 为局部坐标系中的应力状态；$\boldsymbol{\sigma}_{\mathrm{fg}}$ 为整体坐标系中的应力状态；$\boldsymbol{R}$ 为旋转张量，$\boldsymbol{R} = \begin{bmatrix} \cos\theta & \sin\theta \\ -\sin\theta & \cos\theta \end{bmatrix}$，其中 θ 为两套坐标系之间的夹角，逆时针方向为正。通过计算可得到与坐标轴呈任意夹角的裂缝所受正应力和剪应力分别为

$$\sigma_{\mathrm{n}} = \sigma_{xx}\sin^2\theta - 2\sigma_{xy}\sin\theta\cos\theta + \sigma_{yy}\cos^2\theta \tag{4.82}$$

$$\tau_{\mathrm{n}} = (\sigma_{yy} - \sigma_{xx})\sin\theta\cos\theta + \sigma_{xy}(\cos^2\theta - \sin^2\theta) \tag{4.83}$$

当得到裂缝宽度之后，可根据立方定律[22]得到裂缝渗透率：

$$k_{\mathrm{f}} = \frac{w(\sigma_{\mathrm{n}}', \tau_{\mathrm{n}})^2}{12} \tag{4.84}$$

假设岩石内存在与坐标轴呈 $\theta = 45°$ 夹角的裂缝，裂缝初始缝宽 $w_0 = 0.1\mathrm{mm}$，岩石初始应力状态为：$\sigma_{xx} = 43\mathrm{MPa}$，$\sigma_{yy} = 45\mathrm{MPa}$，$\sigma_{xy} = 0\mathrm{MPa}$。岩石摩擦角 $\varphi_{\mathrm{f}} = 35°$，初始剪胀角 $\varphi_{\mathrm{dil}} = 35°$，初始孔隙压力 $p_{\mathrm{i}} = 30\mathrm{MPa}$，参考有效应力 $\sigma_{\mathrm{nref}} = 50\mathrm{MPa}$。根据以上理论可得到裂缝所受有效正应力、剪应力和裂缝剪切强度变化如图 4.33 所示。由图 4.33（a）可知，随孔隙压力降低裂缝所受有效正应力增加，而剪应力恒定不变，剪切强度随正应力增加而线性增加。计算结果表明，该算例条件下裂缝所受剪应力远小于裂缝剪切强度，故而不会发生剪切变形。当水平应力差在 $0\sim8\mathrm{MPa}$ 范围内变化，在储层压力范围内裂缝所受剪应力仍小于裂缝剪切强度，如图 4.33（b）所示，因而本节不考虑裂缝剪切变形导致裂缝渗透率的变化。

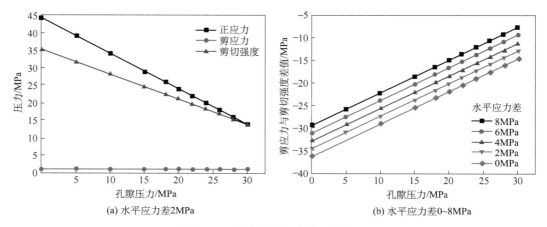

(a) 水平应力差2MPa (b) 水平应力差0~8MPa

图 4.33　裂缝受力与孔隙压力关系

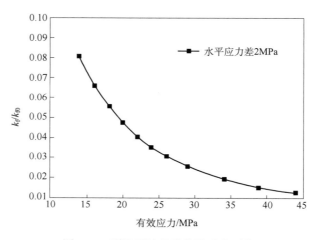

图 4.34　裂缝压缩导致的渗透率下降

根据式(4.84)计算出了由于裂缝压缩导致的渗透率下降,如图 4.34 所示,由图 4.34 可知裂缝渗透率变化与有效应力间呈指数关系下降,因此有必要在产能模型中考虑裂缝渗透率损失。式(4.80)为在一定假设下的裂缝变形理论模型,输入参数需根据实验结果而定,而且计算裂缝渗透率的式(4.84)是由平行板间流动推导得到的,用该式来计算填砂裂缝渗透率将会产生较大的误差。因此在不考虑裂缝剪切变形基础上,模型将基于实验测试得到的裂缝导流能力变化回归出裂缝渗透率与有效应力的关系式。

有关裂缝渗透率变化方面的实验,目前比较常用的表征裂缝渗透率损失的模型为[23,24]:

$$k_f = k_{f0} e^{-3c_f(\sigma_e - \sigma_{e0})} \tag{4.85}$$

式中,k_{f0} 为有效正应力为 σ_{e0} 时的裂缝初始渗透率;c_f 为裂缝压缩率,定义为 $c_f = -\dfrac{1}{\varphi_f}$

$\dfrac{\partial \varphi_{f}}{\partial \sigma_{e}}$；$\sigma_{e}$ 为作用在裂缝面上的有效正应力。室内实验中裂缝宽度的变化很难准确检测，毫米级裂缝宽度对储层流动影响不大。因此在离散裂缝模型中假设裂缝宽度不变，仅有裂缝渗透率发生变化，因此裂缝导流能力 $k_{f}w_{f}$ 仅与渗透率相关。

根据 Alramahi 和 Sundberg[25] 测定的不同强度页岩中裂缝导流能力测试结果，利用式 (4.85) 回归得到了不同页岩样品中裂缝的压缩系数，如图 4.35 所示。由图 4.35 可知拟合关系式能够较好表征裂缝导流能力与有效应力之间的关系，c_{f} 越大表明裂缝越容易被压缩，反之则不易被压缩。

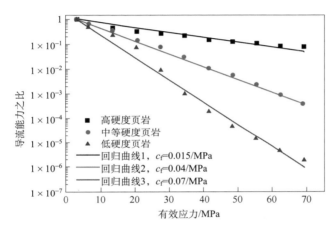

图 4.35　不同强度页岩中裂缝归一化导流能力回归曲线

(二)水平井压裂完井产能模型建立及验证

水平井多级压裂二维模型如图 4.36 所示，储层长度为 L，宽度为 W，水平井沿最小主应力方向，横向裂缝沿水平井井筒方向均匀分布，半长为 x_{f}。基质内流动和变形耦合方程分别如式 (4.67) 和式 (4.68) 所示，耦合项则由式 (4.46)、式 (4.49) 和式 (4.85) 来表示。利用商业有限元求解器对该模型进行全耦合求解，选择三角形单元网格，并在裂缝周围进行加密处理，如图 4.37 所示。

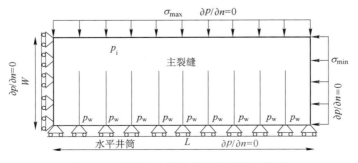

图 4.36　页岩气水平井多段压裂储层模型

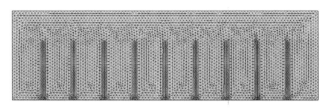

图 4.37　页岩气水平井多段压裂储层模型网格划分

储层初始孔隙压力为 p_i，井底压力为 p_w，气体由基质流入裂缝，再由裂缝流入井筒，因此裂缝与水平井筒相交处压力为井底压力 p_w，其余外边界均为不可渗透边界。模型左边界和下边界均为滑移边界，右边界和上边界受原地应力作用。

压裂产能模型求解流程与页岩基质内气体流动类似，如图 4.38 所示。不同的是在每

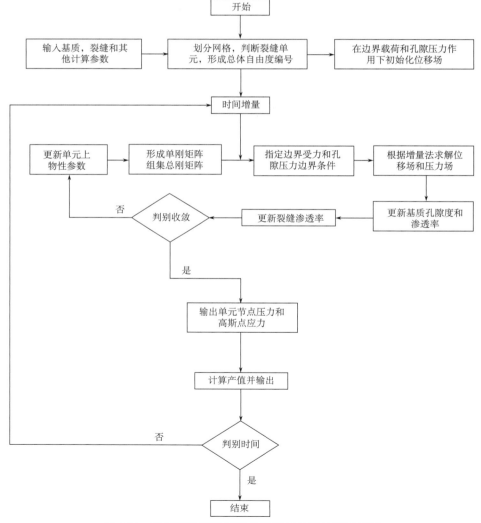

图 4.38　基于离散裂缝模型的页岩气产能计算流程图

一个时间步上迭代循环过程中需根据回归关系式(4.85)更新裂缝的渗透率,同时还要计算生产速率和累计产量。

为了验证离散裂缝模型的可行性,在井周应力计算模型基础上在井筒周围添加一条斜交裂缝,如图4.39所示。储层初始压力为p_i,气体可通过基质和裂缝同时流入井筒,井筒压力为p_w,其余外边界均为不可渗透边界。

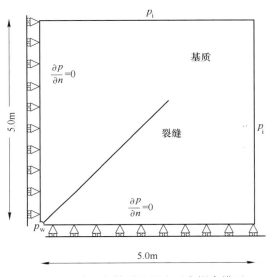

图4.39　带有离散裂缝的流固全耦合模型

储层参数如表4.4所示,并假定裂缝缝宽$w_f = 1mm$,计算了当裂缝渗透率分别为$1\mu D$和$1mD$时沿对角线的孔隙压力分布,并与无裂缝时的连续介质孔隙压力分布进行对比,对比结果如图4.40所示。由图4.40(a)分析可知,当裂缝导流能力为$1\times10^{-6}mD\cdot m$时,离散裂缝模型得到的孔隙压力与连续孔隙弹性介质模型基本吻合,表明裂缝存在对流动影响很小;而当裂缝导流能力升高至$1\times10^{-3}mD\cdot m$时,离散裂缝模型中沿对角线孔隙压力明显低于连续孔隙弹性介质模型,表明流体主要从裂缝内流入井筒。在图4.40(b)中的虚线中可明显看到存在转折点,该转折点表示裂缝端部。对比两种类型网格密度条件下孔隙压力分布,如图4.41所示,对比结果表明网格尺寸对计算结果影响不大,证明了该模型计算结果的稳定性和可靠性。综上分析可知,离散裂缝模型能够表征裂缝内渗流特征,能够用于产能计算。

表4.4　孔隙弹性模型计算参数

物理量	数值	单位
初始孔隙度 ϕ	0.04	
泊松比 ν	0.25	
Biot 系数 α	0.64	
杨氏模量 E	20.68	GPa

续表

物理量	数值	单位
体积模量 K	13.79	GPa
颗粒体积模量 K_s	37.82	GPa
孔隙半径 R_c	1.00×10^{-8}	m
井筒半径 R_w	0.10	m
正方形油藏边长 L	10.00	m
地层初始压力 p_i	28.27	MPa
井底生产压力 p_w	15.00	MPa
温度 T	363.00	K
页岩密度 ρ_r	2.40×10^3	kg/m³

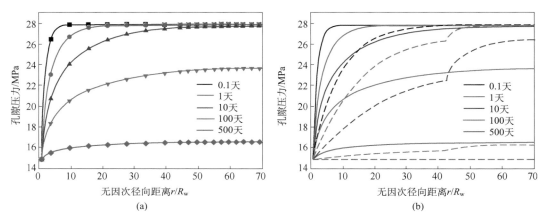

(a)   (b)

图 4.40　连续孔隙弹性模型和离散裂缝孔隙弹性模型沿对角线孔隙压力对比

实线表示连续介质模型,(a)中离散点表示裂缝导流能力为 $1 \times 10^{-6}\,\mathrm{mD \cdot m}$,

(b)中虚线表示裂缝导流能力为 $1 \times 10^{-3}\,\mathrm{mD \cdot m}$

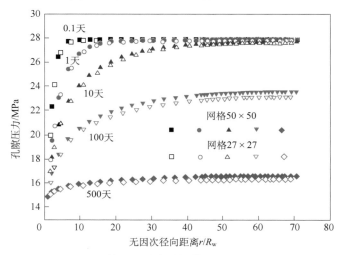

图 4.41　离散裂缝孔隙弹性模型网格独立性分析

三、岩石变形对页岩气压裂完井产能预测的影响

(一)基质孔隙度和渗透率变化

图 4.42 给出了不同时刻压力分布云图,发现裂缝内压力最低,并逐渐扩展到裂缝周边。当相邻裂缝低压区会合后将加速压力下降,因此相邻裂缝间压力要低于其他区域压力。图 4.43 给出了不同时刻沿 $y = 50m$ 直线上的压力分布,在裂缝附近压力迅速降低,在生产初期裂缝周围压力下降梯度较大,随着生产时间的增加裂缝周围压力下降梯度逐渐变缓,意味着生产速率逐渐减小。有效应力随孔隙压力降低而升高,导致基质压缩而改变基质孔隙度和固有渗透率。

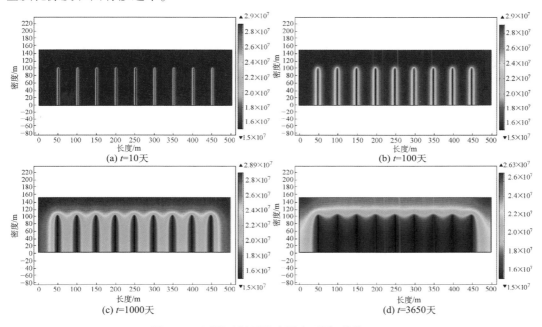

图 4.42 不同时刻下孔隙压力云图(单位:Pa)

图 4.44 和图 4.45 给出了三个不同位置处孔隙度和渗透率变化,位置 1、2、3 的坐标分别为(25,50)、(225,50)和(475,50)。由于原地应力瞬间作用于边界处,因而初始孔隙度比值小于 1。孔隙度随生产时间的增加逐渐降低,由于位置 2 处压力降低最快,因而孔隙度最低,生产 10 年后孔隙度最多降低 3.3%。

由图 4.45 可知,基质固有渗透率 k_∞ 在位置 2 处由 94.1nD 降低至 90.5nD,而气体表观渗透率受孔隙压缩和非达西流共同影响,由 112.4nD 升高至 115.8nD。气体压力降低导致 Kn 升高,可知在压力降低至一定程度后,即使固有渗透率 k_∞ 降低,表观渗透率 k_{app} 仍会增加。

计算存在变形和不存在变形两种条件下的表观渗透率和累计产气量,对比孔隙介质变形对气体流动影响,分别如图 4.46 和图 4.47 所示。当不考虑孔隙介质变形时,气体表

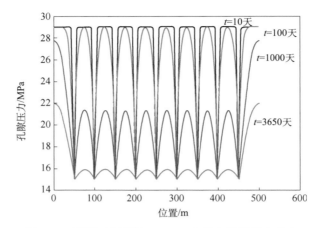

图 4.43　不同时刻下沿 $y = 50\mathrm{m}$ 直线上孔隙压力分布

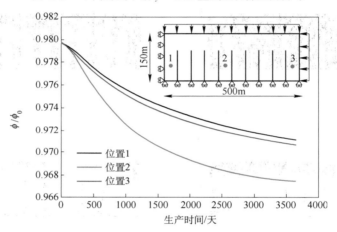

图 4.44　不同位置上孔隙度随时间变化

ϕ_0 为初始孔隙度

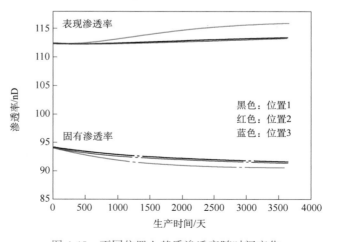

图 4.45　不同位置上基质渗透率随时间变化

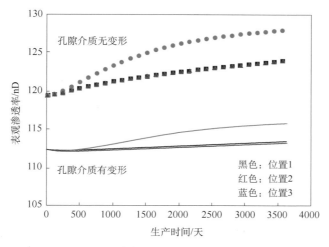

图 4.46　孔隙介质变形对表观渗透率影响

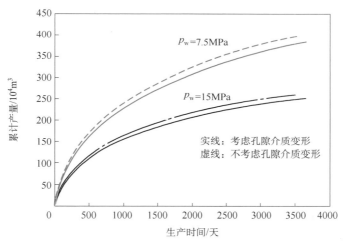

图 4.47　孔隙介质变形对累计产量影响

观渗透率最高将升高 10.5％，累计产量也将提高 4.1％。当井底压力降低至 7.5MPa 后，不考虑孔隙介质变形将使累计产量被过高估计 5.0％。因此页岩气产能模型有必要考虑地质力学因素对气体流动和生产的影响。

（二）主裂缝

由于裂缝闭合导致导流能力损失，初始裂缝导流能力条件下裂缝压缩率对累计产量产生影响，结果如图 4.48 所示。由图 4.48 可看出，在不同初始裂缝导流能力条件下页岩气累计产量都不同程度受裂缝闭合的影响。对于具有较高初始导流能力的页岩储层，如图 4.48(a) 和 (b)，累计产量几乎不受裂缝导流能力损失的影响，当 $c_f = 0.07\text{MPa}^{-1}$ 时最大产量损失仅有 1.3％。这是由于在高导流能力条件下，即使主裂缝闭合损失了部分裂缝导

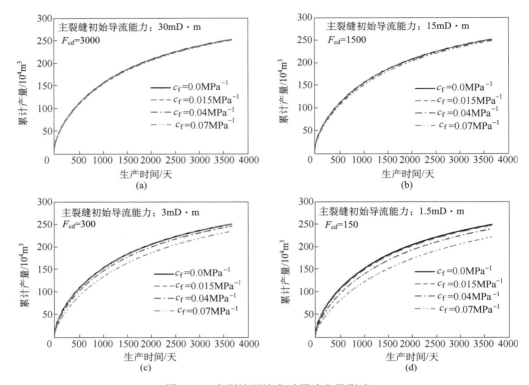

图 4.48　主裂缝压缩率对累计产量影响

F_{cd} 为无因次导流能力

流能力,但与基质内流动能力相比主裂缝内流动能力仍然很大,即无因次裂缝导流能力仍然较大,因而气体流动速率和产能基本不受影响。对具有较低初始导流能力的页岩储层,如图 4.48(c)和(d)所示,累计产量随裂缝压缩率的增加而显著降低,当 $c_f = 0.07\text{MPa}^{-1}$ 时,最大产量损失达到 11.1%。这是由于在低导流能力条件下,缝内流体流动对裂缝导流能力的变化比较敏感。

基于上述计算结果,图 4.49 统计了主裂缝导流能力损失与产量损失之间的关系。由该图可明显看出,累计产量随裂缝压缩率的增加而逐渐降低,而且在裂缝初始导流能力较低情况下产量损失显著。由此可推断,提高主裂缝初始导流能力将有助于减少产量损失,但并不是初始导流能力越高越好,需要通过优化确定最优初始导流能力。

针对裂缝渗透率变化,本节对比了全耦合和单向耦合模型在计算产量上的区别。在单向耦合模型中需假定孔隙介质仅产生轴向应变,且边界处外载荷为定值,此时主裂缝渗透率可由孔隙压力来表示:

$$k_f = k_{f0}\,e^{-3c_f(p_i-p)} \tag{4.86}$$

这里定义产量增加百分数为

$$w' = \frac{\text{全耦合产量} - \text{单向耦合产量}}{\text{单向耦合产量}} \times 100\% \tag{4.87}$$

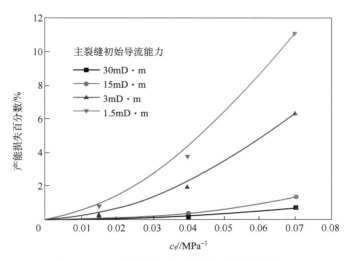

图 4.49　主裂缝压缩率对累计产量损失的影响

计算得到了不同裂缝初始导流能力条件下两种模型的产量,并绘制了不同时刻下产量变化百分数与初始导流能力之间的关系,如图 4.50 所示。发现根据全耦合模型得到的产量要高于单向耦合模型得到的产量,产量增加百分数在第 5 年和第 10 年最高分别达到 3.5% 和 4.6%。随着生产时间的增加,产量增加百分数还会继续增加。因此在页岩气长期产量评估中有必要采用全耦合模型,以提高评估的准确性。

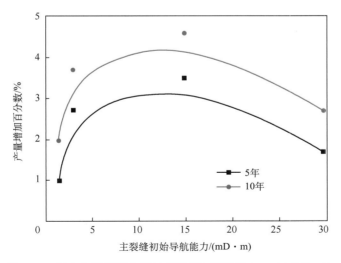

图 4.50　仅有主裂缝存在时的产量增加百分数($c_f = 0.04\text{MPa}^{-1}$)

(三)次生裂缝

模型所指次生裂缝为主裂缝在延伸过程中所开启的天然裂缝,未开启的天然裂缝假设仍具有与基质一样孔隙度和渗透率。该部分中次生裂缝假设均与主裂缝呈 45° 夹角，长度为 28.3m，宽度为 1mm，物理模型和边界条件如图 4.51 所示。储层模型采用三角形单元网格进行离散，主裂缝和次生裂缝周围网格加密，如图 4.52 所示。

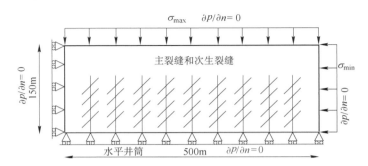

图 4.51　包含主裂缝和次生裂缝的页岩气储层模型

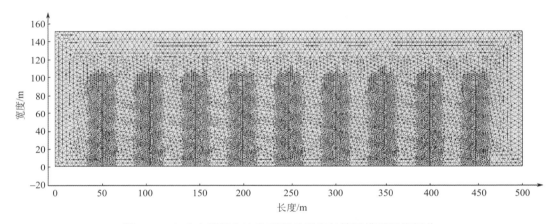

图 4.52　包含主裂缝和次生裂缝的页岩气储层模型网格划分

　　根据式（4.82）可得到斜交次生裂缝所受正应力，据此可得到次生裂缝渗透率与有效应力之间的关系式，将该式引入水平井产能模型中，最终可研究次生裂缝对产能的影响。当主裂缝无因次导流能力为 300、次生裂缝无因次导流能力从 714 变化到 0.714 时，模拟了裂缝压缩率对累计产量的影响，结果如图 4.53 所示。由图 4.53 可看出，次生裂缝的形成在开采早期能明显提高页岩气产能，在开采后期由于开采速率降低次生裂缝对产能提高效果逐渐减弱。在不同裂缝导流能力条件下，生产 10 年后次生裂缝使产能分别提高 5.9%、5.87%、5.0% 和 1.8%，如图 4.53(a)、(b)、(c) 和 (d) 所示。当次生裂缝无因次导流能力为 714 和 71.4 时，计算得到的累计产量基本一致；当次生裂缝无因次导流能力降为 7.14 和 0.714 时，累计产量增幅才有较大幅度的降低。因此次生裂缝导流能力也存在最优值，并不是越高越好，在本次实例模拟中，次生裂缝无因次导流能力的最优值为 7.14。

　　由于次生裂缝闭合导致导流能力损失对累计产量的影响，如图 4.53 中的红色和蓝色虚线所示。由图可看出在不同初始次生裂缝导流能力条件下裂缝闭合都将不同程度地削弱页岩气的累计产量。为了便于定量对比次生裂缝导流能力损失对产量的影响，绘制了

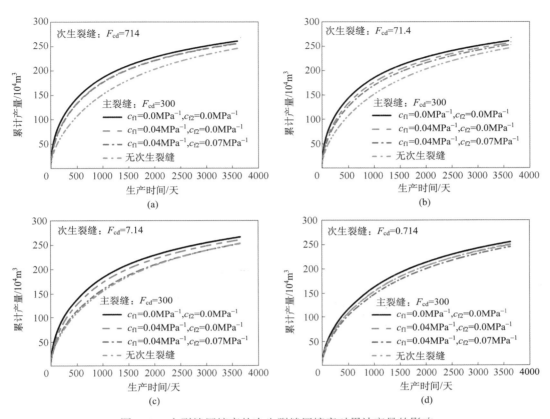

图 4.53　主裂缝压缩率的次生裂缝压缩率对累计产量的影响

c_{f1} 代表主裂缝压缩率，c_{f2} 代表次生裂缝压缩率

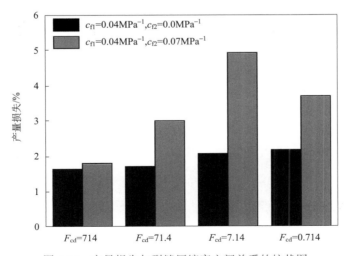

图 4.54　产量损失与裂缝压缩率之间关系的柱状图

产量损失与裂缝导流能力损失之间关系的柱状图,如图 4.54 所示。纵坐标产量损失百分数表示的是与无裂缝导流能力损失条件下对比的结果。由图可看出次生裂缝导流能力损失在主裂缝导流能力损失的基础上将进一步削弱累计产量,当次生裂缝无因次导流能力为 7.14 时,产量损失最大可达 4.9%。当次生裂缝无因次导流能力降低至 0.714 时,累计产量将低于无次生裂缝形成的累计产量。因此,增大次生裂缝初始导流能力能够有效提高储层产能,否则裂缝闭合作用将会极大地限制次生裂缝对产能的贡献。

主裂缝和次生裂缝同时存在时,全耦合模型和单向耦合模型在计算产量方面的区别,如图 4.55 所示。产量增加百分数在第 5 年和第 10 年最高分别达到 3.7% 和 4.2%。因此,全耦合效应在页岩气产量长期评估中不可忽略。

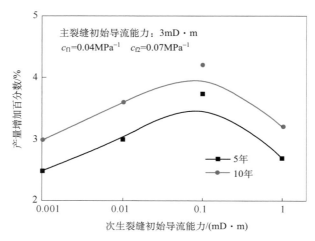

图 4.55　主裂缝和次生裂缝存在时的产量增加百分数

第三节　压裂水平井多组分页岩气产能模型

页岩气是一种多组分混合物,主要由烃类流体组成,还含有一些非烃类气体。中美页岩气区块 112 个气样的甲烷、乙烷和丙烷三角图(图 4.56)表明:绝大部分气样的甲烷相对含量超过了 75%,仅延长区块的四个气样低于了 75%;乙烷相对含量 0~20.87%,共有 38 个气样的乙烷相对含量超过了 10%,占总气样的 33.93%;丙烷相对含量较低,平均值为 2.49%。将页岩气视为多组分混合物,可以更准确地进行页岩气储量评价和产能模拟。

一、基质孔隙多组分流体流动模型

(一)压裂未改造区

压裂施工作业后会形成复杂的裂缝网络,包括水力裂缝、天然裂缝和诱导裂缝。由于裂缝形态的复杂性和多样性,准确描述压裂后形成的裂缝网络非常困难。因此,本节将复

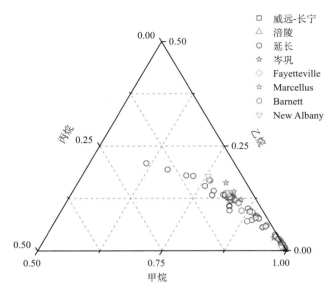

图 4.56 甲烷、乙烷和丙烷三角图

杂裂缝网络简化为渗透率增强区(压裂改造区),即将页岩基质分为压裂改造区和未改造区,其中压裂改造区的渗透率大于未改造区的渗透率[26,27]。在未改造区,组分 i 的连续性方程(摩尔基单位)可以表示为

$$\frac{\partial (c_i^{ou}\phi^{ou})}{\partial t} + \nabla \cdot N_i^{ou} = -\frac{\partial m_i}{\partial t} \tag{4.88}$$

$$m_i = \rho_r n_i^{ab} \tag{4.89}$$

式中,上标 ou 代表未改造区;c_i 为组分 i 的浓度,mol/m³;n_i^{ab} 为组分 i 的绝对吸附量,mol/kg;ρ_r 为岩石密度,kg/m³。

组分 i 的摩尔通量通过自适应双阻力模型(ABFM)求解。

$$\frac{c^{ou}}{p^{ou}} \nabla p_i^{ou} = \sum_n \frac{p_i^{ou} N_j^{ou} - p_j^{ou} N_i^{ou}}{p^{ou} D_{ij}^{ou}} - f_{im}^{ou} N_i^{ou} \tag{4.90}$$

$$f_{im}^{ou} = \frac{\kappa_i^{ou}}{B_0^{ou} f^{ou}} \tag{4.91}$$

式中,p^{ou} 为总压力,Pa;c^{ou} 为混合物浓度,mol/m³;N_i 为组分 i 的摩尔通量,mol/(m²·s);f_{im} 为壁面阻力系数,s/m²;D_{ij} 为有效 Maxwell-Stefan 扩散系数,m²/s;κ_i^{ou} 为组分 i 的分黏度,Pa·s;B_0^{ou} 为初始条件下未改造区的渗透率,m²。

在未改造区,混合物的连续性方程可以表示为

$$\frac{\partial (c^{ou}\phi^{ou})}{\partial t} + \nabla \cdot N^{ou} = -\sum_{i=1}^{n} \frac{\partial m_i}{\partial t} \tag{4.92}$$

为求得混合物的摩尔通量 N^{ou},将式(4.90)相加可得

$$\frac{c^{\mathrm{ou}}}{p^{\mathrm{ou}}}\nabla p^{\mathrm{ou}} = -\sum_{i=1}^{n-1}f_{im}^{\mathrm{ou}}N_i^{\mathrm{ou}} - f_{nm}^{\mathrm{ou}}N_n^{\mathrm{ou}} = -\sum_{i=1}^{n-1}f_{im}^{\mathrm{ou}}N_i^{\mathrm{ou}} - f_{nm}^{\mathrm{ou}}\left(N^{\mathrm{ou}} - \sum_{i=1}^{n-1}N_i^{\mathrm{ou}}\right) \tag{4.93}$$

将式(4.93)进一步化简可得

$$N^{\mathrm{ou}} = \frac{1}{f_{nm}^{\mathrm{ou}}}\left(-\frac{c^{\mathrm{ou}}}{p^{\mathrm{ou}}}\nabla p^{\mathrm{ou}} - \sum_{i=1}^{n-1}f_{im}^{\mathrm{ou}}N_i^{\mathrm{ou}}\right) + \sum_{i=1}^{n-1}N_i^{\mathrm{ou}} \tag{4.94}$$

生产过程中,基质的渗透率和孔隙度不是常数,而是与应力状态有关的参数。引入有效应力后,未改造区的渗透率 B^{ou} 和孔隙度 ϕ^{ou} 可以表示为[28]

$$\phi^{\mathrm{ou}} = \phi_0^{\mathrm{ou}}\left(\frac{p_e^{\mathrm{ou}}}{p_0}\right)^{-q_p} \tag{4.95}$$

$$B^{\mathrm{ou}} = B_0^{\mathrm{ou}}\left(\frac{p_e^{\mathrm{ou}}}{p_0}\right)^{-s_k} \tag{4.96}$$

$$r^{\mathrm{ou}} = 2\sqrt{2\tau^{\mathrm{ou}}}\sqrt{\frac{B^{\mathrm{ou}}}{\phi^{\mathrm{ou}}}} \tag{4.97}$$

$$p_e^{\mathrm{ou}} = p_c - p^{\mathrm{ou}} \tag{4.98}$$

式(4.95)~式(4.98)中,p_0 为参考状态下的压力,取 0.1MPa;p_c 为围压,MPa;q_p 为孔隙度应力敏感系数,取 0.04;s_k 为渗透率应力敏感系数,取 0.08[28]。p_c 可通过式(4.99)近似计算[29]:

$$p_c = \frac{\sigma_{\max} + \sigma_{\min} + \sigma_v}{3} \tag{4.99}$$

式中,$\sigma_{\max}$ 为最大水平主应力,Pa;$\sigma_{\min}$ 为最小水平主应力,Pa;σ_v 为垂向应力,Pa。

(二)压裂改造区

在压裂改造区中,组分 i 的连续性方程(摩尔基单位)可以表示为

$$\frac{\partial(c_i^{\mathrm{in}}\phi^{\mathrm{in}})}{\partial t} + \nabla \cdot N_i^{\mathrm{in}} = -\frac{\partial m_i}{\partial t} \tag{4.100}$$

$$m_i = \rho_r n_i^{\mathrm{ab}} \tag{4.101}$$

式中,上标 in 代表压裂改造区。组分 i 的摩尔通量通过 ABFM 求解。

$$\frac{c^{\mathrm{in}}}{p^{\mathrm{in}}}\nabla p_i^{\mathrm{in}} = \sum_n \frac{p_i^{\mathrm{in}}N_j^{\mathrm{in}} - p_j^{\mathrm{in}}N_i^{\mathrm{in}}}{p^{\mathrm{in}}D_{ij}^{\mathrm{in}}} - f_{im}^{\mathrm{in}}N_i^{\mathrm{in}} \tag{4.102}$$

$$f_{im}^{\mathrm{in}} = \frac{\kappa_i^{\mathrm{in}}}{B_0^{\mathrm{in}}f^{\mathrm{in}}} \tag{4.103}$$

在压裂改造区,混合物的连续性方程可以表示为

$$\frac{\partial(c^{\mathrm{in}}\phi^{\mathrm{in}})}{\partial t} + \nabla \cdot N^{\mathrm{in}} = -\sum_{i=1}^n \frac{\partial m_i}{\partial t} \tag{4.104}$$

根据式(4.94),混合物的摩尔通量 N^{in} 可以表示为

$$N^{\mathrm{in}} = \frac{1}{f_{nm}^{\mathrm{in}}}\left(-\frac{c^{\mathrm{in}}}{p^{\mathrm{in}}}\nabla p^{\mathrm{in}} - \sum_{i=1}^{n-1}f_{im}^{\mathrm{in}}N_i^{\mathrm{in}}\right) + \sum_{i=1}^{n-1}N_i^{\mathrm{in}} \tag{4.105}$$

在考虑应力敏感的情况下,压裂改造区的渗透率 B^{in} 和孔隙度 ϕ^{in} 为[28]

$$\phi^{in} = \phi_0^{in} \left(\frac{p_e^{in}}{p_0} \right)^{-q_p} \tag{4.106}$$

$$B^{in} = B_0^{in} \left(\frac{p_e^{in}}{p_0} \right)^{-s_k} \tag{4.107}$$

$$r^{in} = 2\sqrt{2\tau^{in}} \sqrt{\frac{B^{in}}{\phi^{in}}} \tag{4.108}$$

$$p_e^{in} = p_c - p^{in} \tag{4.109}$$

渗透率增强因子 B_{ratio} 的定义为

$$B_{ratio} = \frac{B^{in}}{B^{ou}} \tag{4.110}$$

假定在初始状态下,压裂改造区的孔隙度和未改造区的孔隙度相等[27]:

$$\phi_0^{in} = \phi_0^{ou} \tag{4.111}$$

压裂改造区和未改造区交界处满足压力连续条件,并以此作为两区的耦合条件。

二、人工裂缝多组分流体流动模型

采用离散裂缝模型表征水力裂缝,即对水力裂缝进行降维处理。对于二维问题,水力裂缝可以简化为一维线单元。这时,水力裂缝作为基质的内边界,水力裂缝和基质交界处满足压力连续条件。水力裂缝内,气体的流动满足达西定律,即非分离流动:

$$v_f = -\frac{k_f}{\mu} \nabla p_f \tag{4.112}$$

$$N_f = -w_f h \frac{k_f}{\mu} \nabla p_f \tag{4.113}$$

式(4.112)和式(4.113)中,∇p_f 为压差;N_f 为气体通量;w_f 为水力裂缝宽度,m;h 为缝高;v_f 为水力裂缝内的气体流速,m/s;μ 为混合物黏度,Pa·s;k_f 为水力裂缝渗透率,m²。水力裂缝渗透率随有效应力的增大而减小。假定生产过程中围压和水力裂缝宽度为定值,水力裂缝渗透率可以表示为[2]

$$k_f = k_{f0} e^{-3c_f(p_0-p)} \tag{4.114}$$

式中,c_f 为水力裂缝压缩系数,Pa⁻¹;p_0 为储层初始压力,Pa;k_{f0} 为水力裂缝初始渗透率,m²。水力裂缝内,气体的连续性方程(摩尔基单位)可以表示为

$$w_f \frac{\partial(\phi_f c_f)}{\partial t} + \nabla \cdot N_f = 0 \tag{4.115}$$

三、考虑多组分渗流影响的产能模型建立

图 4.57 展示了封闭页岩气藏内的一口多级压裂水平井。储层长为 L,宽为 W,厚度为 H。水力裂缝呈双翼形态,且沿井筒均匀分布。水力裂缝半长为 L_f,宽度为 w_f,缝高等于

储层厚度。基质分为压裂改造区和未改造区,其中压裂改造区的宽度和水力裂缝的长度相等[26,27]。分别采用式(4.88)和式(4.100)表征压裂未改造区和改造区内的多组分气体流动,并采用式(4.115)描述水力裂缝内的多组分气体流动。各区域的交界面处满足压力连续条件。页岩气从未改造区流入压裂改造区,再从压裂改造区流入水力裂缝,最后从水力裂缝流入井筒。水平井定压生产(井底压力为 p_w),且气体只能通过水力裂缝流入井筒,其余外边界均为封闭边界。因此,在水力裂缝和井筒的交点处(如图 4.57 中红点所示),边界条件为

$$p_f = p_w \tag{4.116}$$
$$v_i = v_f \tag{4.117}$$

式中,v_i 为组分 i 的流速,m/s。

综上,式(4.88)~式(4.117)构成了页岩气多级压裂水平井产能模型。由于 $p_i = x_i p$,因此只需求解 $n-1$ 个组分的分压 p_i 和总压 p。以有限元软件 COMSOL 为求解器,采用弱形式偏微分方程接口开发了裂缝渗流场模块,采用系数型偏微分方程接口开发了基质渗流场模块,并实现了耦合求解。考虑对称性,只取模型的一半进行计算。求解过程中涉及的动态参数,如吸附量、渗透率等采用外部自定义函数实现。

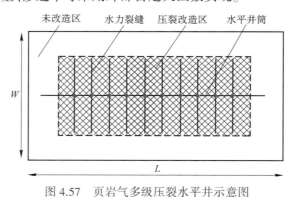

图 4.57　页岩气多级压裂水平井示意图

四、页岩气多组分产出特征及其对产能的影响

(一) 组分比例

首先研究了组分比例对累计产量的影响,模型参数如表 4.5 所示。原地页岩气组成分别设置为 85％甲烷+15％乙烷、90％甲烷+10％乙烷、95％甲烷+5％乙烷和 98％甲烷+2％乙烷,模拟结果如图 4.58 所示。从图中可以看出,若将页岩气视为单一组分甲烷,将会高估甲烷累计产量,尤其是在生产后期。此外,原地组成中甲烷含量越高,甲烷累计产量越高。具体地,在原地页岩气组成为 98％甲烷+2％乙烷的情况下,生产 1000 天后,甲烷累计产量为 $2.90 \times 10^7 \text{m}^3$。若将页岩气视为单一组分甲烷,生产 1000 天后,甲烷累计产量为 $3.11 \times 10^7 \text{m}^3$,约为前者的 1.07 倍。在原地页岩气组成为 95％甲烷+5％乙烷的情况下,生产 1000 天后,甲烷累计产量为 $2.81 \times 10^7 \text{m}^3$;若不考虑组分的影响,1000 天后,甲烷

累计产量被高估了 10.68%。

表 4.5 组分比例对累计产量影响的模型参数

参数	数值	单位
模型尺寸(长×宽)	2000×240	m×m
储层厚度	30	m
原始地层压力	28	MPa
井底压力	6	MPa
储层温度	350	K
甲烷黏度	$1.77×10^{-5}$[①]	Pa·s
乙烷黏度	$3.79×10^{-5}$[①]	Pa·s
未改造区初始渗透率	$2.53×10^{-20}$	m^2
渗透率增强因子	4	
渗透率应力敏感系数	0.08[②]	
初始孔隙度	0.03	
改造区迂曲度	3.7	
未改造区迂曲度	3.7	
孔隙度应力敏感系数	0.04[②]	
围压	52	MPa
压裂级数	21	
水力裂缝宽度	$3×10^{-3}$	m
水力裂缝半长	120	m
水力裂缝初始渗透率	$5×10^{-12}$	m^2
水力裂缝压缩系数	$3.5×10^{-8}$	Pa^{-1}
双组分相互作用参数	0	
极限孔隙体积	$1.01×10^{-2}$	cm^3/g
甲烷吸附特征能	3500	J/mol
乙烷吸附特征能	4100	J/mol
非均质参数	1.22	

①数据来自 NIST 的 REFPROP 软件。
②数据来自 Wu 等[30]。

(二) 组分间相互作用

进一步分析了组分间相互作用对产能的影响,相应的模型参数如表 4.5 所示,原地页岩气组成设置为 90%甲烷+10%乙烷。组分间的相互作用指的是分子相对运动产生的摩擦力。该摩擦力的大小与 Maxwell-Stefan 扩散项有关,与速度差成正比。由于组分间相互作用,运动速度快的分子将促使运动速度慢的分子加速运动。同时运动速度快的分子受运动速度慢的分子的制约,其运动速度变慢。组分间相互作用使得组分间的速度差异减

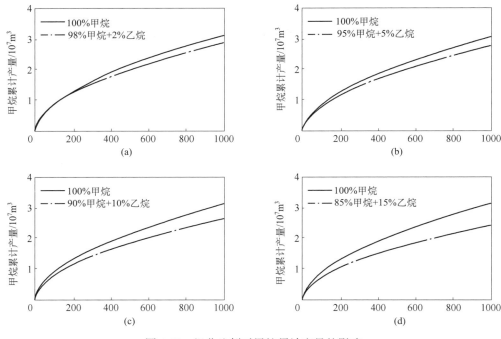

图 4.58　组分比例对甲烷累计产量的影响

小。甲烷和乙烷均属于小分子烃类。相对于乙烷,甲烷更轻且黏度更低。因此,在生产过程中,甲烷的流动速度大于乙烷,即甲烷优先被采出。在不考虑组分间相互作用的情况下的甲烷累计产量大于考虑组分间相互作用的情况,而乙烷累计产量低于考虑组分间相互作用的情况,如图 4.59 所示。这是因为,在考虑组分间相互作用的情况下,甲烷从页岩基质向水力裂缝流动的过程中会携带一部分乙烷到水力裂缝中,从而增加了乙烷产量。另一方面,

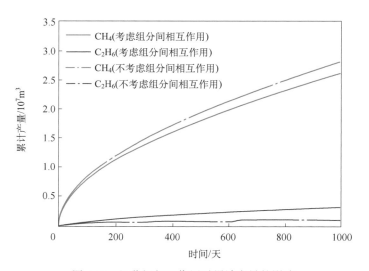

图 4.59　组分间相互作用对累计产量的影响

受乙烷流动的影响,甲烷的流动速度降低,从而导致甲烷产量降低。具体地,在考虑组分间相互作用的情况下,生产 1000 天后,甲烷累计产量为 $2.62\times10^7\,m^3$,乙烷累计产量为 3.14×10^6 m^3。在不考虑组分间相互作用的情况下,生产 1000 天后,甲烷累计产量为 $2.8\times10^7\,m^3$,乙烷累计产量为 $1.02\times10^6\,m^3$。

第四节 本 章 小 结

本章分别针对基质孔-人工缝分形分布、岩石变形应力敏感和多组分页岩气等特征,建立了三种页岩气压裂产能模型。

(1)采用连续介质模型和离散裂缝模型相结合的方法,建立页岩储层分形产能预测模型。有机质单元内部孔径和无机质单元内部孔径满足分形分布,模型考虑了基质孔径非均匀分布的特点。

(2)引入离散人工裂缝表征方法,建立页岩基质流固全耦合的压裂产能模型,该模型考虑了页岩基质孔隙度和裂缝导流能力的应力敏感性影响。

(3)采用连续介质模型表征改造区和未改造区,建立综合考虑多组分渗流、多组分吸附和应力敏感的页岩气多级压裂水平井产能模型。

参 考 文 献

[1] Hao S, Adwait C, Hussein H, et al. Understanding shale gas production mechanisms through reservoir simulation. SPE/EAGE European Unconventional Resources Conference and Exhibition, Vienna, 2014: 1-43.

[2] Zhang M, Yao J, Sun H, et al. Triple-continuum modeling of shale gas reservoirs considering the effect of kerogen. Journal of Natural Gas Science and Engineering, 2015,(24): 252-263.

[3] Warren J, Root P J. The behavior of naturally fractured reservoirs. Society of Petroleum Engineers Journal, 1963,(3): 245-255.

[4] Kazemi H, Merrill L Jr, Porterfield K, et al. Numerical simulation of water-oil flow in naturally fractured reservoirs. Society of Petroleum Engineers Journal, 1976, 16(6): 1114-1122.

[5] Yu W, Sepehrnoori K. Simulation of gas desorption and geomechanics effects for unconventional gas reservoirs.Fuel, 2014, 116: 455-464.

[6] Cao P, Liu J, Leong Y-K. A fully coupled multiscale shale deformation-gas transport model for the evaluation of shale gas extraction. Fuel, 2016, 178: 103-117.

[7] Yeager B B, Meyer B R. Injection/fall-off testing in the Marcellus shale: Using reservoir knowledge to improve operational efficiency. SPE Eastern Regional Meeting, Morgantown, 2010.

[8] Al-Ahmadi H A, Wattenbarger R A. Triple-porosity models: One further step towards capturing fractured reservoirs heterogeneity. SPE/DGS Saudi Arabia Section Technical Symposium and Exhibition, Al-Khobar, 2011.

[9] 张烨,潘林华,周彤,等. 龙马溪组页岩应力敏感性实验评价. 科学技术与工程, 2015, 15: 37-41.

[10] Saghafi A, Faiz M, Roberts D. CO_2 storage and gas diffusivity properties of coals from Sydney Basin, Australia. International Journal of Coal Geology, 2007, 20(1/3): 240-254.

[11] Setzmann U, Wagner W. A new equation of state and tables of thermodynamic properties for methane covering the range from the melting line to 625K at pressures up to 100MPa. Journal of Physical and

Chemical Reference Data 20, 1991：1061-1155.

［12］Span R, Wagner W. A new equation of state for carbon dioxide covering the fluid region from the triple-point temperature to 1100K at pressures up to 800MPa. Journal of Physical and Chemical Reference Data 25, 1996：1509-1596.

［13］Sakoda N, Uematsu M. A thermodynamic property model for fluid phase hydrogen sulfide. International Journal of Thermophysics, 2004, 25(3)：709-737.

［14］Reid R C, Prausanitz J M, Polling B E. 气体和液体性质. 李芝芬，杨恰生译. 北京：石油工业出版社，1994.

［15］Beskok A, Karniadakis G E. Report：A model for flows in channels, pipes, and ducts at micro and nano scales. Microscale Thermophysical Engineering, 1999, 3：43-77.

［16］Detournay E. Comprehensive rock engineering：Principles, practice and projects. Fundamentals of Poroelasticity, 1993, 2：113-171.

［17］McKee C R, Bumb A C, Koenig R A. Stress-dependent permeability and porosity of coal and other geologic formations. SPE Formation Evaluation, 1988, 3：81-91.

［18］Shi J, Durucan S. Drawdown induced changes in permeability of coalbeds：A new interpretation of the reservoir response to primary recovery. Transport in Porous Media, 2004, 56(1)：1-16.

［19］Robertson E P, Christiansen R L. A permeability model for coal and other fractured, sorptive-elastic media. SPE Journal, 2006, 13(3)：314-324.

［20］Goodman R E. Introduction to rock mechanics. Engineering Geology, 1982, 19(1)：72-74.

［21］Willis-Richards J, Watanabe K, Takahashi H. Progress toward a stochastic rock mechanics model of engineered geothermal systems. Journal of Geophysical Research Solid Earth, 1996, 101 (B8)：17481-17496.

［22］Weng X, Sesetty V, Kresse O. Investigation of shear-induced permeability in unconventional reservoirs. 49th US Rock Mechanics/Geomechanics Symposium. San Francisco, 2015.

［23］Raghavan R, Chin L Y. Productivity changes in reservoirs with stress-dependent permeability// SPE Annual Technical Conference and Exhibition, San Francisco, 2002.

［24］Chen D, Pan Z, Ye Z J F. Dependence of gas shale fracture permeability on effective stress and reservoir pressure：Mmodel match and insights. Fuel, 2015, 139：383-392.

［25］Alramahi B, Sundberg M. Proppant embedment and conductivity of hydraulic fractures in shales// 46th US Rock Mechanics/Geomechanics Symposium, Chicago, 2012.

［26］Clarkson C R, Williams-Kovacs J, Qanbari F, et al. History-matching and forecasting tight/shale gas condensate wells using combined analytical, semi-analytical, and empirical methods. Journal of Natural Gas Science and Engineering, 2015, 26：1620-1647.

［27］夏阳，金衍，陈勉，等. 页岩气渗流数学模型. 科学通报，2015, 60：2259-2271.

［28］Dong X, Liu H, Guo W, et al. Study of the confined behavior of hydrocarbons in organic nanopores by the potential theory. Fluid Phase Equilibria, 2016, 429：214-226.

［29］Chalmers G R, Ross D J, Bustin R M. Geological controls on matrix permeability of Devonian Gas Shales in the Horn River and Liard basins, northeastern British Columbia, Canada. International Journal of Coal Geology, 2012, 103：120-131.

［30］Wu K, Chen Z, Li X, et al. A model for multiple transport mechanisms through nanopores of shale gas reservoirs with real gas effect-adsorption-mechanic coupling. International Journal of Heat and Mass Transfer, 2016, 93：408-426.

第五章　水平井多级压裂完井参数优化设计

我国非常规油气资源储量十分丰富,相较于常规油气资源,传统开采方式难以获得自然工业产量,对于非常规资源,就要采取非常规手段。水力喷射多级压裂技术正是开采非常规油气藏的有效手段之一。常规逐层压裂一般采用机械或化学方法封隔,施工工序复杂,作业周期长。水力喷射压裂是 20 世纪 90 年代末期国外发展起来的增产改造新技术,它综合水力喷砂射孔、水力压裂、水力封隔等为一体,油管和环空双路径泵入压裂液体。采用连续油管实施水力喷射压裂技术可较准确制造裂缝、无需机械封隔、节省作业时间、减少作业风险,适用于直井逐层压裂改造,同样也是水平井增产改造有效可行的方法,对开发低渗透油气藏等难动用储量具有重要的意义和广阔前景。本章以页岩气储层产能模型为前提,为多级压裂完井参数优化提供理论支撑,并结合具体案例,对本章内容进行详细解读。

第一节　单组分页岩气水平井多级压裂完井参数优化设计

页岩气井压后产能同储层改造程度和水力裂缝导流能力等因素密切相关。为了分清这些因素及其交互作用的主次顺序,即区分哪个是主要因素,哪个是次要因素,本节采用试验设计分析法设计模拟方案,在页岩气水平井多级压裂产能计算模型基础上,对影响页岩气产能的压裂完井参数进行优化研究,分析各参数的影响程度强弱,并分别研究了各参数变化对产能的影响规律,最后给出了最优的参数设计参考值。

所谓试验设计分析法,就是利用一套现成的规格化表格——正交表来设计多因素试验或研究,并对结果进行统计分析,找出较优或最优的试验方案或参数设置的一种方法。本节选用两水平部分因子设计方法来寻找显著变量,为了提高计算效率采用半部分因子设计方法,即对 k 个因素仅需设计 $2k-1$ 次模拟方案。

本节以四川 QY 地区页岩气藏为研究对象,基于第四章建立的页岩气藏水平井产能预测模型,首先利用正交试验法对影响产能的人工裂缝参数进行强弱排序,再对完井参数进行优化分析。

一、QY 地区 QY1 井基本情况

四川 QY 地区地层构造简单、倾角小于 5°,表现为近水平展布,呈宽缓向斜轴部显著特征[1]。其中桑柘坪向斜长约 85km、宽为 14~20km,呈北东—南西方向展布,轴部开阔,地层倾角一般小于 5°,相对平缓。页岩气目的层为下志留统龙马溪组—上奥陶统五峰组,具有代表性;埋深在 1000m 内,面积约为 230km²,初步估计地质储量为 120 亿 m³。

QY1 井是一口位于桑柘坪向斜北东轴部的一口垂直预探井,主要用于了解该区块地

层时代、岩性、厚度、区域地质构造等,进而了解地层的含气性和赋存情况,获取各项地质参数。该井设计井深960m,压力梯度0.98MPa/100m,岩心测试结果显示,储层平均渗透率为146nD,平均孔隙度为4.1%,含气总量为2.1m³/t(表5.1)。根据含气量、渗透率、孔隙度、储层物性等参数对目标储层进行详细划分,将该区块页岩储层分为三层:730~733m、748~751m、792~801.8m,其中含气量最好的层段为792~801.8m。

表 5.1　QY1 井岩心测试结果[1]

岩心	深度 /m	体积密度 /(g/cm³)	总孔隙度 /%	含水饱和度 /%	含气饱和度 /%	渗透率 /mD
1	729	2.674	4.12	77.09	20.80	0.000076
2	736	2.710	4.01	56.10	41.66	0.000111
3	748	2.649	4.18	67.10	30.81	0.000082
4	756	2.689	1.76	38.69	56.35	0.00007
5	767	2.644	3.28	35.60	61.78	0.000115
6	790	2.589	5.30	43.85	54.53	0.000231
7	793	2.518	6.23	38.94	59.74	0.000269
8	799	2.579	5.71	50.94	47.56	0.000215

岩石力学结果分析显示,目的层水平方向静态杨氏模量为30~40GPa,垂直方向静态杨氏模量为30~38GPa,泊松比为0.15~0.2。层内岩石是硅质页岩,钙质成分较少,储层硬度较高,脆性较好,有利于实现体积压裂。

基于FMI测井资料分析,除第三层段天然裂缝发育外,前两层段天然裂缝发育较少;最大主应力方向主要为东西方向,最小主应力与垂向主应力相近,有利于产生复杂裂缝。

二、QY1 井产能历史拟合

QY1井是一口垂直探井,经过小规模压裂改造后,气井初期产气量达到2500m³/d,生产150天后产量下降到1000m³/d。本节基于QY区块的储层物性参数,建立了三维直井产能计算模型,用于历史拟合和产能预测。

由于QY1井压裂规模较小,730~733m、748~751m两层段天然裂缝数量较少,储层改造区域相对较小,本节选择气藏模型区域为800m×800m×100m,有效天然裂缝仅在人工裂缝附近存在。历史拟合过程中,由于模型参数变化较多,所以需要保证可调参数的修改计算均在合理范围内,得到最优拟合结果。模型计算选择的基本参数如表5.2所示。图5.1表示QY1井的日产量和累计产量拟合图。由图可知,整体趋势上日产量和累计产量拟合结果较好,证明建立的产能预测模型合理。图5.2是生产1000天时,储层内压力分布云图。从图5.2中可以看出,即使已生产1000天,垂直井对储层的改造区域仍然较小,不利于页岩气的商业开采。

表 5.2 历史拟合使用的基本模型参数

参数	取值	单位
模型区域	800×800×100	m×m×m
射孔点深度	30、50、95	m
储层压力	7.4	MPa
孔隙度	0.041	无量纲
朗缪尔压力	3.5	MPa
朗缪尔体积	2.0	m^3/t
基质渗透率	146	nD
气体黏度	$1.49×10^{-5}$	Pa·s
井底压力	3	MPa
储层压力梯度	0.98	MPa/100m
储层温度	320	K

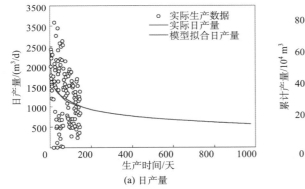
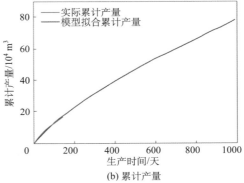

图 5.1 QY1 井日产量和累计产量拟合曲线

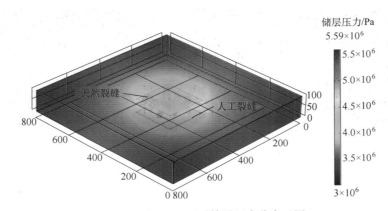

图 5.2 生产 1000 天时储层压力分布云图

三、水平井产能预测模型建立与影响因素试验分析

1.水平井产能预测模型建立

根据 QY 地区储层物性情况、QY1 直井压裂试产效果和页岩气开采经验,本节拟采用水平井多级多簇压裂完井方式。气藏模型区域为 2000m×1000m×100m。假设气藏在水平方向为各向异性,垂直方向为均质各向同性。为了节省计算时间,本节将空间三维气藏模型简化为平面二维模型,并以井筒作为对称轴,计算一半储层面积的产气量。根据目前四川涪陵页岩气藏开采经验[2],在我国现有钻井、压裂能力范围内,为了获得最大经济效益,本节设计水平段长度为 1500m,采用多级分簇压裂完井。模型假设一级三簇压裂,各级间距相等。经过大型水力压裂后,储层中原有闭合的天然裂缝重新张开,形成复杂缝网(图 5.3)。通过调研、分析该区块内岩心测试结果[3],该模型中将有机质最大、最小孔径分别设定为 60nm、1.5nm,无机质最大、最小孔径设定为 250nm、2.5nm。图 5.4 为生产 500 天后储层内基质渗透率分布图,可以看出渗透率分布在 138～158nD,与岩心测试结果得到的平均渗透率 147nD 相近,可认为设定值合理。裂缝半长为 100～400m,人工裂缝导流能力为 0.1～100D,天然裂缝渗透率为 500mD,裂缝条数为 8～16 条。

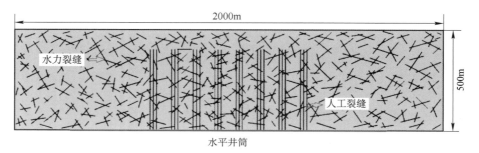

图 5.3 水平井产能预测模型

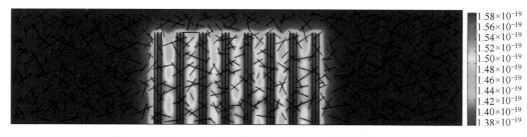

图 5.4 生产 500 天后储层内基质渗透率分布图(单位:m²)

2.影响因素试验分析

影响页岩气井产能的完井因素包括压裂级数、级间距、簇间距、裂缝半长、人工裂缝导流能力等多种因素,进行完井参数设计时首先从对产能影响较大的因素开始优化,以保证

产能最大化。本节主要研究这五个因素对产能影响的强弱顺序,作为下一步优化完井参数的基础。

本节选用半部分因子设计法,对不同模拟方案计算得到的累计产能结果进行统计分析,将累计产气量作为响应量导入 Design of Expert 软件中,得到各因素的影响程度。

本节选取压裂级数、级间距、簇间距、裂缝半长和人工裂缝导流能力这五个因素的变化水平分别为 4 和 8、100m 和 200m、15m 和 40m、100m 和 400m、1mD·m 和 100mD·m,共设计 2^4 个模拟方案,得到试验方案设计表 5.3。

表 5.3　半部分因子方案设计表

序号	压裂级数 无量纲	级间距 /m	簇间距 /m	裂缝半长 /m	裂缝导流能力 /(mD·m)
1	8	200	40	100	1
2	4	200	40	100	100
3	4	200	15	100	1
4	4	100	15	400	1
5	4	100	40	100	1
6	4	100	15	100	100
7	8	100	40	100	100
8	8	200	15	100	100
9	8	100	15	100	1
10	4	100	40	400	100
11	8	100	15	400	100
12	8	100	40	400	1
13	4	200	40	400	1
14	4	200	15	400	100
15	8	200	15	400	1
16	8	200	40	400	100

图 5.5 为各因素的半正态概率分布图。图中偏离拟合直线越远的变量对累计产气量的影响越显著。由此可知,影响产能最显著的因素是压裂级数,裂缝半长、级间距、簇间距的影响次之,裂缝导流能力的影响最不明显。

四、完井参数优化

QY1 井日产量较低,且生产到 150 天时产能严重下降,主要因为该直井对储层改造体积较小,无法实现页岩气的商业化开采。本节以产能和经济最大化为目标,对开采区块的水平井完井参数进行优化,主要思路如下:首先对比直井和水平井的累计产气量,然后根据上述得到的影响产能的强弱顺序,以 5000 天的累计产气量为目标,依次对压裂级数、裂缝半长、级间距、簇间距和裂缝导流能力等完井参数进行优化。

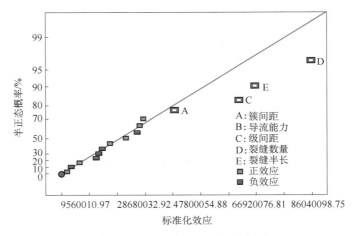

图 5.5　五因素半正态概率分布图

1. 水平井与直井对比

图 5.1 中已得到生产 1000 天时直井的累计产气量。为了对比水平井和直井对产能的影响,采用相同的模型参数,假设水平井为三级单簇压裂,裂缝半长为 100m,各级间距为 100m,得到生产 1000 天时水平井的累计产气量。由图 5.6 可知,1000 天时水平井的累计产气量约为直井累计产量的 1.6 倍。这主要是因为采用直井开发时,与储层接触面积有限,压裂改造区域较小;而采用水平井生产时,大型水力压裂后很多闭合的天然裂缝重新张开,储层改造体积较大,有利于页岩气的开采,因此在该区块采用水平井开发页岩很有必要。

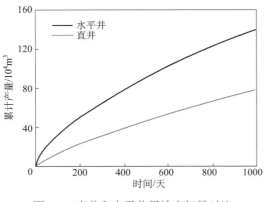

图 5.6　直井和水平井累计产气量对比

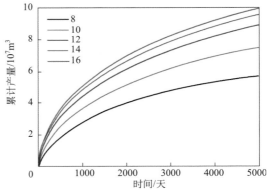

图 5.7　不同压裂级数时的累计产气量

2. 压裂级数

由于压裂级数对页岩气产能影响最显著,所以首先对压裂级数进行优化。保证裂缝半长为300m,级间距为100m,簇间距为20m,人工裂缝导流能力为1mD·m,得到不同压裂级数时的累计产气量(图5.7)。由图5.7可知,压裂级数越多,累计产气量越大;级数越多,累计产量增幅越小。如压裂16级时累计产量是12级的1.1倍,而压裂12级的累计产量是8级累计产量的1.6倍。说明并不是压裂级数越多越好,最佳压裂级数为12~14。这主要是因为压裂级数越多,储层改造越充分(图5.8);当压裂级数达到一定程度后,储层改造程度已经较好,再增加压裂级数对储层改造效果影响不明显。

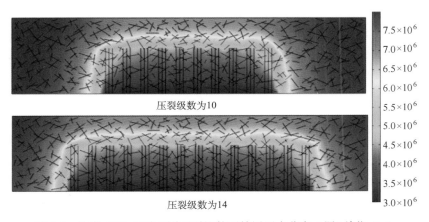

图5.8 生产5000天时不同压裂级数下储层压力分布云图(单位:Pa)

3. 裂缝半长

仅改变人工裂缝半长,选择压裂级数为14,其他参数保持不变,得到裂缝半长对累计产气量的影响(图5.9)。由图5.9可知,随着裂缝半长的增加,累计产量逐渐增大。这是由于增大裂缝半长导致页岩储层改造面积增大,提高了累计产气量。人工裂缝越长,施工

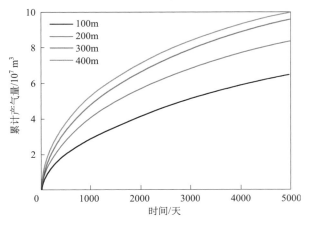

图5.9 不同裂缝半长时的累计产气量

难度和成本越高,当缝长超过 300m 时,累计产气量增加幅度有所降低,说明缝长并非越长越好。对于该区块,最佳裂缝半长为 300m。

4. 级间距

保证压裂级数为 14,裂缝半长为 300m,其他模型参数不变,仅改变级间距,得到不同级间距时页岩气的累计产气量(图 5.10)。由图分析可知,当裂缝级间距由 60m 增大到 120m 时,累计产量逐渐增加,但增加幅度逐渐降低;生产到 3800 天时,级间距等于 100m 时的累计产量超过级间距为 120m 时的累产量,这是由于生产前期,级间距较大时生产速率较高,储层能量下降较快,造成后期供气不足,级间距较大时累计产量反而较小。所以,以 5000 天的累计产气量为目标时,级间距为 100m 为最优选择。

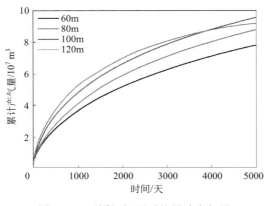

图 5.10 不同级间距时的累计产气量

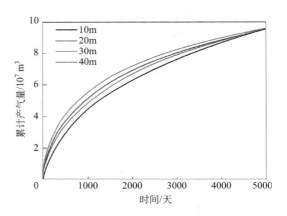

图 5.11 不同簇间距时的累计产气量

5. 簇间距

选取压裂级数为 14,裂缝半长为 300m,级间距为 100m,其他模型参数不变,仅改变簇间距,得到簇间距对页岩气累计产气量的影响(图 5.11)。由图 5.11 可知,生产前期,增大簇间距累计产气量有所增大,生产后期累计产量基本相等,这说明簇间距对页岩气藏产能影响不显著,与前面得到的结论吻合。裂缝簇间距过小,会导致缝网改造储层范围较小;簇间距过大会造成压裂级数减少,裂缝之间相互干扰,页岩气产量下降。本节选择 20～30m 作为最优簇间距。

6. 裂缝导流能力

根据上述完井参数优化结果,选取压裂级数为 14,裂缝半长为 300m,级间距为 100m,簇间距为 20m,仅改变人工裂缝导流能力,其他模型参数不变,得到导流能力对累计产量的影响(图 5.12)。由图可知,裂缝导流能力不同时,页岩气累计产量相差不大。这主要是因为相比天然裂缝和基质,人工裂缝导流能力大得多,缝内流动传输能力远大于基质和天然裂缝的供气能力,所以当人工裂缝导流能力达到一定程度后,即使降低导流能力,累产气量也不会受到很大影响。人工裂缝导流能力越大,压裂成本越高,从经济性角度考虑,选择最佳导流能力为 $1\sim10\mathrm{mD\cdot m}$。

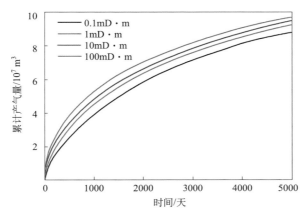

图 5.12 不同裂缝导流能力时的累计产气量

第二节 多组分页岩气水平井多级压裂完井参数优化设计

基于考虑多组分流体相互作用的页岩气压裂产能模型,结合试验设计分析法研究完井参数对产能的影响,并给出了相应的优化分析。

一、案例井基本情况

案例井是一口虚拟的页岩气多级压裂水平井,其基本参数源于我国南方和北美页岩气开发实践,如表 5.4 所示。为了分析、压裂级数、渗透率增强因子、水力裂缝初始渗透率和水力裂缝宽度等因素及其相互作用对产能的影响,采用试验设计分析法安排模拟方案,如表 5.5 所示。

表 5.4 页岩气压裂产能模型多因素影响分析关键参数

参数	数值	单位
模型尺寸(长×宽)	2000×240	m×m
储层厚度	30	m
原始页岩气组成	90%CH_4+10%C_2H_6	
原始地层压力	28	MPa
井底压力	6	MPa
储层温度	350	K
甲烷黏度	1.77×10^{-5}[1]	Pa·s
乙烷黏度	3.79×10^{-5}[1]	Pa·s
未改造区初始渗透率	2.05×10^{-20}	m^2
渗透率应力敏感系数	0.08[2]	

参数	数值	单位
初始孔隙度	0.03	
改造区迂曲度	3.7	
未改造区迂曲度	3.7	
孔隙度应力敏感系数	0.04[2]	
水力裂缝半长	120	m
水力裂缝压缩系数	$3.5×10^{-8}$	Pa^{-1}
围压	52	MPa
双组分相互作用参数	0	
极限孔隙体积	$1.01×10^{-2}$	cm^3/g
甲烷吸附特征能	3500	J/mol
乙烷吸附特征能	4100	J/mol
非均质参数	1.22	

①数据来自 NIST 的 REFPROP 软件。

②数据来自 Wu 等[4]。

表 5.5 全因子设计

方案	压裂级数	渗透率增强因子	水力裂缝初始渗透率/m^2	水力裂缝宽度/m
1	11	10	$2×10^{-11}$	$5×10^{-3}$
2	31	10	$2×10^{-11}$	$1×10^{-3}$
3	31	2	$2×10^{-11}$	$5×10^{-3}$
4	11	2	$5×10^{-13}$	$5×10^{-3}$
5	31	10	$2×10^{-11}$	$5×10^{-3}$
6	31	2	$5×10^{-13}$	$1×10^{-3}$
7	11	2	$2×10^{-11}$	$1×10^{-3}$
8	31	2	$2×10^{-11}$	$1×10^{-3}$
9	11	2	$5×10^{-13}$	$1×10^{-3}$
10	11	2	$2×10^{-11}$	$5×10^{-3}$
11	11	10	$2×10^{-11}$	$1×10^{-3}$
12	31	10	$5×10^{-13}$	$5×10^{-3}$
13	11	10	$5×10^{-13}$	$5×10^{-3}$
14	11	10	$5×10^{-13}$	$1×10^{-3}$
15	31	2	$5×10^{-13}$	$5×10^{-3}$
16	31	10	$5×10^{-13}$	$1×10^{-3}$

二、完井参数显著性分析

图 5.13 展示了不同模拟方案的累计产量。由于曲线较密集,图 5.13 仅展示了累计产量的最小值和最大值。其中,最小值随时间的变化用蓝色实线表示,最大值随时间的变化用红色实线表示,各曲线之间的区域采用灰色充填。从图 5.13 中可以看出,生产 5000 天后,甲烷累计产量的最大值为 $9.14×10^7 m^3$,而最小值为 $1.60×10^7 m^3$,两者差值高达 $7.54×10^7 m^3$。因此,通过优化完井参数可以显著提高页岩气井产能。图 5.14 展示了生产 1000 天、3000 天和 5000 天后,不同模拟方案的甲烷累计产量。从图 5.14 中可以看出,方案 2 和方案 5 明显地优于其他方案。生产 5000 天后,方案 2 的累计产量为 $8.96×10^7 m^3$,方案 5 的累计产量为 $9.14×10^7 m^3$,而其他方案的累计产量均低于 $8×10^7 m^3$。

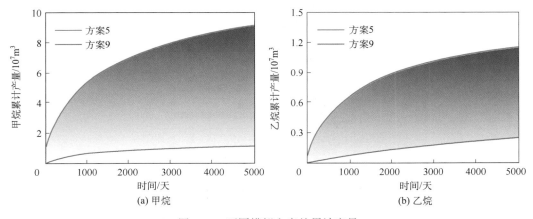

图 5.13 不同模拟方案的累计产量

甲烷是页岩气的主要成分,是非常重要的燃料。因此,后面的优化分析主要针对甲烷产量。将不同模拟方案的甲烷累计产量(5000 天)作为响应量输入试验设计软件(design expert)中,并分析不同因素对响应的影响程度。图 5.15 为各因素及其交互作用的半正态概率分布图。图 5.15 中偏离拟合直线的因素为显著因素,偏离拟合直线越远对响应量的影响越大。因此,生产 5000 天后,对甲烷累计产量影响最大的因素为压裂级数,其次为渗透率增强因子,再次为水力裂缝初始渗透率。相对于半正态概率分布图,Pareto 图更直观地展示了各因素的影响程度,如图 5.16 所示。

图 5.17 展示了不同时刻各显著因素对甲烷累计产量的影响程度。随着生产时间的延长,压裂级数对累计产量的影响越来越大,而水力裂缝初始渗透率对甲烷累计产量的影响逐渐变小。此外,渗透率增强因子的影响几乎不随时间变化。

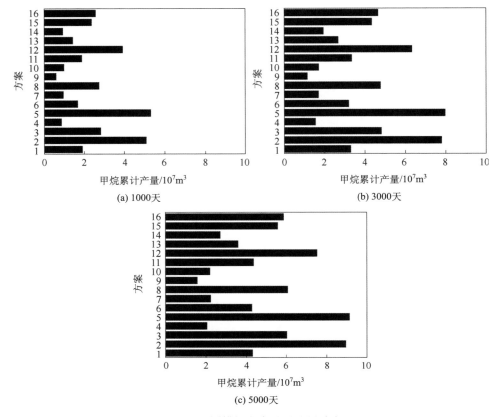

图 5.14 不同模拟方案的甲烷累计产量

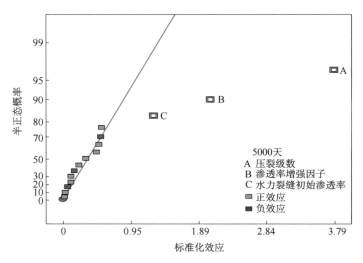

图 5.15 三因素半正态概率图

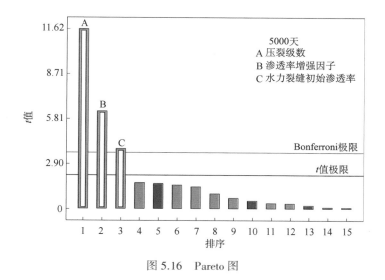

图 5.16 Pareto 图

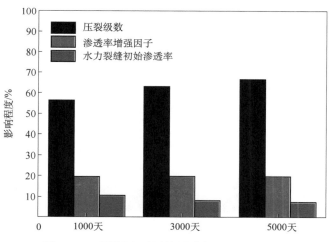

图 5.17 不同因素对甲烷累计产量的影响程度

1.压裂级数

保持压裂长度(1500m)不变,通过调整级间距改变压裂级数,模拟得到了不同压裂级数下的甲烷累计产量,如图 5.18 所示。本算例中,渗透率增强因子设定为 6,水力裂缝宽度设定为 $3 \times 10^{-3} m$,水力裂缝初始渗透率设定为 $5 \times 10^{-13} m^2$ 或 $2 \times 10^{-11} m^2$,其余模型参数如表 5.5 所示。从图 5.18 中可以看出,随着压裂级数的增加,甲烷累计产量增加。但是当压裂级数增加到一定程度后,甲烷累计产量增幅减缓。如图 5.18(a)所示,当压裂级数从11 级增加至 16 级时,甲烷累计产量(5000 天)从 $2.81 \times 10^7 m^3$ 增至 $4.02 \times 10^7 m^3$,增幅为43.06%。当压裂级数从 16 级增加至 21 级时,甲烷累计产量(5000 天)从 $4.02 \times 10^7 m^3$ 增至 $5.05 \times 10^7 m^3$,增幅为25.62%。进一步地,当压裂级数从 21 级增加至 26 级时,甲烷累计产量(5000 天)从 $5.05 \times 10^7 \mathrm{m}^3$ 增至 $5.89 \times 10^7 \mathrm{m}^3$，增幅仅为 16.63%。此外，随着水力裂缝初始渗透率的增加，压裂级数对产能的影响略微减弱。在水力裂缝初始渗透率为 $5 \times 10^{-13} \mathrm{m}^2$ 的情况下，当压裂级数从 11 级增加至 31 级时，甲烷累计产量(5000 天)从 $2.81 \times 10^7 \mathrm{m}^3$ 增至 $6.56 \times 10^7 \mathrm{m}^3$，增加了约 133.45%。在水力初始渗透率为 $2 \times 10^{-11} \mathrm{m}^2$ 的情况下，当压裂级数从 11 级增加至 31 级时，甲烷累计产量(5000 天)从 $3.5 \times 10^7 \mathrm{m}^3$ 增至 $8.1 \times 10^7 \mathrm{m}^3$，增加了约 131.43%。

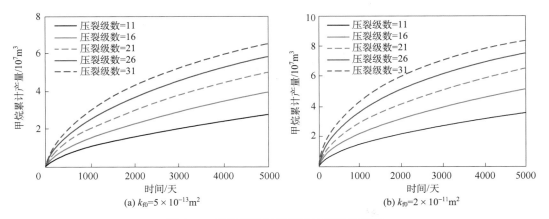

图 5.18　压裂级数对甲烷累计产量的影响

图 5.19 展示了压裂级数对甲烷日产量的影响。由图 5.19 可知，在生产初期，压裂级数越高，甲烷日产量越高。此外，当水力裂缝初始渗透率较高时($k_{f0} = 2 \times 10^{-11} \mathrm{m}^2$)，压裂级数越高，级间距越小，产量递减越快。

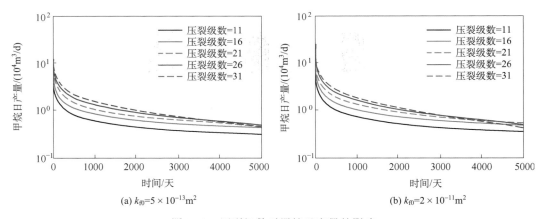

图 5.19　压裂级数对甲烷日产量的影响

如图 5.19(b)所示，当压裂级数为 31 级时，生产 5000 天后，甲烷日产量为 $4.72 \times 10^3 \mathrm{m}^3/\mathrm{d}$。当压裂级数为 21 级时，生产 5000 天后，甲烷日产量为 $5.86 \times 10^3 \mathrm{m}^3/\mathrm{d}$，约为前者的 1.24 倍。这是因为压裂级数越高，级间距越小，缝间干扰越严重，从而导致生产后期产量递减较快。相对于水力裂缝初始渗透率较高的情况，当水力裂缝初始渗透率为

$5×10^{-13}\,m^2$ 时,生产后期的裂缝干扰效应不明显。因此,在能够建立高渗透率水力裂缝的情况下,可以适当减小压裂级数以减小缝间干扰;反之,可以适当增加压裂级数以提高产量。在本算例中,最优压裂级数推荐 26 级。

2.水力裂缝初始渗透率

表 5.5 中的参数保持不变,将压裂级数设定为 26 级,水力裂缝宽度设定为 $3×10^{-3}\,m$,渗透率增强因子设定为 6,计算了不同水力裂缝初始渗透率下的甲烷累计产量,如图 5.20 所示。从图中可以看出,随着水力裂缝初始渗透率的增大,甲烷累计产量逐渐增大。当水力裂缝初始渗透率大于 $3×10^{-12}\,m^2$ 时,继续增加水力裂缝初始渗透率对甲烷累计产量的影响不明显。此外,当水力裂缝初始渗透率增加到一定程度后($k_{f0}=3×10^{-12}\,m^2$),进一步增加水力裂缝初始渗透率,甲烷累计产量(5000 天)反而下降。具体的,当水力裂缝初始渗透率从 $5×10^{-13}\,m^2$ 增加到 $5×10^{-12}\,m^2$ 时,甲烷累计产量(5000 天)从 $5.83×10^7\,m^3$ 增至 $7.36×10^7\,m^3$,增加了 26.24%。而当水力裂缝初始渗透率从 $5×10^{-12}\,m^2$ 增加到 $2×10^{-11}\,m^2$ 时,甲烷累计产量(5000 天)从 $7.36×10^7\,m^3$ 降低为 $7.29×10^7\,m^3$,这是应力敏感效应造成的。生产初期,水力裂缝中的自由气首先被采出。随后,基质向水力裂缝供气。提高水力裂缝初始渗透率可以降低气体在水力裂缝内的流动阻力。但是相对于水力裂缝,基质的渗透率极低,因此基质的供气能力有限。在本算例中,当水力裂缝初始渗透率增加到 $3×10^{-12}\,m^2$ 后,受基质供气能力和应力敏感效应的制约,继续增加水力裂缝初始渗透率的意义不大。

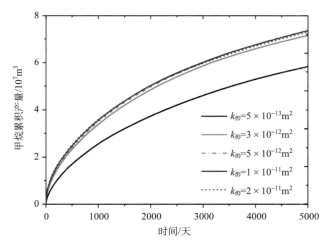

图 5.20 水力裂缝初始渗透率对甲烷累计产量的影响

3.水力裂缝宽度

表 5.5 中的参数保持不变,将压裂级数设定为 26 级,水力裂缝初始渗透率设定为 $3×10^{-12}\,m^2$,渗透率增强因子设定为 6,计算了不同水力裂缝宽度下的甲烷累计产量,如图 5.21所示。甲烷累计产量随水力裂缝宽度的增加而增加。但是,当水力裂缝宽度增加到

一定程度后(3×10^{-3}m),进一步增加水力裂缝宽度,甲烷累计产量增幅不明显。具体的,当水力裂缝宽度为3×10^{-3}m、4×10^{-3}m和5×10^{-3}m时,甲烷累计产量(5000天)分别为7.20×10^7m^3、7.26×10^7m^{3}和7.31×10^7m^3。当水力裂缝宽度较小时,水力裂缝向井筒的供气能力有限,无法快速地将缝内的气体输送出去。水力裂缝宽度越大,其向井筒供气的能力越强。但是受基质供气能力的制约,水力裂缝宽度增加到一定程度后,累计产量增幅减缓。

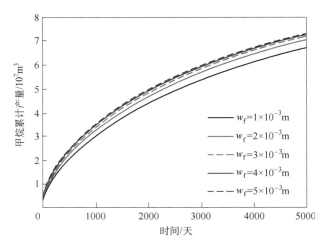

图 5.21　水力裂缝宽度对甲烷累计产量的影响

4.水力裂缝初始导流能力

表 5.5 中的参数保持不变,将压裂级数设定为 26 级,渗透率增强因子设定为 6,计算了不同水力裂缝初始导流能力下的甲烷累计产量,如图 5.22 和图 5.23 所示。从图 5.22 中可以看出,在水力裂缝初始导流能力较低($\leqslant$5mD·m)的情况下,提高水力裂缝初始导流能力可以有效地增加甲烷累计产量。当水力裂缝初始导流能力从 1mD·m 增加到 5mD·m时,甲烷累计产量(5000天)从 5.39×10^7m^3 增至 6.87×10^7m^3,增加了 27.46%。水力裂缝导流能力表征气体沿裂缝的流动能力。水力裂缝导流能力低,意味着气体在裂缝内流动受阻,造成累计产量下降。水力裂缝导流能力高,意味着气体在裂缝内容易流动。但是由于基质渗透率低,气体从基质流入水力裂缝是一个瓶颈。当水力裂缝初始导流能力较强时(>15mD·m),进一步增加水力裂缝初始导流能力,生产后期的甲烷累计产量反而下降,这是由于应力敏感效应所致。因此,过高的水力裂缝初始导流能力并不能保证页岩气井处于最优的生产状态,此外还会增加作业费用。

从图 5.23 中可以看出,甲烷累计产量随着水力裂缝初始导流能力的减小而降低,当水力裂缝初始导流能力较强时,累计产量的降幅不明显。

从图 5.23 中还可以看出,随着生产时间的延长,因水力裂缝初始导流能力减小而造成的产量损失会逐渐增大。具体地,当水力裂缝初始导流能力为 5mD·m 时,生产 1000 天后,甲烷累计产量为 3.23×10^7m^3。当水力裂缝初始导流能力减小为 1mD·m 时,生产 1000 天后,甲烷累计产量为 2.30×10^7m^3,相应的产量损失为 9.3×10^6m^3。5000 天后,该产量损

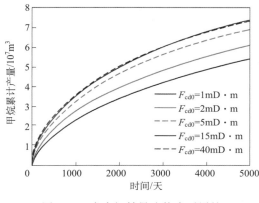

图 5.22 水力初始导流能力对甲烷
累计产量的影响

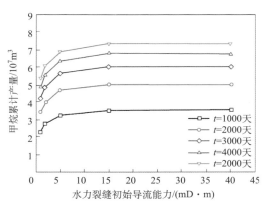

图 5.23 甲烷累计产量随水力裂缝
初始导流能力的变化

失增加为 $1.48 \times 10^7 \text{m}^3$,约为 1000 天时的 1.59 倍。

5.渗透率增强因子

表 5.5 中的参数保持不变,将压裂级数设定为 26 级,水力裂缝宽度设定为 $3 \times 10^{-3} \text{m}$,水力裂缝初始渗透率设定为 $3 \times 10^{-12} \text{m}^2$,计算不同渗透率增强因子下的甲烷累计产量。图 5.24 和图 5.25 展示了不同时刻的甲烷分压分布。从图中可以看出,在生产初期,甲烷分压仅在水力裂缝周围有明显下降。随着生产时间的延长,压力变化范围增大,并逐渐覆盖整个压裂改造区。随后,压力波向储层未改造区传播,但是由于储层未改造区渗透率极低,其压力变化不明显。当渗透率增强因子 $B_{\text{ratio}} = 10$ 时,生产 5000 天后,低压区已经波及压裂改造区的边缘。渗透率增强因子越大,压裂改造区渗透率越高。因此,生产中后期,压裂改造区压力下降明显。当渗透率增强因子 $B_{\text{ratio}} = 2$ 时,生产 5000 天后,低压区仍集中在水力裂缝周围。

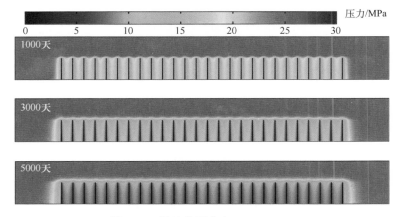

图 5.24 甲烷分压分布($B_{\text{ratio}} = 10$)

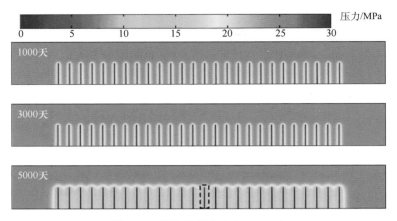

图 5.25　甲烷分压分布($B_{\text{ratio}} = 2$)

图 5.26 展示了不同渗透率增强因子下甲烷累计产量随时间的变化。从图中可以看出,甲烷累计产量随着渗透率增强因子的增加而增大,但是当渗透率增强因子增加到一定程度后,累计产量增幅减小。具体地,当渗透率增强因子从 2 增加至 4 时,甲烷累计产量(5000 天)从 $5.13 \times 10^7 \text{m}^3$ 增至 $6.45 \times 10^7 \text{m}^3$,增幅为 25.73%。当渗透率增强因子从 4 增加至 6 时,甲烷累计产量(5000 天)从 $6.45 \times 10^7 \text{m}^3$ 增至 $7.16 \times 10^7 \text{m}^3$,增幅为 11.01%。进一步地,当渗透率增强因子从 6 增加至 8 时,甲烷累计产量(5000 天)从 $7.16 \times 10^7 \text{m}^3$ 增至 $7.65 \times 10^7 \text{m}^3$,增幅仅为 6.84%。

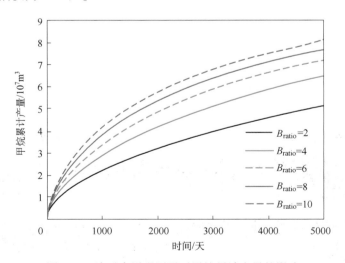

图 5.26　渗透率增强因子对甲烷累计产量的影响

从图 5.26 中还可以看出,在生产后期,渗透率增强因子越大,甲烷累计产量曲线越平缓。具体地,当渗透率增强因子为 10 时,生产 1000 天后,甲烷累计产量为 $4.15 \times 10^7 \text{m}^3$,约占 5000 天累计产量($8.03 \times 10^7 \text{m}^3$)的 51.68%,这意味着生产前期的贡献很大。当渗透率增强因子为 2 时,生产 1000 天后,甲烷累计产量为 $2.22 \times 10^7 \mathrm{m}^3$,约占 5000 天累计产量 ($5.13 \times 10^7 \mathrm{m}^3$) 的 43.28%。这是因为渗透率增强因子越低,压裂改造区的供气能力越弱。生产中前期,压裂改造区仅有部分气体被采出。随着生产时间的延长,压裂改造区继续向水力裂缝供气,生产后期甲烷累计产量增加明显。渗透率增强因子越大,压裂改造区的供气能力越强。该算例中,水力裂缝初始渗透率也较大。因此,在生产中前期,压裂改造区压力下降明显,其中的大部分气体被采出。随后,储层未改造区向压裂改造区供气,但是由于储层未改造区渗透率极低,生产后期甲烷累计产量增加不明显。因此,对于希望短期快速收回成本的作业商,应考虑增加压裂改造区渗透率,以提高短期产量。

最后研究了水力裂缝无因次导流能力随时间的变化。水力裂缝无因次导流能力的定义如下:

$$c_{\mathrm{fD}} = \frac{k_{\mathrm{f}} w_{\mathrm{f}}}{B^{\mathrm{in}} L_{\mathrm{f}}} \tag{5.1}$$

式中,L_{f} 为水力裂缝半长,m。

值得注意的是,在传统的 c_{fD} 定义中,k_{f}、L_{f}、B^{in} 和 w_{f} 均为定值,因此 c_{fD} 也为一定值。而在式 (5.1) 中,k_{f} 和 B^{in} 分别与水力裂缝内平均压力和压裂改造区平均压力有关,因此 c_{fD} 与时间相关。c_{fD} 高,意味着水力裂缝传输气体至井筒的能力强,而压裂改造区输送气体至水力裂缝的能力弱;c_{fD} 低,意味着气体在水力裂缝内流动受阻,而压裂改造区的供气能力强。以第 14 条水力裂缝(如图 5.25 中黑色虚线框所示)为研究对象,计算了其无因次导流能力,计算结果如图 5.27 所示。从图 5.27 中可以看出,随着生产时间的延长,c_{fD} 降低。此外,c_{fD} 在初始时刻迅速下降而后期趋于稳定。当渗透率增强因子为 6 时,初始时刻 $c_{\mathrm{fD}} = 869.41$。生产 10 天后,c_{fD} 降低为 147.48,降幅高达 83.04%。随后,c_{fD} 继续下降但降幅减缓,60 天后,c_{fD} 降低为 122.86。这是因为,生产初期水力裂缝中的气体首先被采出,缝内压力迅速下降,由于应力敏感效应,水力裂缝渗透率迅速降低。随后,压裂改造区向水力裂缝供气,压裂改造区压力逐渐降低。相对于水力裂缝,压裂改造区渗透率极低。

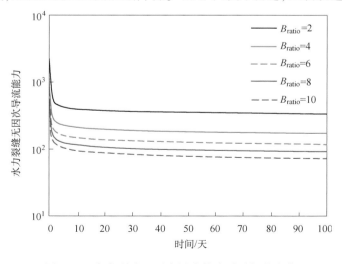

图 5.27 水力裂缝无因次导流能力随时间的变化

因此,压裂改造区压力变化不明显,导致压裂改造区渗透率变化较小。因此,根据式(5.1)可知,c_{fD} 会迅速下降。随着生产时间的延长,水力裂缝渗透率降低幅度减小,因此 c_{fD} 的下降趋势逐渐减缓。

在常规压裂设计中,对于恒定的裂缝长度,通常将 $c_{fD}=30$ 作为优化目标[5]。而在本算例中 $c_{fD}>30$。由式(5.1)可知,若要达到 $c_{fD}=30$ 的目标,可以降低水力裂缝渗透率或提高压裂改造区渗透率(提高渗透率增强因子)。由前面的分析可知,当渗透率增强因子等于 8 时,进一步提高压裂改造区渗透率无法有效提高产量。若假定 $k_{ratio}=8$,若要达到 $c_{fD}=30$ 的目标,在忽略应力敏感的情况下,水力裂缝渗透率应降低为 $1.97\times10^{-13}\,\mathrm{m}^2$,这显然不可取。因此,$c_{fD}=30$ 的优化目标并不适合页岩气藏,这一结论同 Cipolla 等[6]的观点一致。

第三节 本 章 小 结

本章基于基质孔-人工缝耦合的页岩气产能模型,结合实际案例,对压裂级数、裂缝半长、级间距、簇间距和裂缝导流能力等关键完井参数进行了优化研究,建立了基于正交试验设计分析法的水平井多级压裂完井参数优化方法。

参 考 文 献

[1] 牟松茹. 页岩气藏体积压裂产能预测研究. 北京:中国石油大学(北京), 2013.

[2] 路保平. 中国石化页岩气工程技术进步及展望. 石油钻探技术, 2013, 41(5):1-7.

[3] 李军,金武军,王亮,等. 利用核磁共振技术确定有机孔与无机孔孔径分布——以四川盆地涪陵地区志留系组页岩气储层为例. 石油与天然气地质, 2016, 37(1):129-134.

[4] Wu K, Chen Z, Li X, et al. A model for multiple transport mechanisms through nanopores of shale gas reservoirs with real gas effect-adsorption-mechanic coupling. International Journal of Heat and Mass Transfer, 2016, 93:408-426.

[5] Gu M, Kulkarni P, Rafiee M, et al. Optimum fracture conductivity for naturally fractured shale and tight reservoirs. SPE Production & Operations, 2016, 31:289-299.

[6] Cipolla C L, Warpinski N R, Mayerhofer M J, et al. The relationship between fracture complexity, reservoir properties, and fracture treatment design//SPE Annual Technical Conference and Exhibition, Denver, 2008.

第六章 水力喷射径向井靶向压裂方法

第一节 水力喷射径向井靶向压裂方法原理

水力喷射径向水平井技术是一种采用高压射流钻头沿主井筒径向方向钻出一个或多个呈单层或多层分布的,半径为20~50mm、长度为10~100m的微小水平井眼的新型钻井技术[1-7],该技术已应用于国内外多个油田[8-15]。径向水平井(简称"径向井")能够增加井筒与储层接触面积[16],穿透主井筒附近污染带,沟通储层天然裂缝、节理及断裂带[16],从而提高油气井单井产量。但在垂向渗透率较小或天然裂缝不发育的储层,径向井增产效果不佳[17]。

为此,李根生等[18]提出将水射流径向钻孔控制压裂方法用于油气储层增产改造的新思路,并于2014年申请了国家发明专利,即首先在煤层主井眼水射流钻成不同空间方位、数量、长度的径向孔眼(图6.1),利用孔间应力干扰作用一体化压裂形成人工裂缝,之后继续在不同层位(段)喷射钻出多个分支孔眼并进行一体化压裂,从而实现"一井多层(段)、一层(段)多孔,一孔多缝"的复杂三维裂缝网络,理论上可实现无限级的压裂改造。一定长度的径向分支孔眼可望沟通距离主井筒较远的地层,避免或改善近井地带砂堵;不同径向孔眼分支在水平和垂直方向相互交错干扰,压裂后可望在煤层中形成一个辐射面积较大的复杂裂缝网络,这无疑会大幅度提高煤层气的单井产量。

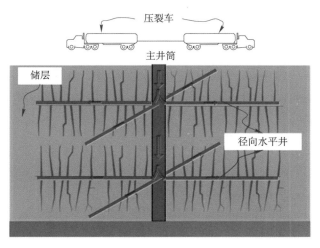

图6.1 径向井靶向压裂示意图

实现水射流径向钻孔控制压裂原理方法必须回答以下三个关键问题:

1. 为什么水射流径向钻孔能够提高缝网改造效率

水力喷射出水平地应力的大小和方位直接影响裂缝形态和延伸方向,而空间分布的多个水力喷射径向孔眼相互干扰,又可改变初始地应力状态;水射流径向钻孔控制压裂原理方法的实质是通过调控径向孔眼分布和孔眼参数实现有利于人工裂缝发展的应力场重构,从而提高缝网改造效率。因此,获知不同径向孔间应力干扰作用规律十分必要,需要开展水射流钻径向孔间作用下的应力场重新分布特征研究。

2. 水射流径向钻孔控制压裂过程中裂缝如何起裂和扩展

非常规油气储层内部广泛发育天然裂缝,一定长度的多个分支孔眼穿过天然裂缝和节理,压裂过程中分支孔眼和人工裂缝的侧向会产生多级裂缝,与原始的天然裂缝等相互交织、沟通,形成大规模的裂缝网络系统。要描述水力压裂储层裂缝启裂和扩展过程,需要对裂缝真实形态等问题做进一步的研究和探索。同时,水射流径向钻孔控制压裂过程中,裂缝起裂和扩展不仅在水平方向上存在相互干扰,垂直方向上同样也相互干扰,影响规律更为复杂,需要进一步探讨裂缝起裂和扩展机理。

3. 复杂裂缝网络形成的主控因素是哪些

径向孔眼参数、岩石力学参数、地应力参数和压裂液参数等都对会裂缝扩展产生影响,而压裂液在多个径向孔眼流动和分配也会影响压裂缝内压力分配。若能够从中获知水射流径向钻孔控制压裂形成裂缝网络的主控因素,则可给压裂设计和现场施工提供依据,因此有必要建立相应的描述方法,开展复杂裂缝网络形成的影响因素研究。

总之,径向孔间应力相互作用对裂缝扩展的影响是水射流径向钻孔控制压裂的关键科学问题。因此,十分有必要围绕这一关键科学问题开展相关研究,得到径向孔间应力干扰作用规律与应力场重构特征,探索考虑孔间干扰作用下的地应力与天然弱面竞争控制的储层裂缝起裂和多裂缝竞争扩展机理,最终确定复杂裂缝网络形成的主控因素,为实现多个方位、多条数径向孔眼相互干扰来控制复杂储层中裂缝网络的有效形成提供理论和设计依据。

第二节 水力喷射径向井靶向压裂数值模拟

一、起裂模型与影响因素分析

控制裂缝从各径向井眼同步起裂是径向井靶向压裂形成多条裂缝、实现体积改造的前提。为了实现该前提条件,需要开展径向井靶向压裂裂缝起裂规律研究,从而确定影响裂缝起裂的主控因素。因此,本节的第一部分内容基于应力场叠加原理并考虑原始地应力和主井筒的共同影响,建立了计算单分支径向井靶向压裂裂缝起裂压力的解析模型,还分析了原始地应力、径向井方位角、径向井长度、径向井直径和天然弱面对裂缝起裂的影响规律。此外,采用有限元方法并考虑流固耦合作用,建立了多分支径向井靶向压裂裂缝起裂的数值模型,分析了径向井分支数、径向井分支夹角和原始地应力对裂缝起裂的影响规律,揭示了多分支径向井靶向压裂井眼同步起裂机理和关键控制参数,最终确定了可实现径向井眼同步起裂的布井方案。

(一)单分支径向井靶向压裂裂缝起裂规律

在本部分内容中,通过应力场叠加方法,考虑地应力和主井筒共同影响,建立了单分支径向井靶向压裂裂缝起裂解析模型。基于该模型,分析原始地应力、径向井方位角、径向井长度、径向井直径和天然弱面对裂缝起裂压力和起裂位置的影响规律。

1. 单分支径向井靶向压裂裂缝起裂解析模型

通过叠加主井筒和径向井筒应力场,得到径向井眼附近的应力场。然后,基于最大拉应力破坏准则,确定径向井眼内的裂缝起裂压力及起裂位置。

1)假设条件

模型主要假设条件如下:

(1)水力喷射径向钻井转向半径仅为 0.3m[19],因此径向井可以视为与主井筒正交。

(2)储层岩石假设为均质线弹性体,各方向力学性质一致[20,21]。

(3)水泥环与储层岩石的杨氏模量量级相同,而套管的杨氏模量远远大于二者。为了简化问题,假定水泥环与储层岩石杨氏模量相同。

(4)裂缝起裂时,径向井筒内的压裂液近似处于静止状态,因此压裂液在径向井筒内的摩擦阻力可忽略不计[22-24]。

(5)忽略水力喷射形成径向井过程对裂缝起裂的影响。

2)垂直主井筒井周应力场

将拉应力视为正应力,压应力视为负应力。如图 6.2 所示,在主井筒截面中心建立一个直角坐标系 (x,y,z),其中 x 轴与原始最大水平地应力 σ_H 一致,y 轴与原始最小水平

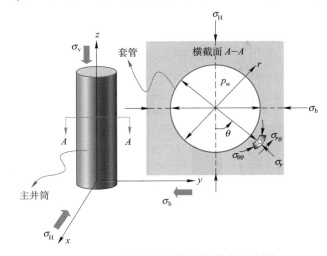

图 6.2 垂直井筒周围应力场分布示意图

地应力 σ_h 一致，z 轴与原始垂直地应力 σ_v 一致。因而，在坐标系 (x,y,z) 中，原始地应力张量可以表示为

$$\begin{bmatrix} \sigma_{xx} & 0 & 0 \\ 0 & \sigma_{yy} & 0 \\ 0 & 0 & \sigma_{zz} \end{bmatrix} = \begin{bmatrix} \sigma_H & 0 & 0 \\ 0 & \sigma_h & 0 \\ 0 & 0 & \sigma_v \end{bmatrix} \tag{6.1}$$

式中，σ_v 为原始垂直地应力，MPa；σ_{xx} 为 x 轴方向正应力；σ_{yy} 为 y 轴方向正应力；σ_{zz} 代表 z 轴方向正应力。

通过叠加原始地应力 $(\sigma_{xx}，\sigma_{yy}，\sigma_{zz})$ 和井筒内压力 p_w 的影响，可以得到局部柱坐标系 $(r，\theta，z)$ 内的垂直主井筒的井周应力，其表达式如下：

$$\begin{cases} \sigma_r = (\sigma_{rr})_{p_w} + (\sigma_{rr})_x + (\sigma_{rr})_y \\ \sigma_\theta = (\sigma_{\theta\theta})_{p_w} + (\sigma_{\theta\theta})_x + (\sigma_{\theta\theta})_y \\ \sigma_z = (\sigma_{zz})_z \\ \sigma_{r\theta} = (\sigma_{r\theta})_x + (\sigma_{r\theta})_y \\ \sigma_{rz} = \sigma_{z\theta} = 0 \end{cases} \tag{6.2}$$

式中，p_w 为垂直主井筒内压力，MPa；σ_r 为 r 方向正应力，MPa；$(\sigma_{rr})_{p_w}$、$(\sigma_{rr})_x$ 和 $(\sigma_{rr})_y$ 分别为由 p_w、σ_{xx} 和 σ_{yy} 引起的正应力，MPa；σ_θ 为 θ 方向正应力，MPa；$(\sigma_{\theta\theta})_{p_w}$、$(\sigma_{\theta\theta})_x$ 和 $(\sigma_{\theta\theta})_y$ 分别为由 p_w、σ_{xx} 和 σ_{yy} 引起的正应力，MPa；σ_z 为 z 方向正应力，MPa；$(\sigma_{zz})_z$ 为由 σ_{zz} 引起的正应力，MPa；$\sigma_{r\theta}$ 为垂直于 r 方向、平行 θ 方向的切应力，MPa；$(\sigma_{r\theta})_x$ 和 $(\sigma_{r\theta})_y$ 分别为由 σ_{xx} 和 σ_{yy} 引起的切应力，MPa；σ_{rz} 为垂直于 r 方向、平行 z 方向的切应力，MPa；$\sigma_{z\theta}$ 为垂直于 z 方向、平行 θ 方向的切应力，MPa。

3）径向井井周应力场

如图 6.3 所示为与主井筒相连的径向井几何模型。径向井方位角 θ 定义为井眼轴线

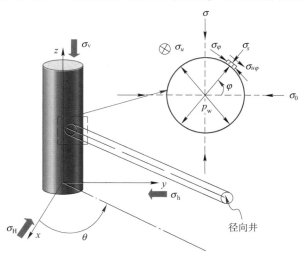

图 6.3 径向井井周应力分布示意图

方向与原始水平最大主应力 σ_H 方向夹角。主井筒直径（130~200mm）远大于径向井眼直径（20~50mm），因此可将二者的相交面简化为平面。通过叠加主井筒和径向井眼周围的应力，可以得到径向井井周应力分布，如式（6.3）所示，三向主应力可由式（6.4）计算得到。

$$\begin{cases} \sigma_s = p_w \\ \sigma_\varphi = -p_w + (\sigma_\theta + \sigma_z) - 2(\sigma_\theta - \sigma_z)\cos2\varphi \\ \sigma_u = \sigma_r - 2\nu_2(\sigma_\theta - \sigma_z)\cos2\varphi \\ \sigma_{u\varphi} = 2\sigma_{r\theta}\sin\varphi \\ \sigma_{us} = \sigma_{s\varphi} = 0 \end{cases} \tag{6.3}$$

$$\begin{cases} \sigma_1 = \sigma_s \\ \sigma_2 = \dfrac{1}{2}\left[(\sigma_\varphi + \sigma_u) + \sqrt{(\sigma_\varphi - \sigma_u)^2 + 4\sigma_{u\varphi}^2}\right] \\ \sigma_3 = \dfrac{1}{2}\left[(\sigma_\varphi + \sigma_u) - \sqrt{(\sigma_\varphi - \sigma_u)^2 + 4\sigma_{u\varphi}^2}\right] \end{cases} \tag{6.4}$$

式（6.3）和式（6.4）中，σ_s 为 s 方向正应力，MPa；σ_φ 为 φ 方向正应力，MPa；ν_2 为岩石的泊松比；σ_u 为 u 方向正应力，MPa；$\sigma_{u\varphi}$ 为垂直于 u 方向、平行 φ 方向的切应力，MPa；$\sigma_{s\varphi}$ 代表垂直于 s 方向、平行 φ 方向的切应力，MPa；σ_{us} 为垂直于 u 方向、平行 s 方向的切应力，MPa；φ 为径向井眼水平方向顺时针夹角。

如图 6.4 所示，对于径向井井壁上任意一点 A，定义 φ-u 平面穿过该点并与径向井井壁相切。点 A 的主应力 σ_2 和 σ_3 与 φ-u 平面平行，主应力 σ_1 与该平面垂直。主应力 σ_2 方向与径向井眼轴线方向夹角定义为 γ，可通过式（6.5）计算：

$$\gamma = \frac{1}{2}\tan^{-1}\left(\frac{2\sigma_{u\varphi}}{\sigma_u - \sigma_\varphi}\right) \tag{6.5}$$

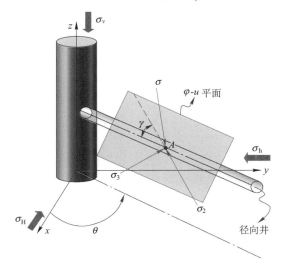

图 6.4 径向井井壁上任意一点 A 三向主应力

4）裂缝起裂判断

学者针对井壁的拉伸破坏提出了一系列准则，主要包括应力准则、能量准则及混合准则[25]。首先，应力准则认为井壁在破坏之前是完整的，当井壁上某一位置最大拉应力超过岩石抗拉强度时，裂缝起裂。能量准则基于断裂力学，认为井壁上存在一个初始裂缝，当裂缝尖端的应力强度因子超过断裂韧性时，裂缝开始扩展。混合准则同时考虑应力准则和能量准则，认为二者同时满足时裂缝发生起裂。本小节研究中采用应力准则分析裂缝起裂特征。

为了能够直观地展示裂缝起裂位置，将径向井筒展开为平面，定义该平面为径向井平面，如图 6.5 所示。对某一当方位角为 θ、长度为 L 的径向井，其井壁上任一点可由 (r, φ) 表示。随着井筒内压力 p_w 增大，主应力 σ_1 和 σ_2 增大，而 σ_3 减小。考虑到压应力为正值，当该位置最大拉伸主应力超过其岩石抗拉强度 σ_T，水力裂缝将在径向井井壁某一位置 (r_0, φ_0) 起裂。对于多孔介质，总应力应该用有效应力来代替。因此，(r_0, φ_0) 位置处的最大拉伸主应力 σ_t 可由式 (6.6) 计算：

$$\sigma_t(r_0, \varphi_0) = -[\sigma_3(r_0, \varphi_0) - \eta_e p_f] \tag{6.6}$$

裂缝起裂准则为如下：

$$\sigma_t(r_0, \varphi_0) > \sigma_T \tag{6.7}$$

式中，σ_T 为岩石抗拉强度，MPa。对于完全渗透储层，p_f 等于井筒内压力；对于不渗透储层，p_f 等于储层压力 p_p。应当说明的是，因为压裂是一种岩石的失效，因此式 (6.6) 中的有效应力系数 η_e 视为 1[26]。

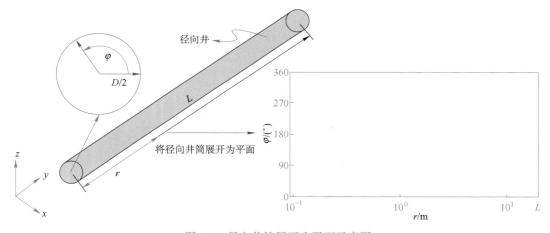

图 6.5　径向井筒展开为平面示意图

为了测试径向井眼参数及储层参数对裂缝起裂的影响，我们分析了一系列参数的敏感性。这些参数包括原始地应力、径向井方位角、径向井长度、径向井直径及天然弱面。用于敏感性分析的基础参数如表 6.1 所示，其中储层参数为松辽盆地某致密油藏参数。表 6.2 列出了用于敏感性分析的所有算例。

表 6.1 敏感性分析基础参数

参数		符号	值	单位
主井筒和径向井筒参数	套管杨氏模量	E_1	135	GPa
	套管泊松比	ν_1	0.22	
	套管内径	R_1	0.1	m
	套管外径	R_2	0.11	m
	径向井眼直径	D	50	mm
	径向井眼长度	L	40	m
储层参数	岩石杨氏模量	E_2	20	GPa
	岩石泊松比	ν_2	0.2	
	岩石抗拉强度	σ_T	7	MPa
	岩石孔隙度	ϕ	0.1	
	储层渗透率	k	1×10^{-3}	μm^2
	储层压力	p_p	29	MPa
	最大水平地应力	σ_H	48	MPa
	最小水平地应力	σ_h	40	MPa
	垂向地应力	σ_v	60	MPa

表 6.2 参数敏感性分析算例

参数	值	单位
原地应力	$\sigma_H = 0.8\sigma_v = 1.2\sigma_h$, $\sigma_H = 1.2\sigma_v = 1.4\sigma_h$, $\sigma_H = 1.4\sigma_v = 1.2\sigma_h$	
径向井方位角	0, 15, 30, 45, 60, 64, 75, 90	(°)
径向井长度	0.2, 0.3, 0.5, 1, 2, 5, 10, 20	m
径向井直径	10, 20, 30, 40, 50	mm
天然弱面		

2.原始地应力状态及径向井方位角的影响

本部分内容分析了原始地应力状态及径向井方位角对裂缝起裂压力及起裂位置的影响,并定义两个无因次系数 S_1 和 S_2,如式(6.8)与式(6.9)所示:

$$S_1 = \frac{\sigma_H}{\sigma_v} \tag{6.8}$$

$$S_2 = \frac{\sigma_H}{\sigma_h} \tag{6.9}$$

垂向地应力的值保持为 60MPa,通过改变 S_1 和 S_2 的值实现不同的地应力状态,包括正断层($S_1 = 0.8, S_2 = 1.2$)、走滑断层($S_1 = 1.2, S_2 = 1.4$)和逆断层($S_1 = 1.4, S_2 = 1.2$)。径向井方位角 θ 定义为径向井眼轴线方向与原始最大水平主应力 σ_H 方向夹角。

1）正断层应力状态

（1）起裂压力。

裂缝起裂压力随径向井方位角变化如图6.6所示，可以看出，当径向井方位角为0°时，裂缝起裂压力最小。随着径向井方位角增大，裂缝起裂压力不断增大。当径向井方位角为90°时，裂缝起裂压力达到最大值。

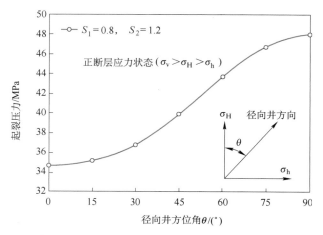

图6.6　正断层地应力状态条件下裂缝起裂压力随径向井方位角变化

（2）起裂位置。

裂缝起裂位置随径向井方位角变化如图6.7所示，随径向井方位角0°～90°变化，裂缝起裂位置始终在径向井井筒根部上下两侧对称区域（$\varphi = 90°$，$270°$）。在径向井井筒根部区域，应力分布受到由主井筒和径向井井筒内压力引起的周向拉应力的共同影响。

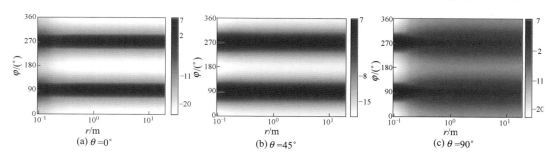

图6.7　正断层地应力状态条件下裂缝起裂时径向井平面最大拉应力 σ_t 分布云图（单位：MPa）

红色区域代表最大拉应力超过抗拉强度，为裂缝起裂位置

2）走滑断层应力状态

（1）起裂压力。

裂缝起裂压力随径向井方位角变化如图6.8所示，随径向井方位角增大，裂缝起裂压力先上升到最大值（$\theta = 64°$），然后缓慢下降。裂缝起裂压力在最大值处急剧改变的原因是裂缝起裂位置发生变化。

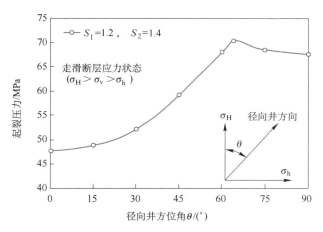

图 6.8　走滑断层地应力状态条件下裂缝起裂压力随径向井方位角变化

（2）起裂位置。

裂缝起裂位置随径向井方位角变化如图 6.9 所示，随径向井方位角 0° ~ 64°变化，裂缝起裂位置始终在径向井井筒根部上下两侧对称区域（$\varphi = 90°$，270°）。当径向井方位角为 64°时，出现两个裂缝起裂区域：一是在径向井井筒根部上下两侧对称区域（$\varphi = 90°$，270°），二是在径向井井筒远端左右两侧对称区域（$\varphi = 0°$，180°）。继续增大径向井方位角，裂缝起裂区域在径向井井筒远端左右两侧对称区域（$\varphi = 0°$，180°）。在远端区域，径向井超出了主井筒应力集中影响区域，因此裂缝几乎在整个径向井筒内同时破裂（1m$<r<$40m）。

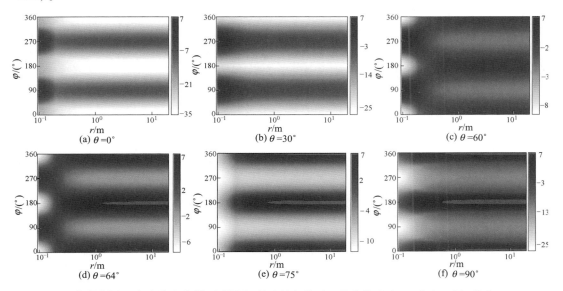

图 6.9　走滑断层地应力状态条件下裂缝起裂时径向井平面最大拉应力 σ_t 分布云图（单位：MPa）

红色区域代表最大拉应力超过抗拉强度，为裂缝起裂位置

3) 逆断层应力状态

(1) 起裂压力。

裂缝起裂压力随径向井方位角变化如图 6.10 所示,可以看出,当径向井方位角为 0°时,裂缝起裂压力最大。随着径向井方位角增大,裂缝起裂压力不断减小。当径向井方位角为 90°时,裂缝起裂压力达到最小值。

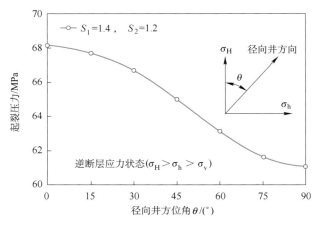

图 6.10 逆断层地应力状态条件下裂缝起裂压力随径向井方位角变化

(2) 起裂位置。

裂缝起裂位置随径向井方位角变化如图 6.11 所示,随径向井方位角 0°~30°变化,裂缝起裂位置在径向井井筒根部左右两侧对称区域($\varphi = 0°$,180°)。随径向井方位角 30°~60°变化,裂缝起裂位置在整个径向井井筒左右两侧对称区域($\varphi = 0°$,180°)。径向井方位

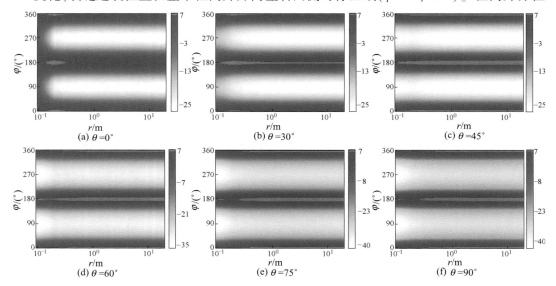

图 6.11 逆断层地应力状态条件下裂缝起裂时径向井平面最大拉应力 σ_t 分布云图(单位:MPa)

红色区域代表最大拉应力超过抗拉强度,为裂缝起裂位置

角大于60°时,裂缝起裂位置在径向井井筒根部及远端左右两侧对称区域($\varphi = 0°$,$180°$)。

3.径向井长度的影响

由图6.12可知,缝起裂位置在径向井井筒根部上下两侧对称区域时,裂缝起裂压力不随径向井长度变化而变化,因为裂缝始终在径向井根部位置起裂。裂缝起裂位置在径向井井筒远端左右两侧对称区域时,裂缝起裂压力随径向井长度变化先降低后保持不变。总之,径向井长度对裂缝起裂压力的影响不明显,低于10%。

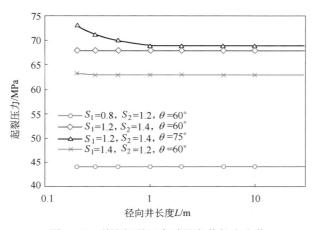

图6.12 裂缝起裂压力随径向井长度变化

4.径向井直径的影响

裂缝起裂压力随径向井直径变化如图6.13所示,从图中可以看出,裂缝起裂压力不随径向井直径变化。1992年,Carter[27]通过实验发现,含圆孔岩石裂缝起裂压力与孔径大小相关,即裂缝起裂压力随孔径增大而不断减小。因此,需要通过实验数据确定含圆孔岩石抗拉强度,从而更加准确地预测裂缝起裂压力。

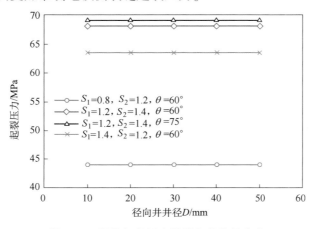

图6.13 裂缝起裂压力随径向井井径变化

5.天然弱面的影响

本部分内容分析了径向井穿过天然弱面时,天然弱面对裂缝起裂的影响。研究原地应力状态及径向井方位角对裂缝起裂压力及起裂位置的影响。如图 6.14 所示,在地应力坐标系 (x, y, z) 内,天然弱面方向向量 $\boldsymbol{n}_w$ 为

$$\boldsymbol{n}_w = a_1\boldsymbol{i} + a_2\boldsymbol{j} + a_3\boldsymbol{k} \tag{6.10}$$

式中

$$a_1 = \sin\beta_w\sin(\alpha_w - \alpha_s)$$
$$a_2 = \sin\beta_w\cos(\alpha_w - \alpha_s)$$
$$a_3 = \cos\beta_w$$

其中,β_w 为天然弱面倾斜角,(°);α_w 为天然弱面方位角,(°);α_s 为水平最小主应力方位角,(°)。

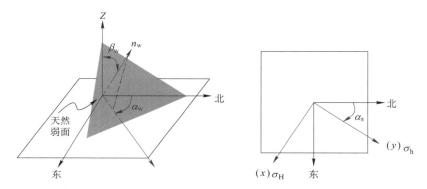

图 6.14　大地和直角坐标系中天然弱面的走向角和方位角

2015 年,Lee 和 Pietruszczak[28]模仿 Jeager[29]的剪切破坏模型,提出了一个单弱面拉伸破坏模型。基于该模型,含弱面岩石拉伸破坏强度,$\{\sigma_T\}(\beta)$ 为弱面与应力加载方向的夹角 β。如式(6.11)所示,当 $\beta<\beta_c$(β_c 为临界角)时,拉伸强度随 β 增大而不断增强,断裂面沿着弱面;当 $\beta>\beta_c$ 时,拉伸强度达到最大值,等于岩石本体的拉伸破坏强度 σ_T:

$$\{\sigma_T\}(\beta) = \begin{cases} \dfrac{\sigma_{Tw}}{\cos^2\beta}, & 0 \leqslant \beta < \beta_c \\[3mm] \sigma_T, & \beta_c \leqslant \beta \leqslant \dfrac{\pi}{2} \end{cases} \tag{6.11}$$

$$\beta_c = \cos^{-1}\sqrt{\dfrac{\sigma_T}{\sigma_{Tw}}}$$

式中,β 为弱面与拉伸主应力方向的夹角,(°);σ_{Tw} 为垂直于天然弱面的拉伸强度,MPa。

图 6.15 为径向井穿过天然弱面示意图。1963 年,Lekhnitskii[30]发现天然弱面的存在没有显著改变井眼周围的应力分布。因此,在天然弱面开启前,可视为无天然弱面存在。定义天然弱面距离 L_w 为天然弱面与主井筒轴线的距离。在径向井平面内,径向井与天然弱面相交面上任一点 B 的位置可以简化为 (L_w, φ)。B 点的主应力 σ_3 在应力坐标系

(x,y,z) 内的方向向量可表示为

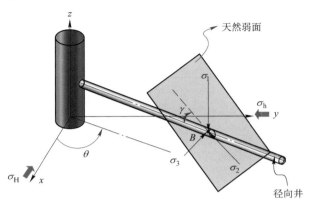

图 6.15 径向井与天然弱面相交截面上任一点 B 的三向主应力

$$\boldsymbol{n}_3 = b_1\boldsymbol{i} + b_2\boldsymbol{j} + b_3\boldsymbol{k} \tag{6.12}$$

式中

$$b_1 = \sin(\theta + \varPhi)\sqrt{\sin^2\gamma + \sin^2\varphi\,\cos^2\gamma}$$
$$b_2 = -\cos(\theta + \varPhi)\sqrt{\sin^2\gamma + \sin^2\varphi\,\cos^2\gamma}$$
$$b_3 = -\cos\varphi\cos\gamma$$

其中

$$\varPhi = \operatorname{arccot}\left(\frac{\sin\varphi\cos\gamma}{\sin\gamma}\right)$$

$\boldsymbol{n}_3$ 和 $\boldsymbol{n}_{\mathrm{w}}$ 夹角为 β：

$$\cos\beta = \frac{\boldsymbol{n}_{\mathrm{w}}\boldsymbol{n}_3}{|\boldsymbol{n}_{\mathrm{w}}||\boldsymbol{n}_3|} \tag{6.13}$$

之后利用式(6.11)计算含弱面岩石拉伸强度,当最大拉伸主应力 $\sigma_{\mathrm{t}}(L_{\mathrm{w}},\varphi_0)$ 超过抗拉强度时

$$\sigma_{\mathrm{t}}(L_{\mathrm{w}},\varphi_0) \geqslant |\sigma_{\mathrm{T}}|(\beta) \tag{6.14}$$

裂缝将会在 $(L_{\mathrm{w}},\varphi_0)$ 位置沿着天然弱面起裂。最终裂缝起裂压力取岩石本体起裂压力(FIP-M)和天然弱面起裂压力(FIP-W)的最小值

$$\mathrm{FIP} = \min(\mathrm{FIP}-M, \mathrm{FIP}-W) \tag{6.15}$$

利用表 6.3 中的天然弱面基本参数,计算四个案例并分析算例结果。图 6.16 给出了在给定原位地应力状态和径向井方位角条件下,天然弱面起裂压力(FIP-W)随天然弱面走向方位角变化。灰色区域为天然弱面起裂压力(FIP-W)大于岩石本体起裂压力(FIP-M);彩色区域为天然弱面起裂压力(FIP-W)小于岩石本体起裂压力(FIP-M)。在算例 1 中,天然弱面起裂压力(FIP-W)与天然弱面的走向角和方位角相关;在算例 2 中,对于任意的天然弱面走向和方位,裂缝均在岩石本体位置起裂;在算例 3 和算例 4 中,天然弱面起裂压力(FIP-W)仅与天然弱面倾角相关,对于任意方向的天然弱面,裂缝均从天然弱面位置起裂。

表 6.3　天然弱面基本参数

参数	值	单位
天然弱面垂向拉伸强度 σ_{Tw}	1.4	MPa
天然弱面距离 L_w	10	m
最小水平主应力方位角 α_s	45	(°)

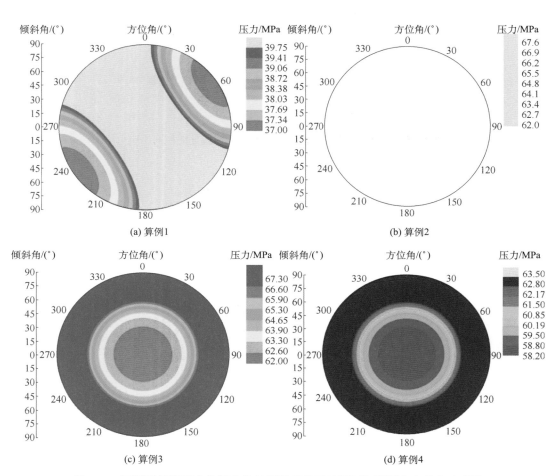

图 6.16　不同天然弱面方位倾角条件下裂缝从天然弱面起裂压力变化半球形图

算例 1：$\sigma_H = 0.8\sigma_v = 1.2\sigma_h$，$\theta = 45°$；算例 2：$\sigma_H = 1.2\sigma_v = 1.4\sigma_h$，$\theta = 45°$

算例 3：$\sigma_H = 1.2\sigma_v = 1.4\sigma_h$，$\theta = 75°$；算例 4：$\sigma_H = 1.4\sigma_v = 1.2\sigma_h$，$\theta = 45°$

（二）多分支径向井靶向压裂裂缝起裂规律

由于多分支径向井应力场涉及平面多连通问题，求解公式复杂难懂。因此，采用 ABAQUS 有限元数值模拟平台，建立多分支径向井靶向压裂裂缝起裂数值模型，并基于该模型，分析径向井分支数、分支夹角和原位地应力对裂缝起裂的影响规律。

1. 多分支径向井靶向压裂裂缝起裂数值模型

1）控制方程

（1）流体在多孔介质中流动连续性方程。

假设孔隙流体为单相流体，孔隙介质孔隙度为 ϕ，充分饱和流体，如式（6.16）所示：

$$\int_V \frac{\partial(\rho\phi)}{\partial t}\mathrm{d}V + \oiint_\xi \rho \boldsymbol{V}\boldsymbol{\cdot}\boldsymbol{n}\mathrm{d}\xi = 0 \tag{6.16}$$

考虑控制体体积为 Φ，表面积为 ξ，连续性方程为控制体体积 Φ 内的质量增量与表面质量增大相等。孔隙内流体流动速度符合达西定律，如式（6.17）所示：

$$\boldsymbol{V} = -\frac{k}{\mu}\nabla p \tag{6.17}$$

式中，ρ 为孔隙流体质量密度；$\boldsymbol{V}$ 为流体渗流速度张量；$\boldsymbol{n}$ 为表面 ξ 法向张量；k 为岩石基质的渗透率；μ 为流体黏度；p 为流体压力。

（2）固相应力平衡方程。

在泵注压裂液的过程中，流体在多孔介质内的流动将会使岩石发生变形。Biot 等[31]于 1941 年提出的 Biot 理论用于描述岩体线性变形和孔隙压力的耦合效应，包括应力平衡方程［式（6.18）］和质量守恒方程［式（6.19）］：

$$\nabla\boldsymbol{\sigma}^{\mathrm{e}} - \alpha\nabla p\boldsymbol{I} = \boldsymbol{b} \tag{6.18}$$

$$\frac{k}{\gamma_{\mathrm{f}}}\nabla\boldsymbol{\cdot}\boldsymbol{V} + \frac{\partial\varepsilon_{\mathrm{v}}}{\partial t} = 0 \tag{6.19}$$

式中，$\boldsymbol{\sigma}^{\mathrm{e}}$ 为有效应力张量；α 为 Biot 系数；$\boldsymbol{I}$ 为 Kronecker 矩阵；p 为流体压力；$\boldsymbol{b}$ 为岩石体力张量，γ_{f} 为流体容重；ε_{v} 为岩石基质体积应变。

2）几何模型与基本参数

模拟采用的基础参数与单分支径向井一致，如表 6.1 所示。图 6.17 为多分支径向井靶向压裂裂缝起裂几何模型，以直径 60m、高度 2m 的圆柱体模拟储层，研究 1~6 分支径向井靶向压裂裂缝起裂规律。主井筒内置套管，在模型中采用多孔介质单元（C3D8P）模拟储层，采用刚体单元（C3D8R）模拟套管。

3）模型验证

为了验证此数值模型，我们首先将模拟结果与单分支径向井靶向压裂裂缝起裂压力计算解析模型对比，结果表明解析模型与数值模型计算结果一致（图 6.18）。此外，我们还对比了本模型的结果与 Alekseenko 等[20]的边界元模型结果，几何模型和网格划分如图 6.19 所示。结果表明本模型模拟的结果与边界元模型模拟的结果一致（图 6.20），这更加验证了本模型的准确性。

基于此数值模型，我们分析了一系列参数的敏感性，这些参数包括径向井分支数、径向井方位角、分支夹角及原始地应力，所有算例都列在表 6.4 中。

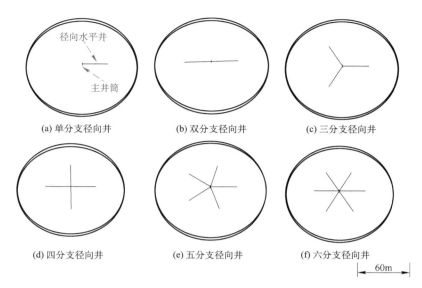

(a) 单分支径向井　　　(b) 双分支径向井　　　(c) 三分支径向井

(d) 四分支径向井　　　(e) 五分支径向井　　　(f) 六分支径向井

60m

图 6.17　用于模拟多分支径向井裂缝起裂的几何模型

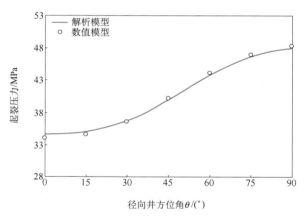

图 6.18　数值模型与解析模型结果对比

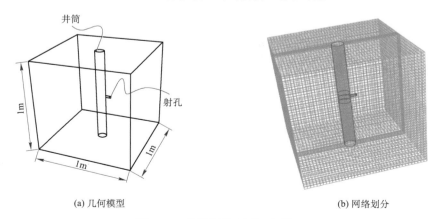

(a) 几何模型　　　　　　　　　(b) 网络划分

图 6.19　模拟射孔压裂几何模型

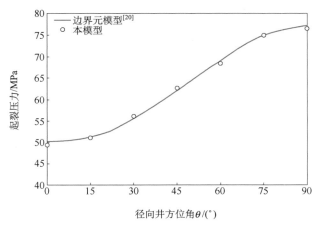

图 6.20 本模型与边界元模型结果对比

表 6.4 多分支径向井靶向压裂参数敏感性分析算例

参数	值	单位
径向井分支数	$1,2,3,4,5,6$	
径向井方位角	$0,15,30,45,60,75,90$	(°)
分支夹角	$60,90,120$	(°)
原始地应力	$\sigma_H = 0.8\sigma_v = 1.2\sigma_h$, $\sigma_H = 1.2\sigma_v = 1.4\sigma_h$, $\sigma_H = 1.4\sigma_v = 1.2\sigma_h$	MPa

2.径向井分支数及方位角的影响

如图 6.21 所示,分别对多分支径向井的各分支编号。各分支径向井方位角定义为径

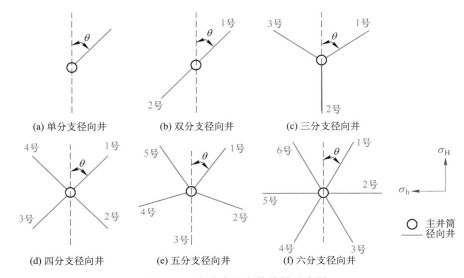

图 6.21 多分支径向井编号示意图

向井眼轴线方向与原始水平最大主应力 σ_H 方向夹角。由于各分支径向井在主井筒周向均匀分布,我们采用 1 号径向井方位角 θ 表征多分支径向井方位变化,分析不同径向井分支数及不同径向井方位对裂缝起裂压力和起裂位置的影响。

1)双分支径向井

对于双分支径向井,裂缝起裂压力随 1 号径向井方位角变化如图 6.22 所示。可以看出,双分支径向井与单分支径向井起裂压力结果一致:当 1 号径向井方位角为 0°时,裂缝起裂压力最小;随着 1 号径向井方位角增大,裂缝起裂压力不断增大;当方位角为 90°时,裂缝起裂压力达到最大值。储层岩石的抗拉强度为 7MPa,径向井眼最大主应力大于7MPa 时,则为裂缝起裂位置。如图 6.23 所示,裂缝从两个分支径向井同步起裂,起裂位置始终在径向井井筒根部上下两侧对称区域,不随 1 号径向井方位角变化而改变。

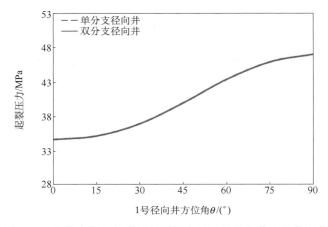

图 6.22　双分支径向井裂缝起裂压力随 1 号径向井方位角变化

2)三分支径向井

如图 6.24 所示,随 1 号径向井方位角从 0°到 30°变化,三分支径向井裂缝起裂压力略大于单分支径向井;随 1 号径向井方位角从 30°到 90°变化,三分支径向井裂缝起裂压力明显低于单分支径向井。1 号径向井方位角为 0°时,2 号和 3 号径向井方位角分别为 60°和 30°,裂缝起裂位置位于 1 号径向井井筒根部上下两侧对称区域[图 6.25(a)];1 号径向井方位角为 45°时,2 号和 3 号径向井方位角分别为 15°和 75°,裂缝起裂位置位于 2 号径向井井筒根部上下两侧对称区域[图 6.25(b)];1 号径向井方位角为 60°时,2 号和 3 号径向井方位角分别为 0°和 60°,裂缝起裂位置位于 2 号径向井井筒根部上下两侧对称区域[图 6.25(c)];1 号径向井方位角为 90°时,2 号和 3 号径向井方位角均为 30°,裂缝从 2 号和 3 号径向井同步起裂[图 6.25(d)]。因此,裂缝总是倾向在方位角较小的径向井分支起裂。

3)四分支径向井

如图 6.26 所示,随 1 号径向井方位角从 0°到 45°变化,四分支径向井裂缝起裂压力略大于单分支径向井;随 1 号径向井方位角从 45°到 90°变化,四分支径向井裂缝起裂压力逐渐降低。1 号径向井方位角为 0°时,2 号、3 号和 4 号径向井方位角分别为 90°、0°和

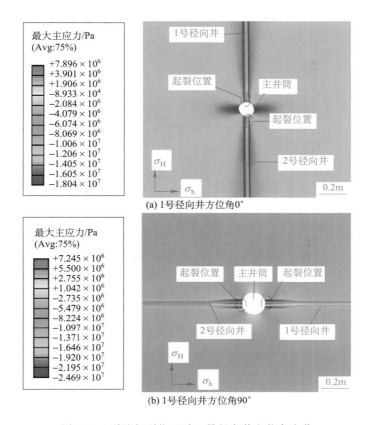

图 6.23　裂缝起裂位置随 1 号径向井方位角变化

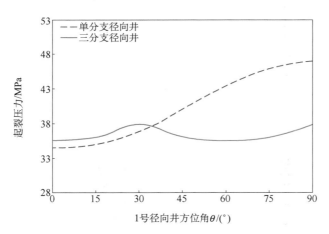

图 6.24　三分支径向井裂缝起裂压力随 1 号径向井方位角变化

90°,裂缝起裂位置位于 1 号和 3 号径向井井筒根部上下两侧对称区域[图 6.27(a)];1 号径向井方位角为 45°时,2 号、3 号和 4 号径向井方位角均为 45°,裂缝从 1 号、2 号、3 号和 4 号径向井同步起裂[图 6.27(b)];1 号径向井方位角为 60°时,2 号、3 号和 4 号径向井方

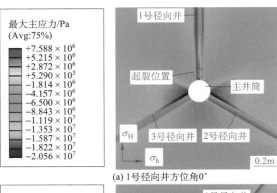

(a) 1号径向井方位角0°

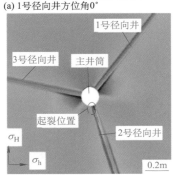

(b) 1号径向井方位角45°

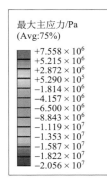

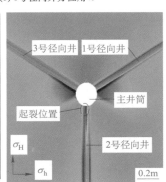

(c) 1号径向井方位角60°

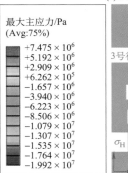

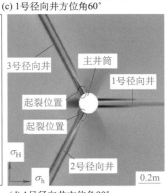

(d) 1号径向井方位角90°

图 6.25 裂缝起裂位置随 1 号径向井方位角变化

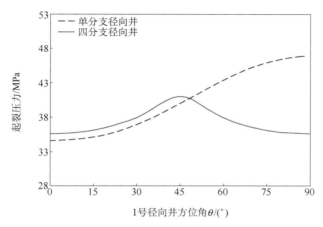

图 6.26 四分支径向井裂缝起裂压力随 1 号径向井方位角变化

位角分别为 30°、60°和 30°,裂缝起裂位置位于 2 号和 4 号径向井井筒根部上下两侧对称区域[图 6.27(c)];1 号径向井方位角为 90°时,2 号、3 号和 4 号径向井方位角分别为 0°、90°和 0°,裂缝起裂位置位于 2 号和 4 号径向井井筒根部上下两侧对称区域[图 6.27(d)]。因而,四分支径向井与三分支类似,裂缝倾向在方位角较小的径向井分支起裂。

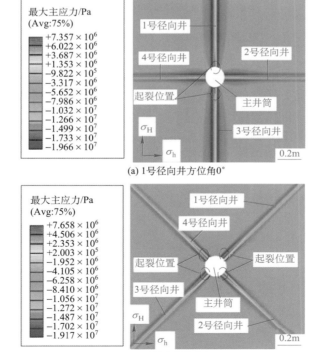

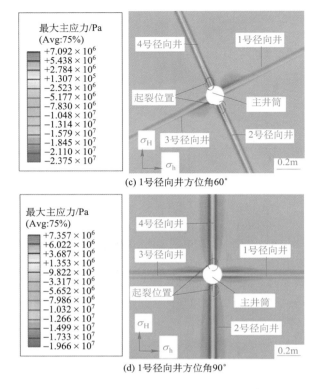

图 6.27　裂缝起裂位置随 1 号径向井方位角变化

4) 五分支径向井

如图 6.28 所示, 随 1 号径向井方位角从 0°到 90°变化, 五分支径向井裂缝起裂压力变化较小。1 号径向井方位角为 0°时, 2 号、3 号、4 号和 5 号径向井方位角分别为 72°、36°、36°和 72°, 裂缝起裂位置位于 1 号径向井井筒根部上下两侧对称区域[图 6.29(a)];1 号径向井方位角为 45°时, 2 号、3 号、4 号和 5 号径向井方位角分别为 63°、9°、81°和 27°, 裂

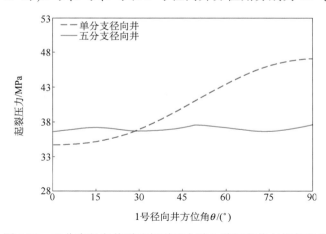

图 6.28　五分支径向井裂缝起裂压力随 1 号径向井方位角变化

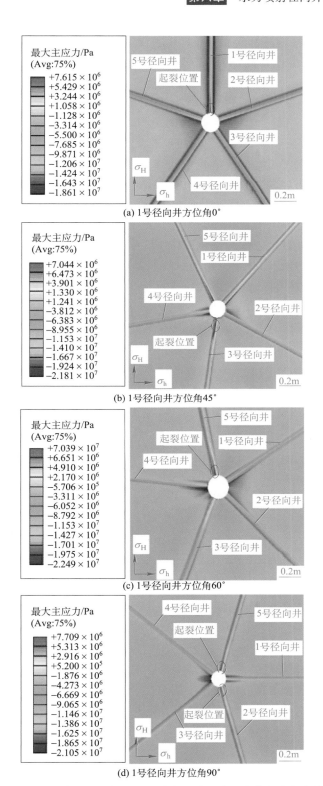

图 6.29　五分支径向井裂缝起裂位置随 1 号径向井方位角变化

缝起裂位置位于3号径向井井筒根部[图6.29(b)];1号径向井方位角为60°时,2号、3号、4号和5号径向井方位角分别为48°、24°、84°和12°,裂缝起裂位置位于5号径向井井筒根部上下两侧对称区域[图6.29(c)];1号径向井方位角为90°时,2号、3号、4号和5号径向井方位角分别为18°、54°、54°和18°,裂缝在2号和5号径向井同步起裂[图6.29(d)]。

5)六分支径向井

如图6.30所示,随1号径向井方位角从0°到90°变化,六分支径向井裂缝起裂压力变化较小。1号径向井方位角为0°时,2号、3号、4号、5号和6号径向井方位角分别为60°、60°、0°、60°和60°,裂缝起裂位置位于1号和4号径向井井筒根部上下两侧对称区域[图6.31(a)];1号径向井方位角为45°时,2号、3号、4号、5号和6号径向井方位角分别为75°、15°、45°、75°和15°,裂缝起裂位置位于3号和6号径向井井筒根部上下两侧对称区域[图6.31(b)];1号径向井方位角为60°时,2号、3号、4号、5号和6号径向井方位角分别为60°、0°、60°、60°和0°,裂缝起裂位置位于3号和6号径向井井筒根部上下两侧对称区域[图6.31(c)];1号径向井方位角为90°时,2号、3号、4号、5号和6号径向井方位角分别为30°、30°、90°、30°和30°,裂缝起裂位置位于2号、5号和6号径向井井筒根部上下两侧对称区域[图6.31(d)]。因而,对于六分支径向井,径向井方位角同样为裂缝起裂位置的决定性因素。

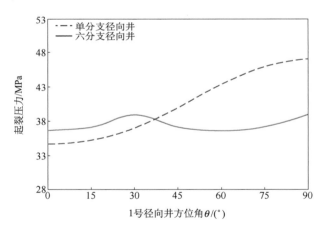

图6.30 六分支径向井裂缝起裂压力随1号径向井方位角变化

如图6.32所示,综合对比1~6分支径向井,发现当分支数大于3时,裂缝起裂压力相对于单分支径向井显著降低。综合对比1~6分支径向井,径向井方位角为影响裂缝起裂位置的关键因素,裂缝总是在方位角较小的分支起裂。多分支径向井各分支方位角相等时,裂缝能够从各个径向井眼同时起裂。同步起裂位置最多为四个,能够实现各径向井眼均发生起裂的多分支径向井分支数为双分支和四分支。

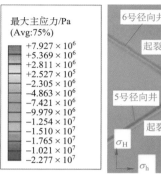
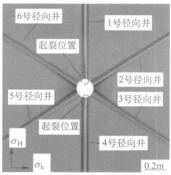

(a) 1号径向井方位角0°

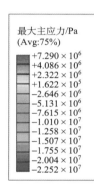
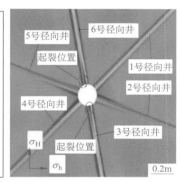

(b) 1号径向井方位角45°

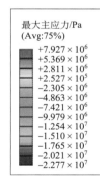
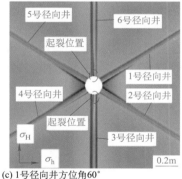

(c) 1号径向井方位角60°

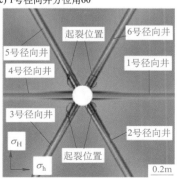

(d) 1号径向井方位角90°

图 6.31　六分支径向井裂缝起裂位置随 1 号径向井方位角变化

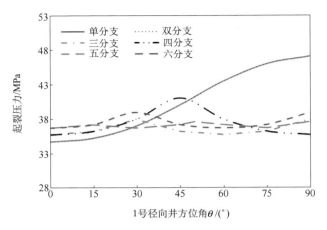

图 6.32 不同分支径向井裂缝起裂压力随 1 号径向井方位角变化

3.原位地应力状态的影响

本部分内容针对双分支和四分支径向井,分析了不同原地应力状态对裂缝起裂的影响。垂向地应力的值保持为 60MPa,通过改变 S_1 和 S_2 的值实现不同的地应力状态,包括正断层应力状态($S_1 = 0.8, S_2 = 1.2$),走滑断层应力状态($S_1 = 1.2, S_2 = 1.4$)和逆断层应力状态($S_1 = 1.4, S_2 = 1.2$)。

1)双分支径向井

图 6.33 为在不同地应力状态条件下,双分支径向井裂缝起裂压力随 1 号径向井方位角变化。可以看出:走滑断层应力状态下,1 号径向井方位角存在临界值,超过临界值后,裂缝起裂压力随径向井方位角增大不断减小;逆断层应力状态下,裂缝起裂压力随 1 号径向井方位角增大不断减小。

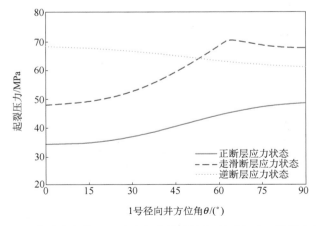

图 6.33 不同地应力状态条件下双分支径向井裂缝起裂压力随 1 号径向井方位角变化

　　对于双分支径向井,不同原地应力状态条件下,裂缝起裂位置存在两种情况。第一种为,正断层应力条件下任意 1 号径向井方位角及走滑断层应力条件下 1 号径向井方位角低于临界值时,裂缝起裂位置在径向井眼根部上下两侧。第二种为,走滑断层应力条下径向井方位角低于临界值及逆断层应力条件下所有径向井方位角,裂缝起裂位置在距离根部约 0.2m 的径向井眼左右两侧对称区域(图 6.34)。

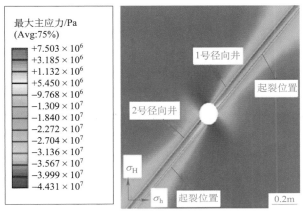

(a) 1号径向井方位角45°

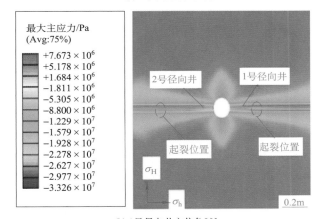

(b) 1号径向井方位角90°

图 6.34　逆断层地应力状态条件下双分支径向井靶向压裂裂缝起裂位置

2)四分支径向井

　　图 6.35 为在不同地应力状态条件下,四分支径向井裂缝起裂压力随 1 号径向井方位角变化。对于四分支径向井,在不同地应力状态条件下,裂缝起裂压力随 1 号径向井方位角增大先增大后减小,方位角为 45°时达到最大值。

　　对于四分支径向井,不同原地应力状态条件下,裂缝起裂位置同样存在两种情况。第一种为,在正断层和走滑断层地应力条件下任意 1 号径向井方位角,裂缝起裂位置均在径向井眼根部上下两侧。第二种为,逆断层应力条件下任意径向井方位角,裂缝起裂位置在距离根部约 0.2m 的径向井眼水平两侧区域。1 号径向井方位角为 45°时,2 号、3 号和 4

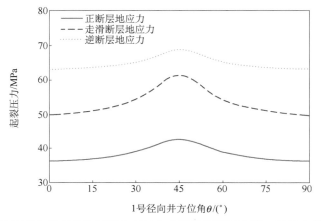

图 6.35　不同地应力状态条件下四分支径向井裂缝起裂压力随 1 号径向井方位角变化

号径向井方位角均为 45°,裂缝从 1 号、2 号、3 号和 4 号径向井同步起裂[图 6.36(a)];1 号径向井方位角为 90°时,2 号、3 号和 4 号径向井方位角分别为 0°、90°和 0°,裂缝起裂位置位于 1 号和 3 号径向井井筒根部左右两侧对称区域[图 6.36(b)]。

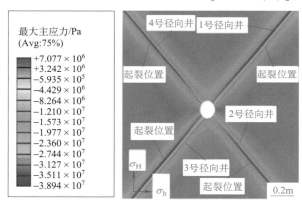

(a) 1号径向井方位角45°

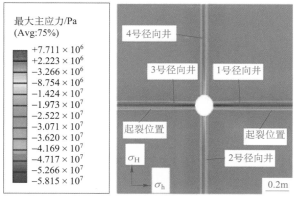

(b) 1号径向井方位角90°

图 6.36　逆断层地应力状态条件下四分支径向井裂缝起裂位置随 1 号径向井方位角变化

4.分支夹角的影响

为了表示各分支之间相对位置,定义分支夹角为 1 号和 2 号径向井之间的夹角。由前面的分析可知,径向井方位角为影响裂缝起裂的关键因素,当多分支径向井各个分支的方位角相同时,它可以实现各分支同步起裂,并且可以使各个分支井眼同步起裂的分支数为双分支和四分支。本部分内容针对双分支和四分支径向井及各径向井井眼方位角相同的情况下,分析分支夹角对于裂缝起裂的影响。如图 6.37 所示,对于双分支和四分支径向井,各径向井井眼方位角均为 θ,分支夹角为 δ。选取三个典型的分支夹角(60°,90° 和 120°)来分析模拟结果,它们分别代表分支夹角较小、中等和较大的情况。

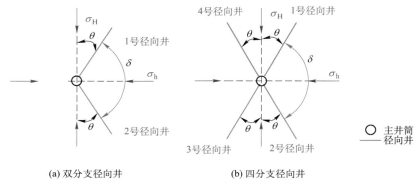

(a) 双分支径向井　　　　　(b) 四分支径向井

图 6.37　分支夹角示意图

图 6.38 对比了不同分支夹角双分支和四分支径向井裂缝起裂压力。由图可知:对于双分支和四分支径向井,随分支夹角增大,裂缝起裂压力不断降低,分析原因在于分支夹角增大,各分支方位角减小,从而裂缝起裂压力降低。此外,相同分支夹角条件下,四分支径向井裂缝起裂压力略大于双分支径向井,分析原因在于裂缝同步起裂时,各分支之间相互挤压干扰,使裂缝起裂压力增大。

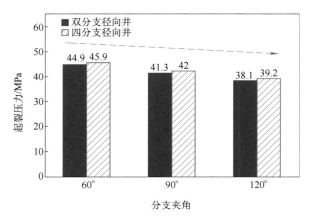

图 6.38　双分支和四分支径向井不同分支夹角裂缝起裂压力对比

由图 6.39 可知,随双分支径向井分支夹角从小到大增大,两个分支裂缝同步起裂,起裂位置位于各径向井眼根部上下两侧。因此,对于双分支径向井,分支夹角对裂缝起裂位置无影响。

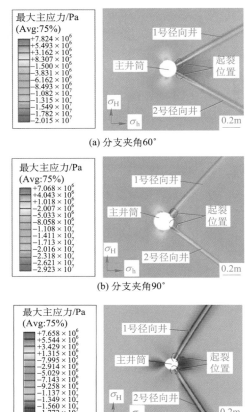

(a) 分支夹角60°

(b) 分支夹角90°

(c) 分支夹角120°

图 6.39　不同分支夹角双分支径向井靶向压裂裂缝起裂位置

由图 6.40 可知,随四分支径向井分支夹角从小到大增加,裂缝从四个分支径向井同步起裂,起裂位置位于各径向井眼根部上下两侧。因此,对于四分支径向井,分支夹角对裂缝起裂位置同样无影响。

二、基于有限元-无网格方法的径向井压裂靶向扩展数值模拟

确定多分支井眼同步起裂布井方案后,需要进一步研究径向井靶向压裂裂缝扩展规律,明确径向井靶向压裂的裂缝形态,从而判断径向井靶向压裂的可行性。本小节基于有限元-无网格方法,建立了径向井靶向压裂裂缝扩展数值模型,揭示了多分支径向井引导多条裂缝扩展机理,分析了不同径向井分支数、水平地应力差、分支夹角及径向井长度对裂缝扩展的影响规律,最终确定了影响径向井靶向压裂裂缝扩展的主控因素。

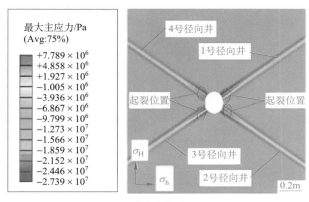

(a) 分支夹角60°

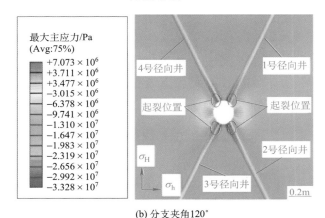

(b) 分支夹角120°

图 6.40 不同分支夹角四分支径向井靶向压裂裂缝起裂位置

(一) 控制方程

1.有限元-无网格方法

有限元-无网格方法首先由 Rajedran 和 Zhang[32] 于 2007 年提出,能够应用于模拟水力裂缝扩展,而无须重新划分网格。该方法结合了有限元方法及无网格法的优势,主要包括[33]:能够显示表示裂缝几何形态,网格尺寸不影响准确显示裂缝形态,可以直接得到应力应变,能够对单元灵活定义力学性质参数。

在模拟裂缝扩展过程中,网格单元被裂缝面切割为子单元,通过对子单元数值积分实现对网格单元的数值积分。因为这些子单元没有用于构成形函数,因次子单元的宽高比对计算精度没有影响[34]。

如图 6.41 所示,考虑一个具有四个节点 $P = \{P_1, P_2, P_3, P_4\}$ 的四面体单元 Ω 被平面裂缝切割。基于单位分解理论[35],在不增加额外自由度的情况下,可以提高全局近似的精度,此外各种局部近似函数可用于模拟强或弱不连续性。

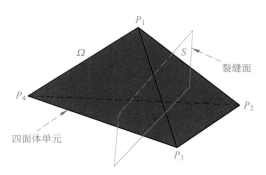

图 6.41　平面裂缝切割四面体单元

在本模型中,采用有限元-无网格方法模拟非连续性。裂缝切割四面体单元二维截面图如图 6.42 所示,存在三种不同类型的单元和两种不同类型的节点。单元包括裂缝单元、桥接单元和有限元单元。被裂缝穿过的单元称为裂缝单元,桥接单元为紧邻裂缝单元的网格单元,其余的单元为有限元单元。节点包括单位分解节点和有限元节点。构成裂缝单元的节点称为单位分解节点,其余的节点为有限元节点。对任意一个点 $\boldsymbol{x} = \{x, y, z\}$,在单元域内的全局估计定义如下所示:

$$u^h(\boldsymbol{x}) = \sum_{i=1}^{4} w_i(\boldsymbol{x}) u_i(\boldsymbol{x}) \tag{6.20}$$

式中, $u_i(\boldsymbol{x})$ 为节点 i 相关的局部近似; $\{w_1, w_2, w_3, w_4\}$ 为非负权函数集合,这些权函数的和等于 1。与有限元节点相关的局部近似等于 1,与单位分解节点相关的局部近似采用最小二乘法沿着节点路径计算得到[36]。

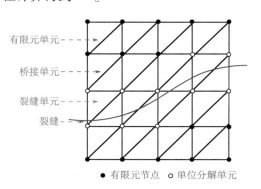

有限元单元---

桥接单元---

裂缝单元---

裂缝---

● 有限元节点　○ 单位分解单元

图 6.42　三类网格单元定义

对于裂缝单元,需要计算穿过裂缝面的非连续位移场。首先,定义 ψ_Ω 为一个与单元域相关的节点集合。基于可见性标准[37],定义可见区域为

$$\psi_\Omega^{\mathrm{vis}} = \{x_i \in \psi_\Omega \mid [\boldsymbol{x} - x_i] \cap \mathrm{crack\ surface} = \varnothing\} \tag{6.21}$$

式中, x_i 为节点 i 的坐标。为了构造沿裂缝面的非连续近似,采用 Shepard 公式作为裂缝单元的权重方程[38]。基于可视化区域,在节点 $\boldsymbol{x}$ 位置所有的非零的子权重方程, $\varphi' = \{\varphi'_1, \varphi'_2, \varphi'_3, \varphi'_4\}$,定义为

$$\varphi'_i(\boldsymbol{x}) = \begin{cases} \varphi_i(\boldsymbol{x}), & \boldsymbol{x} \in \psi_\tau^{\mathrm{vis}} \\ 0, & \boldsymbol{x} \notin \psi_\tau^{\mathrm{vis}} \end{cases} \tag{6.22}$$

与节点 i 相关的裂缝单元权重函数为

$$w_i(\boldsymbol{x}) = \frac{\varphi'_i(\boldsymbol{x})}{\varphi'_1(\boldsymbol{x}) + \varphi'_2(\boldsymbol{x}) + \varphi'_3(\boldsymbol{x}) + \varphi'_4(\boldsymbol{x})} \tag{6.23}$$

式中，$\varphi_i(\boldsymbol{x})$ 由四面体单元上的有限元形函数构成：

$$\varphi_1(\boldsymbol{x}) = \frac{\mathrm{vol}(P(\boldsymbol{x})P_2P_3P_4)}{\mathrm{vol}(P_1P_2P_3P_4)} \tag{6.24}$$

$$\varphi_2(\boldsymbol{x}) = \frac{\mathrm{vol}(P(\boldsymbol{x})P_3P_4P_1)}{\mathrm{vol}(P_1P_2P_3P_4)} \tag{6.25}$$

$$\varphi_3(\boldsymbol{x}) = \frac{\mathrm{vol}(P(\boldsymbol{x})P_4P_1P_2)}{\mathrm{vol}(P_1P_2P_3P_4)} \tag{6.26}$$

$$\varphi_4(\boldsymbol{x}) = \frac{\mathrm{vol}(P(\boldsymbol{x})P_1P_2P_3)}{\mathrm{vol}(P_1P_2P_3P_4)} \tag{6.27}$$

其中，$\mathrm{vol}(P_1P_2P_3P_4)$ 为四面体单元的体积；$\mathrm{vol}(P(\boldsymbol{x})P_iP_jP_k)$ 为包含任意点 $P(\boldsymbol{x})$ 及三个顶点 $\{P_i, P_j, P_k\}$ 的四面体单元的体积。此外，对于桥接单元，其权重函数与标准有限元相同，可以通过下式计算，$w_i(\boldsymbol{x}) = \varphi_i(\boldsymbol{x})$。对于有限元单元，可采用其标准形函数计算。

2.裂缝扩展准则

我们采用拉伸破坏准则作为裂缝扩展方向判断准则。首先，基于应力-应变计算结果，计算每个高斯点的最大主应力，定义为 $\sigma_{1,\,\mathrm{front}}(i = 1, 2, 3, \cdots, n^{\mathrm{int}})$，其中 n^{int} 为裂缝尖端附近计算域内积分节点总数目。然后确定主应力最大值，定义为 $\sigma_*^{1,\,\mathrm{front}}$。一旦 $\sigma_*^{1,\,\mathrm{front}}$ 超过材料拉伸强度 σ_{T} [式(6.28)]，裂缝将沿最大主应力法向方向扩展

$$\sigma_*^{1,\mathrm{front}} \geqslant \sigma_{\mathrm{T}} \tag{6.28}$$

（二）模型建立

模型的主要假设条件为：①裂缝扩展过程中忽略裂缝高度的变化，裂缝高度与储层厚度相等；②采用恒定压力方式注入压裂液，注入压力近似为裂缝起裂压力；③忽略主井筒对裂缝扩展的影响；④忽略压裂液在径向井眼内的流动摩阻，径向井筒内压力近似等于注入压力。

采用 Cofrac 多场耦合模拟平台作为建模工具，该平台同时具有"应力场-渗流场-温度场"耦合模拟功能，能够处理任意三维多裂缝扩展问题[33,39]。根据前一节所述多分支径向井靶向压裂裂缝起裂规律研究，各分支径向井方位角一致时，裂缝从各个径向井眼同步起裂，优化得到的布井方案如图 6.43 所示，分别为单分支径向井、双分支径向井及四分支径向井，各个分支的方位角相等均为 θ，其中双分支和四分支径向井分支夹角为 δ。

建立模型的基础参数如表 6.5 所示，其中储层参数仍采用松辽盆地某致密油藏储层，与裂缝起裂规律研究参数一致。基于储层性质，建立的几何模型如图 6.44 所示，以半径

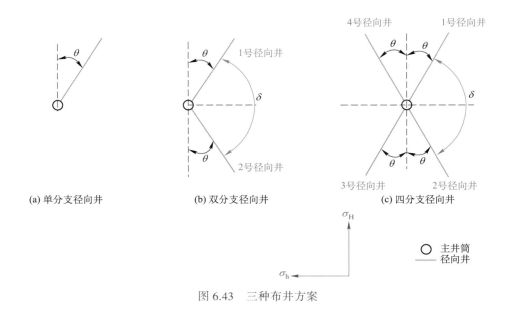

(a) 单分支径向井　　　(b) 双分支径向井　　　(c) 四分支径向井

○ 主井筒
— 径向井

图 6.43　三种布井方案

60m,高度为 2m 的圆柱体模拟储层。采用弱化材料方法在储层内模拟径向井眼,即将径向井眼所在的网格单元赋予力学性质弱化的材料,参数如表 6.6 所示,其杨氏模量远小于储层岩石的杨氏模量,而渗透率远远大于储层岩石渗透率。径向井眼长度为 40m,直径为 50mm。

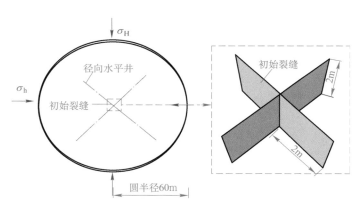

图 6.44　四分支径向井靶向压裂裂缝扩展几何模型

　　根据裂缝起裂位置在储层内预置初始裂缝。以四分支径向井为例,裂缝从四个径向井眼同步起裂,起裂位置位于径向井眼根部位置上下两侧,因此预置四条预置初始裂缝。如图 6.44 所示,由于忽略了主井筒,四条初始裂缝相交,初始长度均为 2m,高度为 2m,初始方向与径向井眼方向一致。采用恒定注入压力方式注入压裂液,每一分析步扩展长度为 1m。为了便于对比,模拟裂缝扩展长度均为 40m,因而扩展步数为 40 步。

表 6.5　裂缝扩展模型基础参数

参数	值	单位
储层厚度	2	m
岩石杨氏模量	20	GPa
岩石泊松比	0.2	
岩石抗拉强度	7	MPa
岩石孔隙度	0.1	
储层渗透率	1×10^{-3}	μm^2
储层压力	29	MPa
最大水平主应力	48	MPa
最小水平主应力	40	MPa
垂向地应力	60	MPa

表 6.6　用于模拟径向井的软弱材料参数

参数	值	单位
杨氏模量	3×10^{-4}	GPa
泊松比	0.25	
渗透率	1×10^{4}	μm^2
孔隙度	0.3	

(三)径向井引导多裂缝扩展机理分析

本部分分析了单分支、双分支及四分支径向井在裂缝扩展过程中对井周应力场的影响,揭示了径向井引导裂缝扩展机理。

1.单分支径向井

图 6.45 对比了裂缝扩展 13m 时,有无径向井条件下的裂缝附近应力场,径向井方位角为 45°。由图 6.45(a)可知,无径向井条件下,裂缝附近最大主应力方向与 X 轴平行,因而裂缝很快发生转向,朝垂直于最大主应力方向扩展。如图 6.45(b)所示,有径向井存在条件下,径向井眼附近最大主应力方向发生改变,近似与径向井眼方向垂直,因而裂缝沿径向井眼方向扩展。分析原因在于:忽略压裂液在径向井眼内摩阻损失的条件下,径向井井筒内压力与压裂液泵入压力近似相等,远大于储层压力,引起径向井筒附近应力场改变,使井筒附近岩石最大主应力更易超过其拉伸强度,从而引导裂缝沿径向井方向扩展。

图 6.46 对比了裂缝扩展 23m 时,有无径向井条件下的裂缝附近应力场,径向井方位角为 45°。由图 6.46(a)可知,无径向井条件下,裂缝附近最大主应力方向与 X 轴平行,裂缝继续朝垂直于最大主应力方向扩展。如图 6.46(b)所示,有径向井存在条件下,裂缝沿径向井井筒方向扩展一定距离后逐渐转向。分析原因在于:裂缝扩展过程中受地应力的影响而逐渐偏离径向井方向,随着裂缝偏离,径向井的引导作用减小,最终完全受地应力控制。

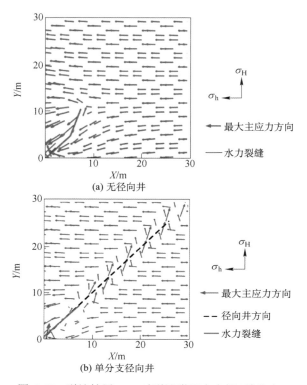

图 6.45　裂缝扩展 13m 时裂缝附近应力场（单分支）

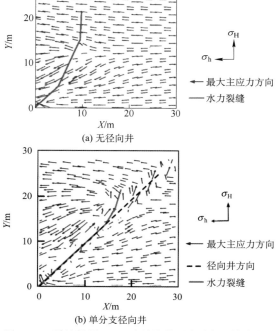

图 6.46　裂缝扩展 23m 时裂缝附近应力场（单分支）

2.双分支径向井

图 6.47 对比了裂缝扩展 13m 时,有无径向井条件下的裂缝附近应力场,双分支径向井分支夹角为 90°。由图 6.47(a)可知,无径向井条件下,裂缝附近最大主应力方向与 X 轴平行,因而裂缝很快发生转向。如图 6.47(b)所示,有径向井存在条件下,径向井眼附近最大主应力方向发生改变,近似与径向井眼方向垂直,引导两条裂缝沿径向井眼方向扩展。

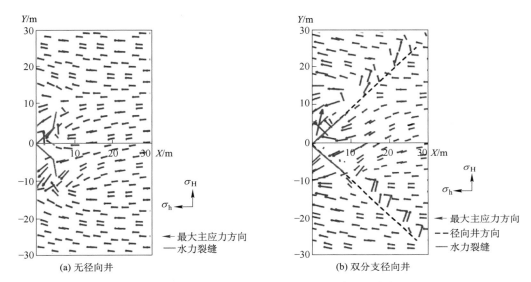

(a) 无径向井　　　　　　　　(b) 双分支径向井

图 6.47　裂缝扩展 13m 时裂缝附近应力场(双分支)

图 6.48 对比了裂缝扩展 23m 时,有无径向井条件下的裂缝附近应力场,双分支径向井分支夹角为 90°。由图 6.48(a)可知,无径向井条件下,裂缝附近最大主应力方向与 X 轴平行,裂缝继续朝垂直于最大主应力方向扩展。如图 6.48(b)所示,有径向井存在条件下,两条裂缝沿径向井井筒方向扩展一定距离后逐渐转向。

3.四分支径向井

图 6.49 对比了裂缝扩展 13m 时,有无径向井条件下的裂缝附近应力场,四分支径向井分支夹角为 90°。由图 6.49(a)可知,无径向井条件下,裂缝附近最大主应力方向与 X 轴平行,因而裂缝很快发生转向。如图 6.49(b)所示,有径向井存在条件下,四分支径向井眼附近最大主应力方向发生改变,近似与径向井眼方向垂直,引导两条裂缝沿径向井眼方向扩展。

图 6.50 对比了裂缝扩展 23m 时,有无径向井条件下的裂缝附近应力场,四分支径向井分支夹角为 90°。由图 6.50(a)可知,无径向井条件下,裂缝附近最大主应力方向与 X 轴平行,裂缝继续朝垂直于最大主应力方向扩展。如图 6.50(b)所示,有径向井存在条件下,四条裂缝沿径向井井筒方向扩展一定距离后逐渐转向。

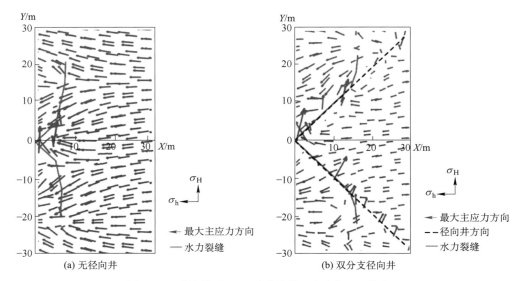

图 6.48　裂缝扩展 23m 时裂缝附近应力场(双分支)

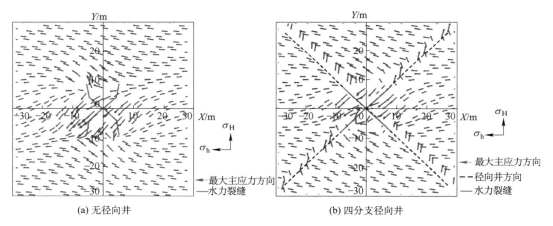

图 6.49　裂缝扩展 13m 时裂缝附近应力场(四分支)

通过以上对单分支、双分支及四分支径向井引导多裂缝扩展应力场分析可知,径向井引导多裂缝扩展机理为:由于压裂液注入,多分支径向井筒内压力增大,改变了径向井筒附近最大主应力方向,使井筒附近岩石更易达到拉伸破坏强度,从而引导多条裂缝均沿径向井方向扩展。

(四)参数敏感性分析

基于该数值模型,我们分析了径向井分支数、水平主应力差及分支夹角对裂缝扩展的影响规律,表 6.7 列出了用于敏感性分析算例。

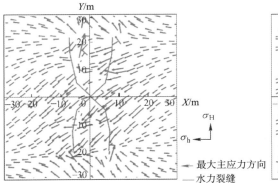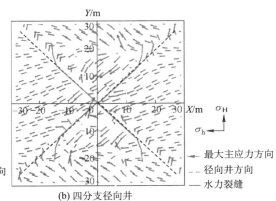

图 6.50　裂缝扩展 23m 时裂缝附近应力场(四分支)

表 6.7　径向井靶向压裂裂缝扩展敏感性分析算例

参数	值	单位
径向井分支数	1,2,4	
水平地应力差($\sigma_H-\sigma_h$)	4,8,12,16,20	MPa
分支夹角	60,90,120	(°)
径向井长度	30,40,50	m

1.不同径向井分支数的影响

本部分分析了不同分支径向井分支数(单分支、双分支及四分支)对径向井靶向压裂裂缝扩展形态的影响。单分支径向井的方位角为 45°,双分支和四分支径向井分支夹角均为 90°。

图 6.51 为单分支径向井引导裂缝扩展形态和无径向井条件下裂缝扩展形态对比。由图 6.51 可知:无径向井时,裂缝在近井地带发生转向,并沿着 σ_H 方向扩展;存在径向井时,裂缝首先沿径向井扩展一定距离,然后逐渐发生转向。为了定量分析裂缝引导效果,

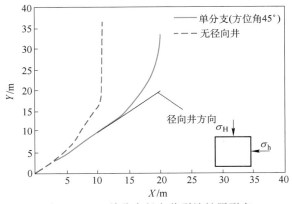

图 6.51　45°单分支径向井裂缝扩展形态

定义裂缝尖端与径向井截面距离小于 1m 时为引导区域(图 6.52),引导区域内的裂缝长度为裂缝引导长度。方位角为 45° 的单分支径向井裂缝引导长度为 21m。

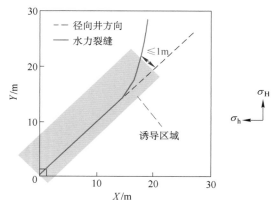

图 6.52　径向井引导区域示意图

图 6.53 为双分支径向井引导单条裂缝扩展形态和无径向井条件下裂缝扩展形态对比,双分支井分支夹角为 90°,各分支方位角为 45°。由图 6.53 可知:无径向井引导时,两条初始裂缝均很快发生转向并沿着 σ_H 方向扩展。有径向井引导条件下,径向井能够分别引导两条裂缝扩展一定距离后才发生转向。双分支径向井平均裂缝引导长度为 19m,低于方位角为 45° 的单分支径向井有效裂缝引导长度,分析原因为两条裂缝扩展过程中相互影响,产生了干扰效应,从而使双分支径向井裂缝引导长度低于单分支径向井。

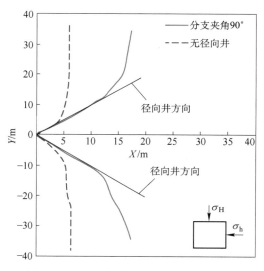

图 6.53　90° 双分支径向井裂缝扩展形态

图 6.54 为四分支径向井引导单条裂缝扩展形态和无径向井条件下裂缝扩展形态对比,四分支井分支夹角为 90°,各分支方位角为 45°。由图 6.43 可知:无径向井引导时,两

条初始裂缝均很快发生转向并沿并沿着 σ_H 方向扩展。有径向井引导条件下,径向井能够分别引导两条裂缝扩展一定距离后才发生转向。四分支径向井平均裂缝引导长度为20m。因此,相同径向井方位角条件下,不同分支数径向井裂缝引导长度从大到小排序依次为:双分支径向井<四分支径向井<单分支径向井。

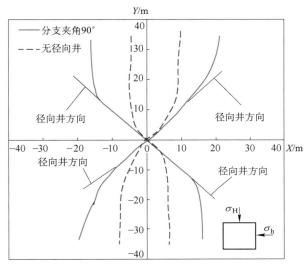

图 6.54　90°四分支径向井裂缝扩展几何形态

2.不同水平地应力差的影响

本部分分析了不同水平地应力差($\sigma_H-\sigma_h$=4MPa,8MPa,12MPa,16MPa,20MPa)对径向井靶向压裂裂缝扩展形态的影响,单分支径向井的方位角为45°,双分支和四分支径向井分支夹角均为90°。

图 6.55 对比了不同水平地应力差条件下方位角为45°的单分支径向井引导单条裂缝扩展形态。由图可知,随水平主应力差增大,径向井引导裂缝扩展长度逐渐降低。当水平

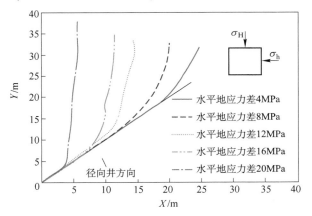

图 6.55　不同应力差下单分支径向井裂缝扩展形态

主应力差为 20MPa 时,径向井对裂缝扩展已无引导能力。因此,水平地应力差增大不利于径向井引导裂缝扩展。

  图 6.56 对比了不同水平地应力差条件下分支夹角为 90° 的双分支径向井引导单条裂缝扩展形态。由图 6.56 可知,随水平地应力差增大,双分支径向井裂缝引导长度不断下降。

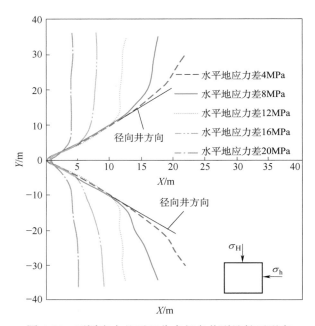

图 6.56   不同应力差下双分支径向井裂缝扩展形态

  图 6.57 对比了不同水平地应力差条件下分支夹角为 90° 的四分支径向井引导单条裂缝扩展形态。由图 6.57 可知,随水平主应力差增大,四分支径向井裂缝引导长度不断下降。

  图 6.58 对比了不同分支径向井裂缝引导长度随水平地应力差变化。由图 6.58 可知,对于不同分支径向井,裂缝引导长度随水平地应力差增大均线性下降,因此水平地应力差为影响径向井裂缝引导效果的主控因素。定义裂缝引导长度大于 10m 时为有效引导,小于 10m 时为无效引导。由图 6.58 可知,水平地应力差大于 15MPa 时,径向井对裂缝扩展失去引导效果。

3.不同分支夹角的影响

  本部分分析了单分支径向井不同方位角(30°,45°,60°,90°)及多分支径向井不同分支夹角(60°,90°,120°)对径向井靶向压裂裂缝扩展形态的影响。

  图 6.59 为不同径向井方位角条件下单分支径向井引导裂缝扩展形态。由图 6.59 可知,径向井方位角为 30° 时,径向井能够引导裂缝扩展较远距离后才发生转向,有效引导裂缝长度为 30m。随径向井方位角逐渐增大,裂缝引导长度逐渐减小。径向井方位角为 90° 时,裂缝引导长度达到最小值,为 11m。

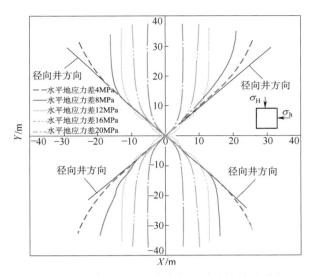

图 6.57 不应力差下四分支径向井裂缝扩展形态

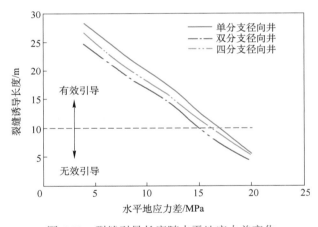

图 6.58 裂缝引导长度随水平地应力差变化

图 6.60 为分支夹角分别为 60°和 120°条件下双分支径向井引导裂缝扩展形态。分支夹角为 60°时,裂缝引导长度为 10.6m;分支夹角为 120°时,裂缝引导长度显著增大,达到了 27m。因而对于双分支径向井,随分支夹角逐渐增大,裂缝引导长度逐渐增大。

图 6.61 为分支夹角分别为 60°和 120°条件下四分支径向井引导裂缝扩展形态。分支夹角为 60°时,裂缝引导长度为 12.2m;分支夹角为 120°时,裂缝引导长度显著增大,达到了 27m。因此,对于四分支径向井,随分支夹角逐渐增大,裂缝引导长度逐渐增大。

图 6.62 绘制了双分支和四分支径向井裂缝引导长度随分支夹角变化。由图 6.62 可知,对于双分支和四分支,裂缝引导长度显著增大,分支夹角为 120°时裂缝引导长度为分支夹角为 60°时裂缝引导长度的 2.5 倍。因此,分支夹角为影响径向井引导裂缝扩展效果的主控因素。

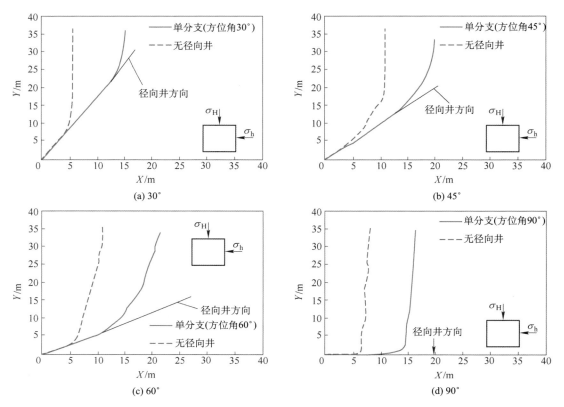

图 6.59　不同方位角下单分支径向井裂缝扩展形态

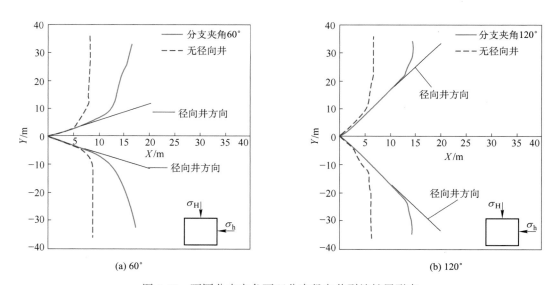

图 6.60　不同分支夹角下双分支径向井裂缝扩展形态

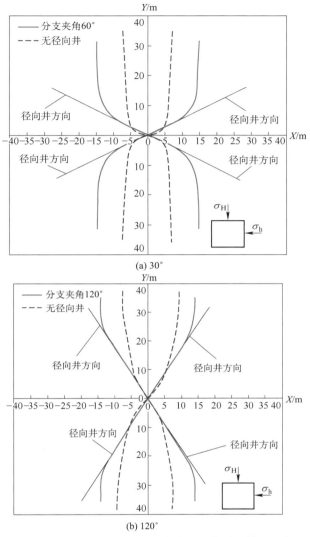

图 6.61   不同分支夹角下四分支径向井裂缝扩展形态

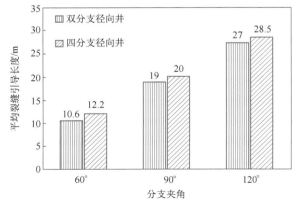

图 6.62   双分支、四分支径向井裂缝引导长度随分支夹角变化

4.径向井长度的影响

图 6.63 绘制了径向井长度为 30m、40m、50m 条件下双分支径向井引导裂缝扩展形态。由图 6.63 可知,不同径向井长度下裂缝扩展形态无变化。因此,径向井长度对引导裂缝扩展效果几乎无影响。

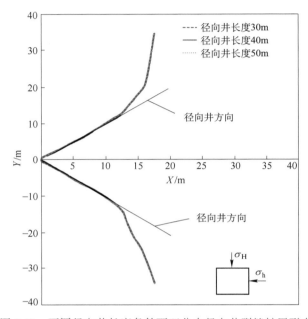

图 6.63　不同径向井长度条件下双分支径向井裂缝扩展形态

三、基于离散元法的径向井压裂缝网数值模拟

煤层的原生和次生裂隙十分发育,因此在水力压裂过程中,裂缝基本沿着煤岩已有的构造面(层理面或节理面)延伸和拓展,形成复杂缝网。传统有限元分析方法基于断裂力学原理对裂缝进行描述,裂缝附近需要加密网格,建模复杂,计算速度缓慢。尽管近年来出现了扩展有限元算法解决了裂缝附近网格加密的问题,但目前仍处于模拟二维裂缝扩展阶段,且应对大规模缝网问题时常出现计算不收敛的情况,运行速度缓慢。而离散单元法把岩体视为被节理切割的若干个块体的组合体,显式地将岩体的节理特征表征出来,块体和块体之间可以分离、滑动和嵌入,流体流动仅发生在节理当中,这些假设都非常适合分析天然裂缝发育岩石的流固耦合问题。

（一）离散元原理

离散单元法由美国 Cundall[40] 于 1971 年提出,最初研究二维离散介质力学行为,主要以研究刚体组合为主。1985 年,Cundall 等[41]在刚性体接触的基础上加入块体变形模型,并编制了二维可变形块体通用程序 UDEC(universal discrete element code),广泛应用于岩土工程领域[41]。1988 年,Cundall 及其 Itasca 公司团队完成了 3DEC 程序开发,主要是 UDEC 在三维空间中的应用扩展[42]。最新版本的 3DEC 将离散元分析与离散裂缝网络模型(discrete fracture network,DFN)相结合,可以更加真实地反映岩石内部天然裂缝产状,逼近真实的施工情况,近年来在非常规油气开采,特别是页岩气储层改造方面得到了广泛应用。

离散单元法认为岩体由块体和不连续面组成。块体为最小的研究单元,既可以是刚体,也可以是变形体,不连续面可以是节理或断层等结构。块体间以不连续面为力的传递媒介,力的大小可通过力和不连续面位移的关系求得,块体运动完全遵守牛顿第二定律,受不平衡力(矩)控制。

1.基本方程

1)力学方程

离散元认为,当块体之间发生滑动与嵌入时,块体间产生作用力,由不连续面传递,大小与接触位移成正比,其比例系数定义为不连续面的刚度系数。

不连续面在二维空间里被简化为直线,嵌入时为点接触。不连续面的法向嵌入量 δ_n 与法向作用力 F_n 之间的关系式为

$$F_n = k_n \delta_n \tag{6.29}$$

式中,k_n 为法向刚度。

块体间的切向作用力以增量 ΔF_s 形式表示,具体公式为

$$\Delta F_s = k_s \delta_s \tag{6.30}$$

式中,k_s 为切向刚度;δ_s 为不连续面切向位移。

不连续面在三维空间中可以为任意形状的面,但通常都简化为一平面,嵌入时接触区域不再是一个点而是一个面。与二维空间类似,其力学计算表达式为

$$\begin{cases} \Delta F_n = - k_n \Delta u_i^n A_c \\ \Delta F_s = - k_s \Delta u_i^s A_c \end{cases} \tag{6.31}$$

式中,A_c 为接触面积;Δu_i^n 为不连续面法向嵌入量;Δu_i^s 为不连续面切向位移;k_n 为法向作用力增量;k_s 为切向作用力增量。

2)运动方程

离散元认为块体间运动完全遵循牛顿第二定律:

$$\begin{cases} \ddot{x}_i + \alpha \dot{x}_i = \dfrac{F_i}{m} + g_i \\ \dot{\omega}_i + \alpha \omega_i = \dfrac{M_i}{I} \end{cases} \tag{6.32}$$

式中,$\ddot{x}_i$ 为块体形心加速度;$\dot{x}_i$ 为块体形心速度;α 为黏滞系数;F_i 为块体合外力;m 为块体质量;g_i 为重力加速度;$\dot{\omega}$ 为主应力轴的角加速度;ω_i 为主应力轴的角速度;M_i 为总力矩;I 为主应力轴的惯性矩。

3）变形方程

对于可变形块体采用四面体网格离散，每个网格节点的运动方程为

$$\ddot{u}_i = \frac{\int_s \sigma_{ij} n_j \mathrm{d}s + F_i}{m} + g_i \tag{6.33}$$

式中，$\ddot{u}_i$ 为节点的加速度；σ_{ij} 为节点处应力张量；s 为节点处块体的表面积；n_j 为 s 表面的法向单位；F_i 为结点合外力；m 为节点处的块体质量；g_i 为重力加速度。

在每个时间步，应变和转动与节点位移的关系为

$$\begin{cases} \dot{\varepsilon} = \dfrac{1}{2}(\dot{u}_{i,j} + \dot{u}_{j,i}) \\[2mm] \dot{\theta} = \dfrac{1}{2}(\dot{u}_{i,j} - \dot{u}_{j,i}) \end{cases} \tag{6.34}$$

变形块体的本构方程用增量表述，有助于非线性问题的求解：

$$\Delta \sigma_{ij}^{\varepsilon} = \lambda \Delta \varepsilon_{\mathrm{v}} \delta_{ij} + 2\mu \Delta \varepsilon_{ij} \tag{6.35}$$

式中，λ、μ 均为拉梅常数；$\Delta\sigma_{ij}^{\varepsilon}$ 为应力张量的弹性增量；$\Delta\varepsilon_{ij}$ 为应变增量；$\Delta\varepsilon_{\mathrm{v}}$ 为体积应变的增量；δ_{ij} 为 Kronecker 函数。

2.节理流动模型

1）流动模型几何关系

节理流动模型包括如下基本的几何单元：

（1）流动平面（flow plane）：形状为平面多边形，与实体块体间的面-面接触相对应。

（2）流动平面子区（flow plane zone）：将流动平面离散分区后的其中一个子区，形状为三角形。

（3）流动平面角点（flow plane vertex）：流动平面子区的角点，一般与块体间的子接触相对应。

（4）流动平面边界（flow plane edge）：流动平面边界的直线段。

（5）流动平面边界子段（flow plane edge segment）：将流动平面边界分段后的其中一段。

（6）流动管道（flow pipe）：一个或者多个流动平面交界线。

（7）流动管道结点（flow pipe vertex）：流动管道两端端点。

（8）流动管道子段（flow pipe segment）：将流动管道分段后的其中一段。

（9）流动节点（flow knot）：在流动平面内等同于流动平面角点，在流动平面交界处，流动结点相当于两个或多个流动平面角点的汇集点。流动结点内存储流体压力值。

流动模型的拓扑结构图如图 6.64 所示。流动单元连接关系如图 6.65 所示，图中纵向箭头表示上下级关系，水平箭头表示平级关系。虚线箭头表示箭头前面的数据结构包含一系列箭头后面的数据结构。

流动平面与面-面接触实体模型相对应，因此在模型建立之初，如果是考虑渗流计

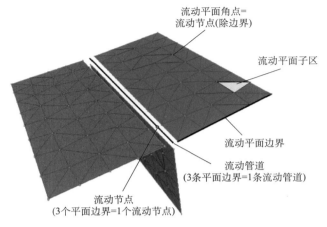

图 6.64　三平面相交流动单元拓扑图

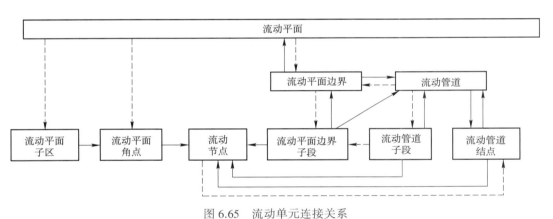

图 6.65　流动单元连接关系

算,则在划分网格形成面–面接触的同时,流动平面会同时形成,而块体的边界也就是流动平面的边界,由此实现了渗流与实体几何模型的耦合。

2）流动方程

离散元假设流体仅在节理中流动,块体为不透水材料,节理水力隙宽等于力学隙宽,计算公式为

$$u_h = u_{h0} + \Delta u_m \tag{6.36}$$

式中,u_h 为节理水力隙宽;u_{h0} 为节理初始水力隙宽;Δu_m 为节理法向位移增量。当块体之间发生相对位置改变时,节理法向位移发生改变,从而改变节理水力隙宽,进而引起渗流量的巨大变化。

节理间流体流动简化为平板间定常流,遵循三次方公式（6.37）,即

$$q_i = \left(\frac{u_h^3 \rho g_i}{12\mu} \phi_i \right) \tag{6.37}$$

式中,q_i 为节理渗透流量;g_i 为重力加速度;ρ 为流体密度;μ 为流体的黏滞性系数;$\phi_i = z +$

$p/(\rho g)$,其中 z 为高度,p 为流体压力。将式(6.36)代入式(6.37)即得到变形后的节理渗透流量。

节理法向位移发生变化导致节理间包围的体积发生变化,流体孔隙压力随之发生改变,块体受力改变,进而影响块体变形与相对运动。节理内孔压计算表达式为

$$p = p_0 + K_w Q \frac{\Delta t}{V} - K_w \frac{\Delta V}{V_m} \tag{6.38}$$

式中,p_0 为前一时步的孔隙压力;Q 为通过孔隙周围的所有接触点流入该孔隙的流量之和;K_w 为流体的体积模量;$\Delta V = V - V_0$;$V_m = (V + V_0)/2$,其中 V 和 V_0 分别为现在时步和前一时步孔隙的体积;Δt 为时间步。负的孔压并不存在,因此如果计算得到的孔压为负值,则将孔压设为 0。

3)3DEC 命令设置

3DEC 中对于流体的设置主要包括以下内容。

(1)开启渗流计算环境变量。

config fluid 表明开启渗流分析,接触面在生成时同时流动平面,此时采用小应变模式;SET flow on/off 分别表示开启/关闭流动计算。

(2)设置流体参数。

FLUID⟨keyword⟩关键字中主要设置流体参数,一般包括体积模量 bulk、密度 density 和黏度 viscosity。此外还可设置流动结点的最小体积 volmin 和流动平面子区的最小面积 area_min,这两个值主要是为了防止由于节理开度过小造成的时间步太小,使得计算过于缓慢。

3.离散裂缝网络模型

3DEC 可以采用统计方法构建离散裂缝网络,其命令行为 DFN template。该命令行要求用户设定缝网的模板,给定裂缝网络的几何形态和分布参数,具体包括:大小(size),3DEC 中定义离散裂缝为圆盘状,因此裂缝面的大小一般指圆盘半径;中心位置(position),即裂缝圆盘中心点坐标;方位(orientation),包括缝面倾角和走向。裂缝面与水平面之间的夹角定义为倾角(dip),裂缝面法线在水平面上的投影与 Y 轴的夹角定义为裂缝走向角(dip direction)。具体示意图如图 6.66 所示。

模板设定完毕之后,用户可以应用该模板,并使用以下命令行生成 DFN 网络:DFN generate。该命令行需要设定缝网密度。DFN 对于裂缝密度的定义包括线密度 $\rho_l = \dfrac{L_f}{V_p}$,面密度 $\rho_f = \dfrac{A_f}{V_p}$,体积密度 $\rho_v = \dfrac{V_f}{V_p}$。其中,$L_f$ 为计算区域面 A_p 上裂缝的总长度,V_p 为储层总体积,V_f 为裂缝总体积,A_f 为裂缝的总表面积。

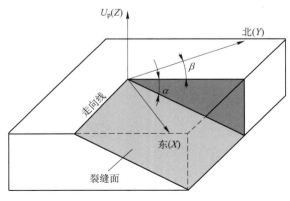

图 6.66　裂缝倾角与走向示意图
α 为倾角;β 为裂缝走向角

此外,3DEC 在生成缝网时是通过统计分布函数随机生成的,其支持的概率分布函数如表 6.8 所示。

表 6.8 离散裂缝网络概率分布函数

分布函数	概率密度表达式	参数
均匀分布	$f(x) = \begin{cases} \dfrac{1}{2a}, & \overline{x} - a \le x \le \overline{x} + a \\ 0, & x < -a \ 或 \ x > a \end{cases}$	a 为最大偏差,$\overline{x}$ 为平均值
指数分布	$f(x) = \lambda e^{-\lambda x}$	$1/\lambda$ 为均值
正态分布	$f(x) = \dfrac{1}{\sigma \sqrt{2\pi}} e^{-\frac{(x-\mu)^2}{2\sigma^2}}$	μ 为均值,σ 为方差
Fisher 分布	$f(\varphi,\theta) = \dfrac{k\sin\varphi e^{k\cos\varphi}}{2\pi(e^k - 1)}, \quad 0 \le \theta \le 2\pi$ $k \approx \dfrac{N_f}{N_f - |R|}, \quad k > 5$	k 为单峰分布函数且关于 φ 轴对称,$|R|$ 为裂缝产状单位向量的模,N_f 为裂缝数量

需要指出的是,DFN 生成的裂缝尺寸一般均小于模型尺寸,但 3DEC 中节理的生成必须贯穿整个模型,因此即使很小的一个裂缝,在最终 3DEC 模型中也会表现为一条贯穿整个模型的节理。为真实模拟裂缝形态,3DEC 允许在对节理属性赋值时将 DFN 网络内外区别开来,例如,change dfn ⟨id⟩ jmat 21。该命令行表明,对于某 DFN 网络,与裂缝网络尺寸相同部分的节理属性被赋予材料 2,其余部分被赋予材料 1,此时可将材料 1 的抗拉强度和内聚力设为一个较大值(如 10^6 MPa),表明该部分节理无法发生法向和切向位移,从而实现 DFN 网络内外建模的目的。

(二)煤岩径向井靶向压裂离散元数值模型

1. 几何模型与参数

假设模拟煤层深度为 300m,尺寸为 150m×150m×10m,在模型中间设置一条水平缝模拟水力裂缝;采用 3DEC 内置的离散裂缝网络(DFN)模块生成天然裂缝网络,所有天然裂缝倾角假设为 90°,其中面割理走向近似与最大水平主应力平行,端割理走向近似与最小水平主应力平行,裂缝分布参数如表 6.9 所示。

表 6.9 天然裂缝分布参数

裂缝参数	面割理				端割理			
	大小	位置	走向	密度	大小	位置	走向	密度
分布	指数	均匀	正态	体密度	指数	均匀	正态	体密度
分布函数参数	$\lambda = 4$ 取值范围: 10~150m		方差 = 20°	0.2m²/m³	$\lambda = 4$ 取值范围: 4~10m		方差 = 20°	0.01m²/m³

我们假设径向井四分支 90°相位布井,井眼方位与水平主应力呈 45°夹角。由于模型尺寸较大,主井筒和径向井的尺寸相对整个模型来说可以忽略不计。为了模拟压裂液沿

径向井的注入过程,在模型中间位置处的一个位于水平水力裂缝所在平面的十字形区域内用线注入方法注入压裂液。十字大小与径向井长度相同,其中心位置为主井筒位置。另外,径向井眼段注入的单位长度排量为总排量除以径向井总长度,且水平主应力沿对角线加载(图6.67)。

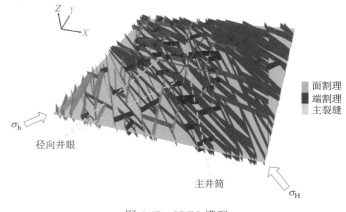

图 6.67　3DEC 模型

在建立几何模型时,为排除结果受边界影响,我们采用内外建模技术,即在研究模型外部再包一层,尺寸为内模型的 2 倍(300m×300m×20m)。内外模型网格均采用六面体网格,其中内模型采用加密网格,网格平均边长为 2m。外模型网格平均边长为 10m,并采用固定位移边界条件。此外,模型的计算时间设为 60s。

模型块体本构关系选用弹性各向同性块体模型,节理本构关系符合莫尔-库仑准则,节理法向应力为零时发生张性破裂。

具体力学参数与模型计算参数如表 6.10 所示。

表 6.10　力学参数和模型计算参数

杨氏模量 /GPa	泊松比	密度 /(kg/m³)	节理法向刚度 /GPa	节理切向刚度 /GPa	节理内摩擦角 /(°)
2.4	0.3	2700	50	50	30

节理内聚力 /MPa	单分支长度 /m	压裂液黏度 /(mPa·s)	排量 /(m³/min)	$\sigma_h : \sigma_H : \sigma_v$	
0	20	10	3	0.5 : 0.8 : 1	

2.改造体积的计算

在页岩气体积压裂施工时,一般采用改造体积(stimulated reservoir volume,SRV)作为压裂效果的评价指标[43]。一般计算改造体积的方法包括以下两种:

(1)通过对微地震云图将改造区域划分为若干体积块,在横向和纵向剖面上映射为若干条带的形式,直接累加各个体积块得到最终的 SRV 值。

（2）大致评估微地震事件发生的范围，并假设裂缝高度与储层高度相同，仅计算微地震云所覆盖的区域面积，或渗透率增强区域面积（permeability enhanced area，PEA），从而将体积问题转化为面积问题。求解方法主要有规则图形组合法、边界解析法和概率法等。

由于 3DEC 对天然裂缝显式建模，因此可通过 FISH 语言编程从计算结果中统计发生破裂的缝面面积总和（包括张性破裂和剪切破裂）。而煤层一般较薄，压裂过后裂缝高度与煤层厚度相当，所以可以认为缝面面积的大小反映了 PEA 的大小。为避免估算 PEA 带来的复杂性和不准确性，本小节直接采用破裂裂缝的缝面面积之和（简称破裂面积）作为衡量改造体积大小的量度，破裂面积越大，天然裂缝改造体积越大。

3.连通区与非连通区

当考虑裂缝内孔隙压力时，节理面最大剪应力表达式为

$$F_{max}^s = c + (F^n - p)\tan\varphi \tag{6.39}$$

式中，c 和 φ 分别为节理的内聚力和摩擦角；F_{max}^s 为节理面最大剪应力；F^n 为裂缝面正应力；p 为孔隙压力。

分析式（6.39）和图 6.68 不难看出，裂缝面发生剪切破裂可能有如下五种原因：

（1）裂缝面正应力、孔隙压力、内聚力、内摩擦角保持不变，剪应力大于剪切强度产生剪切破裂。

（2）裂缝面正应力、剪应力保持不变，由于热效应或化学效应导致内聚力或内摩擦角减小从而发生剪切破裂。

（3）裂缝面剪切力不变，正应力降低导致剪切破裂。

（4）裂缝面正应力、剪应力、内聚力和内摩擦角保持不变，裂缝内孔隙压力升高导致剪切破裂。

（5）以上四种情形的组合情况。

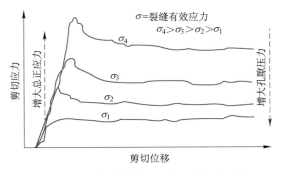

图 6.68　天然裂缝剪切应力与应变关系图

一般来说，在水力压裂过程中，多种情况会导致裂缝发生剪切破裂。在研究缝网压裂时，距离主井筒较近的天然裂缝由于压裂液可以进入裂缝面，因此发生剪切破裂的主要原因为上述第 4 种，本小节参照页岩气压裂的"干""湿"裂缝的概念[44]将这类破裂区域定义为"连通区"，意指这部分天然裂缝孔隙压力升高主要是由于压裂液的进入造成的，在

压裂后导流能力得到提高且互相相连并与径向井或主井筒相通,气体可以通过该部分天然裂缝直接进入井眼,对该井的生产起主要贡献作用;而远离主井筒的天然裂缝由于压裂液波及不到,发生破裂主要是由第(1)和第(3)种情况引起,本小节将这类破裂区域定义为"非连通区",这类天然裂缝与径向井和主井筒之间并没有高导流裂缝连通,气体无法到达井筒,对该井生产没有贡献,但是如果井网密度较大,有可能对邻井产量产生影响。

4. 图形说明

依据模型的模拟深度测算水力裂缝部位的正常孔隙压力约为3MPa,但部分裂缝内孔隙压力的升高是由裂缝变形引起的。因此为排除这一部分裂缝干扰,选取4MPa作为孔隙压力阈值来统计计算连通区与非连通区。本小节后续结果中会给出水平水力裂缝面(HF)的孔隙压力分布图和天然裂缝(NF)破裂分布图,如图6.69所示。

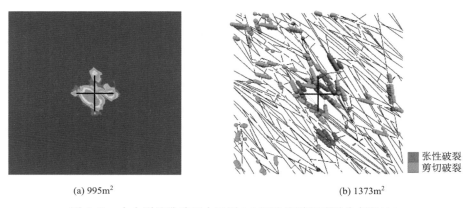

(a) 995m²   (b) 1373m²

图6.69　水力裂缝孔隙压力云图(a)和天然裂缝破裂分布图(b)

图6.69中,中心十字代表主井筒所在位置,十字的长度代表径向井的长度;水力裂缝孔隙压力云图下的数字995m²表示水力裂缝中孔隙压力高于4MPa的区域面积,定义为水力裂缝的扩展面积;天然裂缝破裂分布图为俯视截面图,红色和绿色的点表示破裂位置,用于观察天然裂缝的破裂范围,数字1373m²表示发生破裂并且孔隙压力高于4MPa的天然裂缝缝面面积之和,即"连通区"内天然裂缝的破裂面积;"非连通区"的破裂点一般出现在远离中心的位置(如边角区域),可从破裂分布图上直观观察。

(三)计算结果与分析

1.与射孔压裂对比

依据表6.10给出的地应力条件,常规射孔压裂水力裂缝应当为沿最大水平主应力开启的一条垂直裂缝,所以将图6.67中的水平水力裂缝变为一条垂直水力裂缝。由于射孔井眼尺寸远小于模型尺寸,因此忽略射孔井眼大小。另外,将注入点选择在模型原点处,并用点注入来模拟射孔压裂过程,如图6.70所示。

模型参数参照表6.10,分别计算射孔压裂和不同井眼长度径向井靶向压裂结果,如

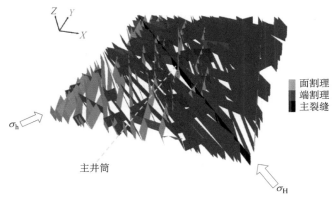

图 6.70　射孔压裂 3DEC 模型

图 6.71和图 6.72 所示。由压裂曲线可以看出,射孔压裂的起裂压力要远高于径向井靶向压裂的起裂压力,主要原因是在本算例中模拟射孔压裂采用的是在模型中点单点注入压裂液,注入点较少。而在模拟径向井靶向压裂时,径向井眼完全是裸眼状态,这增加了井眼与压裂液的接触面积,导致压裂液滤失量增大。因此,相同排量条件下相较于射孔压裂来说径向井靶向压裂可以有效降低起裂压力。

　　常规射孔压裂时可以通过增加射孔密度降低起裂压力,但是如果煤层较薄、射孔数量不够多或者井眼方位偏离最大水平主应力方位,均有可能造成起裂压力过高的问题,严重时可能导致压裂失败,因此针对较薄煤层,径向井靶向压裂提供了一种有效降低起裂压力的方法。

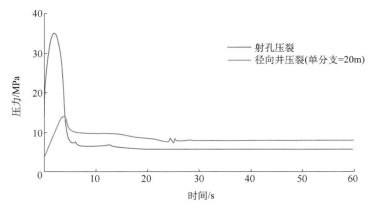

图 6.71　不同压裂模式压裂曲线

　　另外值得注意的是,径向井靶向压裂的裂缝延伸压力要高于射孔压裂,这主要是由于径向井靶向压裂的水力裂缝为水平缝,而射孔压裂的水力裂缝为沿最大水平主应力方向的垂直缝,本算例中垂向主应力为最大主应力,水平缝的扩展难度要高于垂直缝,需要较高的孔隙压力,反映在压裂曲线上就是径向井靶向压裂的延伸压力较高。

　　由图 6.72 可以看出,由于射孔压裂以垂直缝起裂,水力裂缝扩展相对径向井靶向压裂较容易,其水力裂缝扩展面积与 30m 径向井靶向压裂的水力裂缝相当,但其沟通的天

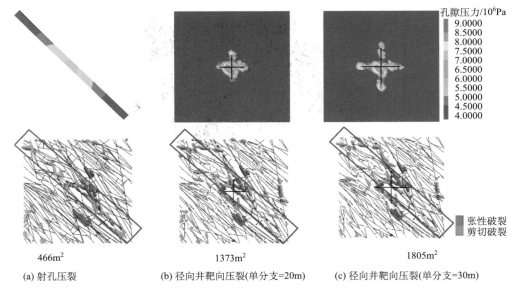

图 6.72　不同压裂模式下水力裂缝孔隙压力分布图与天然裂缝破裂分布图

然裂缝以垂直缝为中心的两侧裂缝为主(紫框内部分)。由于径向井靶向压裂是沿层理水平起裂,天然裂缝的破裂范围与水力裂缝的扩展面积有关,随着井眼长度增加,紫框外围更多的天然裂缝发生破裂,其压裂影响范围逐渐增大,连通区的破裂面积逐渐增大,更多高导流裂缝通过径向井与主井筒相连。由此看出,径向井靶向压裂相比射孔压裂来说可有效增大天然裂缝的改造体积,形成更大规模的缝网形态。

2.地应力条件影响

为产生沿层理水平起裂,上覆岩层压力应与最大水平主应力相接近或者小于最大水平主应力。随着上覆岩层压力取值的不同,径向井靶向压裂的缝网规模也会有相应的变化。假设上覆岩层压力逐渐由最大主应力转变为最小主应力,保持表 6.10 中岩石力学参数和施工参数不变,改变地应力关系为表 6.11 中的三种情况,计算结果如图 6.73和图 6.74 所示。

表 6.11　不同应力状态取值

参数	地应力条件 1	地应力条件 2	地应力条件 3
$\sigma_h : \sigma_H : \sigma_v$	0.5 : 0.8 : 1	0.5 : 1.2 : 1	1.2 : 1.5 : 1

由压裂曲线图 6.73 可以看出,不同地应力条件下压裂曲线的形态类似,裂缝起裂压力与延伸压力相差不大,这主要是由于本算例中施工参数均相同,沿层理水平起裂主要受应力控制,而各组应力状态中上覆岩层压力并未发生变化,仅水平主应力发生变化,因此裂缝的起裂压力与延伸压力基本相同。

由图 6.74 可以看出,随着上覆岩层压力由最大主应力逐渐转变为最小主应力,水力

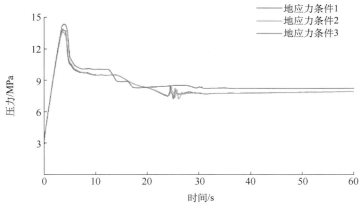

图 6.73 不同地应力条件压裂曲线

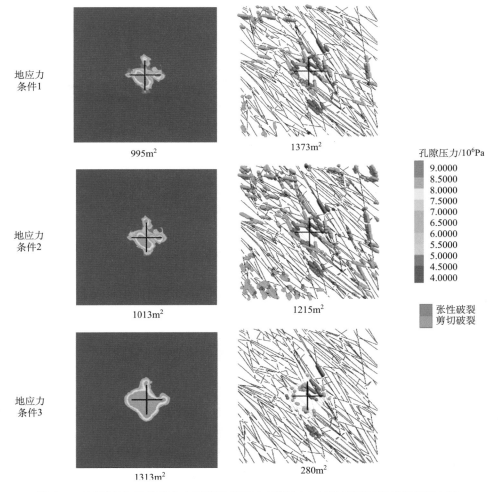

图 6.74 不同应力条件下水力裂缝孔隙压力云图(左)与天然裂缝破裂分布图(右)

裂缝扩展面积呈增大趋势。当上覆岩层压力为最大主应力时,连通区破裂面积最大,说明该应力条件有利于该井附近的缝网改造。当上覆岩层压力为中间主应力时,远离主井筒的破裂点数量明显增多,天然裂缝的破裂范围达到最大,说明该应力条件最有利于形成大规模缝网改造。另外,该应力条件下远离主井筒的区域也可以得到有效改造,单井压裂之后对邻井增产有一定帮助。当上覆岩层压力为最小主应力时,水力裂缝扩展面积最大,但天然裂缝的破裂范围最小,只有主井筒周围小部分的天然裂缝产生破裂,说明该应力条件最不利于径向井靶向压裂。

3.施工参数影响

1) 井眼长度影响

保持表 6.10 中其他参数不变,仅改变单分支井眼长度,计算结果如图 6.75 和图 6.76 所示。从压裂曲线可以看出,随着井眼长度的增加,曲线初始斜率降低,表明井眼内增压速率降低,由此导致裂缝破裂压力降低,此外裂缝的延伸压力也随着井眼长度的增加而降低。上述规律与室内实验得到变化规律一致。

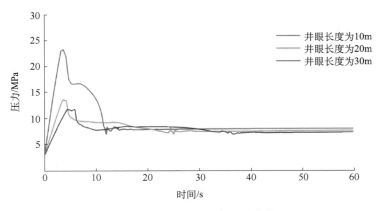

图 6.75 不同井眼长度压裂曲线

由图 6.76 可以看出,随着井眼长度的增加,水力裂缝扩展面积呈增大趋势,连通区破裂面积随井眼长度的增加而扩大,这主要是井眼长度的增加连接了更多的天然裂缝所致。非连通区破裂点随井眼长度的增加有所减少,如在井眼长度为30m 时的天然裂缝破裂分布图中左下角部分剪切破裂点明显减少,这主要是由于井眼长度的增加导致延伸压力下降,水力能量传递范围受到限制。

2) 排量影响

保持表 6.10 中其他参数不变,仅改变施工排量,并设定压裂液总量为 9m³,计算相同用液量、不同排量条件下径向井靶向压裂结果如图 6.77 和图 6.78 所示。从压裂曲线可以看出,随着排量的增加,曲线初始斜率增大,表明井眼内增压速率增大,由此导致裂缝破裂压力升高,但裂缝的延伸压力并未随排量增大而有大幅提高。

由图 6.78 可以看出,相同用液量情况下,随着施工排量的增加,水力裂缝扩展面积及天然裂缝破裂面积基本没有变化。从压裂曲线上不难看出,三种排量条件下裂缝的延伸

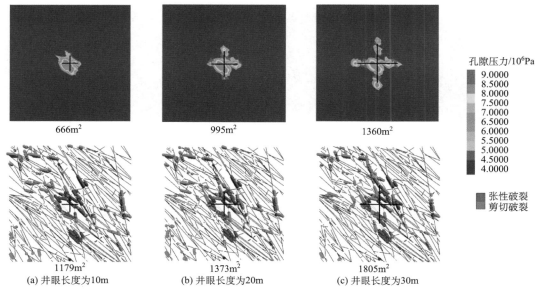

图 6.76　不同井眼长度水力裂缝孔隙压力云图(上)与天然裂缝破裂分布图(下)

压力几乎重叠,因此压裂液在裂缝中延伸范围基本相同,裂缝破裂面积差别较小。

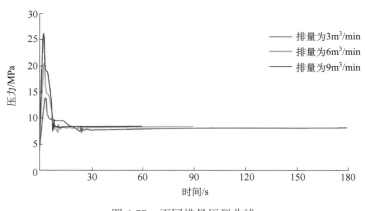

图 6.77　不同排量压裂曲线

3)压裂液黏度影响

保持表 6.10 中其他参数不变,仅改变压裂液黏度,计算结果如图 6.79 和图 6.80 所示。从压裂曲线可以看出,随着压裂液黏度的增加,裂缝破裂压力增大,破裂时间向后延迟,这主要是压裂液黏度升高导致压裂液流动阻力升高,压裂液在裂缝入口处产生了较长时间的憋压所致。起裂压力随压裂液黏度的升高有较大幅度的上升,因此对地面设备承压能力提出较高要求,在提高压裂液黏度的同时,需要降低排量或增加井眼长度来降低起裂压力以保证施工安全。

由图 6.80 可以看出,随着压裂液黏度的增加,水力裂缝扩展面积及连通区破裂面积

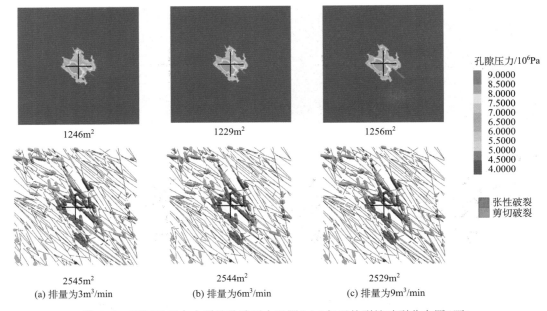

图 6.78　不同排量水力裂缝孔隙压力云图(上)与天然裂缝破裂分布图(下)

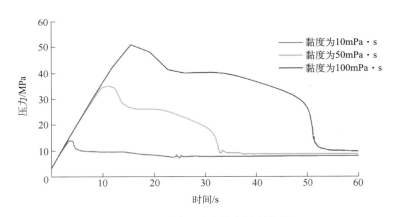

图 6.79　不同压裂液黏度压裂曲线

明显增大,破裂主要以张性破裂为主。非连通区破裂点有所减少,如当压裂液黏度为100mPa·s时,天然裂缝破裂分布图左下角部分剪切破裂点全部消失。该结果表明高压裂液黏度有助于井附近的天然裂缝改造。

4. 岩石力学参数影响

1)杨氏模量影响

保持表6.10中其他参数不变,仅改变煤岩杨氏模量,计算结果如图6.81和图6.82所示。弹性模量的升高表明煤岩脆性增大,由压裂曲线可知,脆性高的煤岩起裂压力和延伸压力稍高,但两者差别不大。由图6.82可以看出,高杨氏模量条件下,水力裂缝中扩展面积和连通

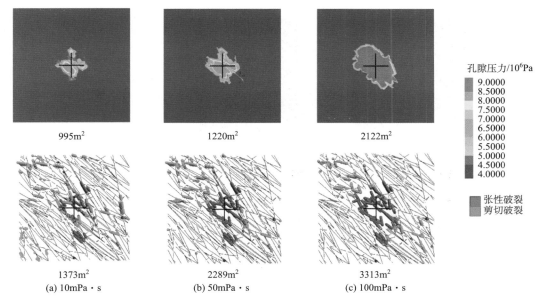

图 6.80 不同压裂液黏度水力裂缝孔隙压力云图(上)与天然裂缝破裂分布图(下)

区破裂面积均呈增大趋势,天然裂缝张性破裂增多,非连通区破裂点减少。该计算结果说明高脆性的煤层更有利于该井附近的裂缝产生较多的张性破裂。

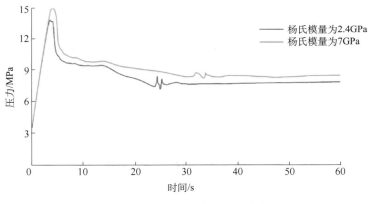

图 6.81 不同杨氏模量压裂曲线

2)节理刚度影响

保持表 6.10 中其他参数不变,仅改变煤岩节理刚度,计算结果如图 6.83 所示。由压裂曲线可知,节理刚度较低的煤岩起裂压力稍高,而裂缝延伸压力基本不受节理刚度影响。

由图 6.84 可以看出,节理刚度对水力裂缝扩展面积和连通区破裂面积影响较小,但节理刚度的上升会导致非连通区破裂减少。节理刚度是节理位移与作用力关系的度量值,该值越大,表明节理发生相同的位移所需的作用力越大,煤岩总体将呈现较强的坚固性(不宜被嵌入)。非连通区的破裂主要是由于节理所受的剪切力或正应力发生改变而造成的,因此

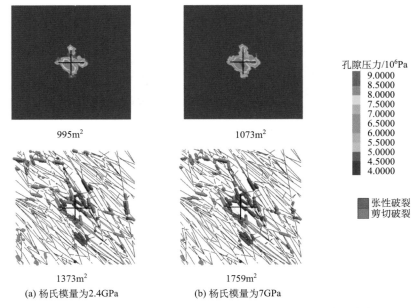

图 6.82　不同杨氏模量水力裂缝孔隙压力云图（上）与天然裂缝破裂分布图（下）

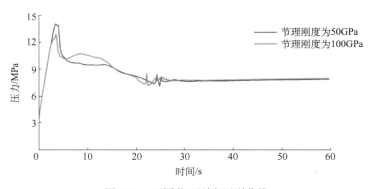

图 6.83　不同节理刚度压裂曲线

相同施工条件下,节理刚度越高,块体间相互作用力传递能力降低,水力能量传播距离缩短,远离井筒的天然裂缝面上力的变化减弱,因此非连通区破裂有所减少。

3）节理内聚力影响

保持表 6.10 中其他参数不变,仅改变煤岩节理内聚力,计算结果如图 6.85 所示。由压裂曲线可知,节理内聚力较低的煤岩起裂压力稍高,而裂缝延伸压力基本不受节理内聚力影响。由图 6.86 可以看出,节理内聚力对水力裂缝扩展面积和连通区破裂面积影响较小;连通区破裂随节理内聚力上升逐渐以张性破裂为主,非连通区破裂随节理内聚力的上升而减少,这主要是内聚力的增大使节理发生剪切破裂的难度增大所致。

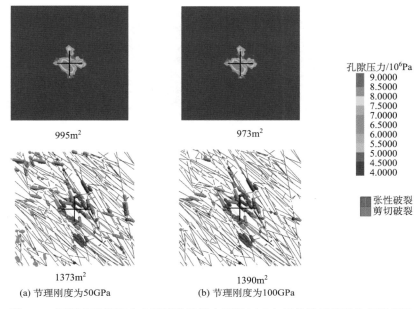

图 6.84　不同节理刚度水力裂缝孔隙压力云图(上)与天然裂缝破裂分布图(下)

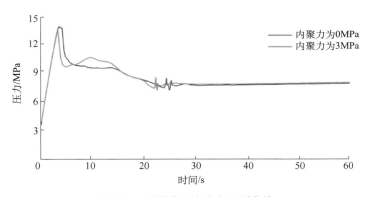

图 6.85　不同节理内聚力压裂曲线

4) 节理内摩擦角影响

保持表 6.10 中其他参数不变,仅改变煤岩节理内摩擦角,计算不同煤岩节理内摩擦角条件下径向井靶向压裂结果如图 6.87 和图 6.88 所示。由压裂曲线可知,节理内摩擦角较小的煤岩起裂压力稍高,而裂缝延伸压力基本不受节理内摩擦角的影响。由图 6.88 可以看出,节理内摩擦角对缝网的影响规律与节理内聚力类似,水力裂缝扩展面积和连通区破裂面积变化不大,连通区破裂随节理内摩擦角的增大逐渐以张性破裂为主,非连通区破裂随节理内摩擦角的增大而减少,其原因与节理内聚力相同,主要是内摩擦角的增大使节理发生剪切破裂的难度增大所致。

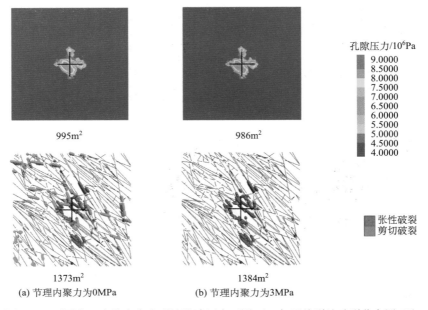

995m²   986m²

孔隙压力/10⁶Pa
9.0000
8.5000
8.0000
7.5000
7.0000
6.5000
6.0000
5.5000
5.0000
4.5000
4.0000

张性破裂
剪切破裂

1373m²   1384m²

(a) 节理内聚力为0MPa   (b) 节理内聚力为3MPa

图6.86　不同节理内聚力水力裂缝孔隙压力云图(上)与天然裂缝破裂分布图(下)

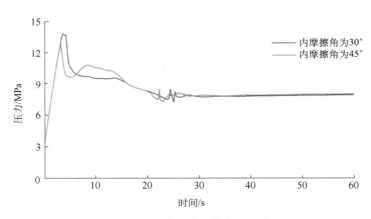

图6.87　不同节理内摩擦角压裂曲线

(四)煤层径向井靶向压裂参数设计

为使煤层径向井靶向压裂形成更大规模的"一平多纵"缝网形态,首先需要判断煤层的地应力状态的优劣。基于上面的计算结果可知,上覆岩层压力为中间主应力的应力状态有最佳的径向井靶向压裂效果,其次是上覆岩层压力为最大主应力的应力状态。而当上覆岩层压力为最小主应力时,径向井靶向压裂将产生最小的缝网规模,在此应力状态下,煤层最不适合实施径向井靶向压裂改造。

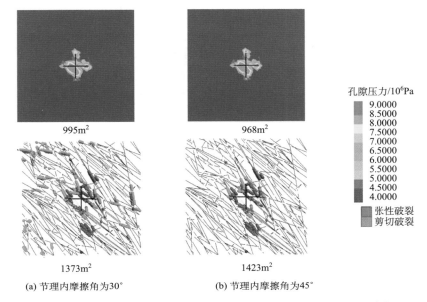

995m²   968m²

孔隙压力/10⁶Pa

9.0000
8.5000
8.0000
7.5000
7.0000
6.5000
6.0000
5.5000
5.0000
4.5000
4.0000

张性破裂
剪切破裂

1373m²   1423m²

(a) 节理内摩擦角为30°   (b) 节理内摩擦角为45°

图6.88 不同节理内摩擦角水力裂缝孔隙压力云图(上)与天然裂缝破裂分布图(下)

从本小节计算结果可以看出,相同用液量条件下,施工排量对改造体积影响不大,而增加井眼长度和压裂液黏度可以增大单井周围连通区的破裂面积,有利于提高单井产量。但如果当煤层脆性较低(低弹性模量)、坚固性较弱(低节理刚度)、胶结度较差(低内聚力和低内摩擦角)时,由于该类煤层自身有利于非连通区内天然裂缝的剪切破裂,所以单井压裂后煤层裂缝延伸范围较大。因此针对该类煤层,可依据井网密度调整井眼长度和压裂液黏度。具体来说,如果原井网密度较高、井间距较小,可考虑采用较短径向井眼和较低黏度压裂液方式同时压裂多个径向井眼。此时,各井可最大程度增加相对于该井的非连通区的破裂面积,从而在一定区域内获得较好的压裂改造效果,最终达到提升总体产能的目的。如果原井网密度较低或仅有单井开采,则仍建议采用长径向井眼、高黏度压裂液的压裂方式,以提升单井周边天然裂缝的有效改造程度,提高单井产量。

对于布井层数,在保证裂缝位于本煤层的前提下,可依据目标层位厚度设计。对于薄煤层,可采用单层布井方式。而对于厚煤层,则可以考虑布置多层径向井,并配合使用封隔器实施分层压裂。

对于单层布井方式,根据本章第三节的第二部分中的实验结论,我们建议采用四分支、90°相位角的径向井井型,从而最大限度地降低裂缝起裂压力和延伸压力。此外,径向井的方位为井眼轴线与水平主应力方向线呈45°夹角,目的在于避免当上覆岩层压力为最大主应力时,某个径向井眼方向太接近最大水平主应力方向而垂直起裂。

第三节 径向井眼靶向压裂物理模拟实验

为了进一步揭示多分支径向井靶向裂缝同步起裂机理,本节采用真三轴压裂装置,设计开展了真三轴压裂室内实验,对比了径向井靶向压裂相对于常规射孔压裂的技术优势,研究了径向井分支数、地应力状态与天然弱面对多分支径向井靶向压裂裂缝起裂和压裂效果的影响规律。

一、实验方案

本实验共计划制备岩样 8 块,其中 7 块用于径向井靶向压裂实验,1 块用于射孔压裂对比实验。通过对比岩样破裂压力及裂缝形态,分析径向井靶向压裂相较于常规射孔压裂的技术优势,研究径向井分支数、地应力与天然弱面对径向井靶向压裂效果的影响规律。下面将详细介绍实验测试方案。

实验方案如表 6.12 所示:1 号岩样模拟射孔压裂;2~6 号岩样分别模拟分支数从 2~6 的多分支径向井靶向压裂;7 号岩样模拟径向井穿过天然弱面时,天然弱面对裂缝起裂的影响;8 号岩样模拟不同地应力状态对裂缝起裂的影响。各岩样径向井眼布置方案如图 6.89 所示。

表 6.12 实验方案

岩样编号	分支数	三轴加载应力($\sigma_v : \sigma_H : \sigma_h$)/MPa	有无与天然弱面相交
1	射孔		
2	2		
3	3		
4	4	7 : 4 : 2	无
5	5		
6	6		
7	2		有
8	2	2 : 7 : 4	无

二、实验设备

考虑到在天然岩样中钻取多分支径向井较为困难,本小节选用水泥岩样开展径向井靶向压裂实验。我们首先设计并加工主井筒及径向井筒,再将它们预置在水泥岩样内,最后采用真三轴水力压裂装置开展实验。下面将详细介绍这些过程。

(一)真三轴压裂装置

大型真三轴压裂装置(图 6.90)由压裂液泵入系统、地应力模拟系统和真三轴模拟压裂实验架组成。该装置要求试样大小为 300mm×300mm×300mm。三轴应力加载范围为 0~

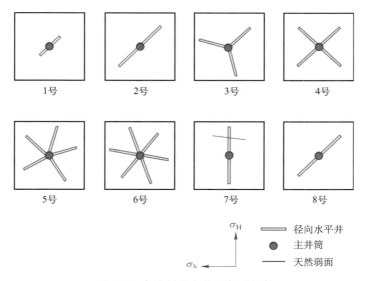

图 6.89 各岩样径向井眼布置方案

10MPa,且具备连续可调功能,调节精度为 0.01MPa。压裂液泵入系统由平流泵和注液管线组成。平流泵泵送压裂液黏度范围为 1~80mPa·s,最大工作流量为 60mL/min,流量精度为 0.3%,最高工作压力为 65MPa,压力精度 0.1%。该实验泵入流量设定为 20mL/min,配制压裂黏度为 40mPa·s。

图 6.90 大型真三轴压裂装置

(二)主井筒和径向井筒

主井筒参数如图 6.91 所示,其长度为 190mm,下端开 2~6 个 5mm 的井眼,用于连接径向井筒。主井筒顶部的螺纹用于连接压裂泵。采用内径 5mm 的筛管模拟径向井筒,筛管长度为 5cm。图 6.92 展示了加工好的主井筒和径向井筒,二者采用不锈钢材料加工制成,径向井筒上加工螺纹用于和主井筒连接。主井筒与不同数量的径向井筒连接,如图 6.93 所示。

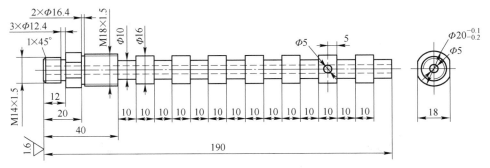

图 6.91 主井筒参数(单位:mm)[45]

(a) 主井筒

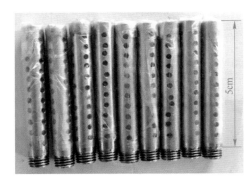

(b) 径向井筒

图 6.92 模拟主井筒和径向井筒实物图

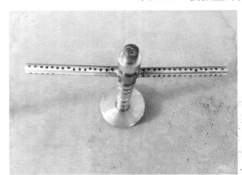

(a) 主井筒+两分支径向井

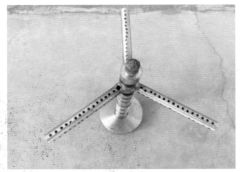

(b) 主井筒+三分支径向井

(c) 主井筒+四分支径向井

(d) 主井筒+五分支径向井

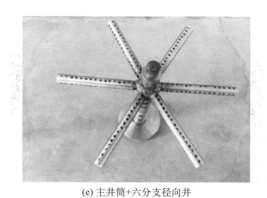

(e) 主井筒+六分支径向井

图 6.93 主井筒与不同分支数的径向井组合

（三）水泥岩样

水泥岩样采用 425#水泥和 40~60 目的石英砂以 1∶1 比例浇筑而成。水泥岩样力学参数为：弹性模量 7.5GPa，泊松比 0.25，单轴抗压强度为 15.6GPa。制作岩样时，首先组装好箱体模具，在其内侧涂一层黄油，然后将井筒倒插在地板中央的沉孔内［图 6.94（a）］，最后将水泥砂浆灌入箱体模具［图 6.94（b）］。将浇筑好的岩样室温条件下放置 28 天，待其完全凝固后，得到径向井靶向压裂实验岩样（图 6.95）。

(a) 水泥岩样模具

(b) 浇筑好的岩样

图 6.94 水泥岩样模具及浇筑好的岩样

三、实验结果

基于上述实验方案，共开展 8 块试样压裂实验，对比了射孔压裂与径向井靶向压裂效果，分析了径向井分支数、地应力与天然弱面对径向井靶向压裂效果的影响规律。

（一）径向井靶向压裂与射孔压裂起裂对比分析

1 号岩样用于模拟射孔压裂，其压裂曲线及裂缝形态如图 6.96 所示。从图 6.96 中可以看出，它的破裂压力为 8.75MPa，并在射孔孔眼附近形成了单条垂直裂缝。2 号岩样用

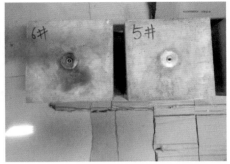

图 6.95　径向井靶向压裂压裂实验岩样

来模拟双分支径向井靶向压裂,其压裂曲线及裂缝形态如图 6.97 所示。从图 6.97 中可以看出,它的破裂压力为 7.94MPa,且同样形成了单条垂直裂缝。对比岩样的破裂压力,发现双分支径向井靶向压裂的破裂压力降低了约 9.3％。

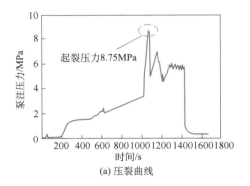

(a) 压裂曲线

(b) 裂缝形态

图 6.96　1 号岩样压裂曲线及裂缝形态

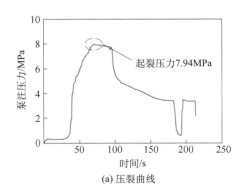

(a) 压裂曲线

(b) 裂缝形态

图 6.97　2 号岩样压裂曲线及裂缝形态

（二）径向井分支数的影响

本部分对比了 2~6 号岩样，分析了不同分支数对径向井靶向压裂效果的影响规律。图 6.98 为破裂压力随径向井分支数的变化规律。从图 6.98 中不难看出，随着分支数的增加，岩样破裂压力不断降低，表明增大径向井分支数有利于岩石破裂，从而验证了前述数值模拟结果的准确性。

3 号岩样用于模拟三分支径向井靶向压裂，压裂后其裂缝形态如图 6.99 所示。从图 6.99 中可以看出，两个径向井眼被压开，并且产生了两条主裂缝：其中一条主裂缝沿径向井眼扩展一定距离后发生转向；另一条主裂缝在扩展过程中出现分叉，形成一条次生裂缝。

4 号岩样用于模拟四分支径向井靶向压裂，压裂后其裂缝形态如图 6.100 所示。从图 6.100 中可以看出，3 个径向井眼破裂并形成了 3 条垂直主裂缝，提高了储层改造体积。

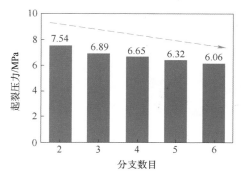

图 6.98　裂缝起裂压力随径向井分支数变化

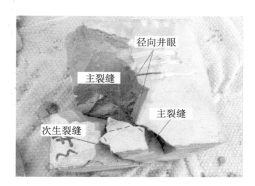

图 6.99　3 号岩样裂缝形态

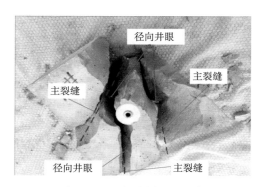

图 6.100　4 号岩样裂缝形态

5 号岩样用于模拟五分支径向井靶向压裂，压裂后其裂缝形态如图 6.101 所示。从图 6.101 中可以看出，岩样内出现了一条垂直主裂缝及半贯穿水平裂缝。

6 号岩样用来模拟六分支径向井靶向压裂，压裂后其裂缝形态如图 6.102 所示。从图 6.102 中可以看出，有一条水平主裂缝及一条垂直主裂缝形成。因此，当分支数大于 4

时,径向井靶向压裂水泥岩样倾向于形成单条水平裂缝,不易产生多条垂直主裂缝。

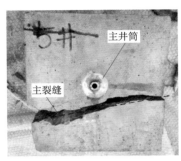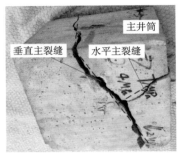

图 6.101　5 号岩样裂缝形态

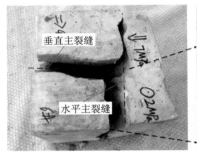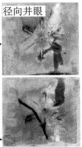

图 6.102　6 号岩样裂缝形态

综上所述,通过对比岩样的破裂压力及裂缝形态,我们发现四分支径向井既能够有效降低岩样破裂压力,又能在岩样中产生多条垂直主裂缝,显著提高了岩样的改造体积,从而验证了前述数值模拟结果的准确性。

(三)天然弱面的影响

7 号岩样用于探究径向井眼穿过天然弱面条件下的压裂效果。天然弱面主要包括节理、断层及天然裂缝等地层的非连续面。采用玻璃模拟天然弱面,并在浇筑岩样时将其预置在岩样内部(图 6.103)。压裂后 7 号岩样的裂缝形态如图 6.104 所示,岩样内的天然弱面被开启并形成了贯穿整个岩样的宏观裂缝,且裂缝形态较为复杂。因而,径向井靶向压裂能够开启远端的天然弱面,进一步增大储层改造体积。

(四)地应力的影响

该实验中,1~7 号岩样在压裂时都处在正断层应力状态下,即垂直主应力大于最大水平主应力。所以,我们用 8 号岩样来模拟逆断层应力状态下的径向井靶向压裂,即垂直主应力小于最小水平主应力。压裂后 8 号岩样的裂缝形态如图 6.105 所示。与 2 号岩样相比,8 号岩样形成一条水平贯穿裂缝,表明地应力状态是控制径向井靶向压裂裂缝形态的重要因素。

图 6.103 井筒及天然弱面预置在水泥岩样内

图 6.104 7 号岩样裂缝形态

图 6.105 8 号岩样裂缝形态

第四节 本 章 小 结

  水力喷射径向井靶向压裂是一种可用于非常规油气增产改造的新思路。研究揭示了孔间应力干扰作用与应力场重构特征,探究得到了水力喷射径向井靶向压裂的起裂模式和裂缝形态,明确了水平地应力差和径向井分支夹角是水力喷射径向井靶向压裂形成裂缝网络的主控因素。上覆岩层压力为中间主应力的地应力状态最有利于径向井靶向压裂形成大规模"一平多纵"的缝网形态,当上覆岩层压力为最小主应力时,径向井靶向压裂形成的缝网规模最小。

参 考 文 献

[1] 李根生, 黄中伟, 李敬彬. 水力喷射径向水平井钻井关键技术研究. 石油钻探技术, 2017, 45(2): 1-9.

[2] 黄中伟, 李根生, 唐志军, 等. 水力喷射侧钻径向微小井眼技术. 石油钻探技术, 2013, 41(4): 37-41.

[3] 迟焕鹏, 李根生, 黄中伟, 等. 水力喷射径向水平井技术研究现状及分析. 钻采工艺, 2013, 36(4): 119-124.

[4] 李根生, 黄中伟, 沈忠厚, 等. 水力喷射侧钻径向分支井眼的方法及装置: CN101429848[P]. 2009-05-13.

[5] 李根生, 黄中伟, 牛继磊, 等. 同步多分支径向水平井完井方法及工具: CN103924923A[P]. 2014-04-29.

[6] Balch R S, Ruan T, Savage M, et al. Field testing and validation of a mechanical alternative to radial jet drilling for improving recovery in mature oil wells//SPE Western Regional Meeting, Anchorage, 2016.

[7] 迟焕鹏, 李根生, 廖华林, 等. 水力喷射径向水平井射流钻头优选试验研究. 流体机械, 2013, 41(2): 1-6.

[8] Dickinson W, Dykstra H, Nees J, et al. The ultrashort radius radial system applied to thermal recovery of heavy oil//Proceedings of the SPE Western Regional Meeting, Bakersfield, 1992.

[9] Bruni M A, Biasotti J H, Salomone G D. Radial drilling in Argentina//Proceedings of the Latin American & Caribbean Petroleum Engineering Conference, Buenous Aires, 2007.

[10] Cirigliano R A, Talavera B J F. First experience in the application of radial perforation technology in deep wells//Proceedings of the Latin American & Caribbean Petroleum Engineering Conference, Buenous Aires, 2007.

[11] Abdel-Ghany M A, Siso S, Hassan A M, et al. New technology application, radial drilling Petrobel, first well in Egypt//Proceedings of the Offshore Mediterranean Conference and Exhibition, Ravenna, 2011.

[12] Ursegov S, Bazylev A, Taraskin E. First results of cyclic steam stimulations of vertical wells with radial horizontal bores in heavy oil carbonates (Russian)//Proceedings of the SPE Russian Oil and Gas Technical Conference and Exhibition, Moscow, 2008.

[13] Kamel A H. RJD: A cost effective frackless solution for production enhancement in marginal fields//Proceedings of the SPE Eastern Regional Meeting, Canton, 2016.

[14] Li Y, Wang C, Shi L, et al. Application and development of drilling and completion of the ultrashort-radius radial well by high pressure jet flow techniques//Proceedings of the International Oil and Gas Conference and Exhibition in China, Beijing, 2000.

[15] Li G, Huang Z, Tian S, et al. Research and application of water jet technology in well completion and stimulation in China. Petroleum Science, 2010, 7(2): 239-244.

[16] Cinelli S D, Kamel A H. Novel technique to drill horizontal laterals revitalizes aging field//Proceedings of the SPE/IADC Drilling Conference, Amsterdam, 2013.

[17] El-Rabaa A W, Olson J E. Wellbore guided hydraulic fracturing: US5482116A[P]. 1996-01-09.

[18] 李根生, 黄中伟, 田守嶒, 等. 水力喷射径向钻孔与压裂一体化方法: CN103883293A[P]. 2014-06-25.

[19] Marbun B T H, Zulkhifly S, Arliyando L, et al. Review of ultrashort-radius radial system (URRS)// Proceedings of the International Petroleum Technology Conference, Bangkok, 2011.

[20] Alekseenko O, Potapenko D, Cherny S, et al. 3D modeling of fracture initiation from perforated noncemented wellbore. SPE Journal, 2012, 18(03): 589-600.

[21] Hossain M, Rahman M, Rahman S. Hydraulic fracture initiation and propagation: Roles of wellbore trajectory, perforation and stress regimes. Journal of Petroleum Science and Engineering, 2000, 27(3-4): 129-149.

[22] Gong D, Qu Z, Guo T, et al. Variation rules of fracture initiation pressure and fracture starting point of hydraulic fracture in radial well. Journal of Petroleum Science and Engineering, 2016, 140: 41-56.

[23] Liu G, Ehlig-Economides C. Interpretation methodology for fracture calibration test before-closure analysis of normal and abnormal leakoff mechanisms//Proceedings of the SPE Hydraulic Fracturing Technology Conference, The Woodlands, 2016.

[24] Liu G, Ehlig-Economides C. New model for DFIT fracture injection and falloff pressure match// Proceedings of the SPE Annual Technical Conference and Exhibition, San Antonio, 2017.

[25] Lecampion B, Desroches J, Weng X, et al. Can we engineer better multistage horizontal completions? Evidence of the importance of near-wellbore fracture geometry from theory, lab and field experiments// Proceedings of the SPE Hydraulic Fracturing Technology Conference, The Woodlands, 2015.

[26] Fjar E, Holt R M, Raaen A, et al. Petroleum Related Rock Mechanics. Amsterdam: Elsevier, 2008.

[27] Carter B. Size and stress gradient effects on fracture around cavities. Rock Mechanics and Rock Engineering, 1992, 25(3): 167-186.

[28] Lee Y K, Pietruszczak S. Tensile failure criterion for transversely isotropic rocks. International Journal of Rock Mechanics and Mining Sciences, 2015, 79: 205-215.

[29] Jaeger J C. Shear failure of anistropic rocks. Geological Magazine, 1960, 97(1): 65-72.

[30] Lekhnitskii S G. Theory of elasticity of an anisotropic elastic body. San Francisco: Holden-Day, 1963.

[31] Biot M A. General theory of three-dimensional consolidation. Journal of Applied Physics, 1941, 12(2): 155-164.

[32] Rajendran S, Zhang B. A "FE-meshfree" QUAD4 element based on partition of unity. Computer Methods in Applied Mechanics and Engineering, 2007, 197(1-4): 128-147.

[33] Tang X, Rutqvist J, Hu M, et al. Modeling three-dimensional fluid-driven propagation of multiple fractures using TOUGH-FEMM. Rock Mechanics and Rock Engineering, 2019, 52(2): 611-627.

[34] Pereira J, Duarte C, Guoy D, et al. Hp-Generalized FEM and crack surface representation for non-planar 3-D cracks. International Journal for Numerical Methods in Engineering, 2009, 77(5): 601-633.

[35] Hu M, Rutqvist J, Wang Y. A numerical manifold method model for analyzing fully coupled hydro-mechanical processes in porous rock masses with discrete fractures. Advances in Water Resources, 2017, 102: 111-126.

[36] Yang Y, Tang X, Zheng H. A three-node triangular element with continuous nodal stress. Computers & Structures, 2014, 141: 46-58.

[37] Duarte C, Hamzeh O, Liszka T, et al. A generalized finite element method for the simulation of three-dimensional dynamic crack propagation. Computer Methods in Applied Mechanics and Engineering, 2001,

190(15-17)：2227-2262.

[38] Sukumar N, Moës N, Moran B, et al. Extended finite element method for three-dimensional crack modelling. International Journal for Numerical Methods in Engineering, 2000, 48(11)：1549-1570.

[39] Liu Q, Sun L, Tang X, et al. Simulate intersecting 3D hydraulic cracks using a hybrid "FE-Meshfree" method. Engineering Analysis with Boundary Elements, 2018, 91：24-43.

[40] Cundall P A. A computer model for simulating progressive large scale movement in blocky rock system// Proceedings of the Symposium International Society of Rock Mechanics, Nancy, 1971.

[41] Cundall P A, Hart D H. Development of generalized 2-D and 3-D distinct element programs for modeling jointed rock. Itasca Consulting Group Report to U.S. Army Engineering Waterways Experiment Station, New York：U. S. States Army Corps of Engineers, 1985.

[42] Cundall P A. Formulation of a three-dimensional distinct element model-Part I：A scheme to detect and represent contacts in a system composed of many polyhedral blocks. International Journal of Rock Mechanics & Miningences & Geomechanics Abstracts, 1988, 25(3)：107-116 .

[43] Mayerhofer M J, Lolon E, Warpinski N R, et al. What is stimulated reservoir volume. SPE Production & Operations, 2010, 25(01)：89-98.

[44] Turrent C, Cavazos T. A numerical investigation of wet and dry onset modes in the North American monsoon core region. Part I：A regional mechanism for interannual variability. Journal of Climate, 2012, 25(11)：3953-3969.

[45] 陆沛青. 径向井—脉动水力压裂对煤层应力扰动效果的影响规律研究. 北京：中国石油大学(北京)，2016.

第七章　非常规油气超临界二氧化碳无水压裂技术

第一节　无水压裂技术概述

非常规油气储层渗透率极低,通常需要"千方砂、万方液"规模的水力压裂,耗水量大、成本高。随着人们对水资源节约及环境保护等问题的重视,国内外都在大力研发可替无水压裂新技术,期望可大幅缓解水资源的压力及返排液的污染。当前的无水压裂液技术主要包括高能气体爆炸压裂技术、氮气压裂技术、油基压裂液压裂技术、液化石油气(LPG)压裂技术、醇基压裂液压裂技术、二氧化碳压裂技术等[1-6]。

一、高能气体爆炸压裂技术

高能气体爆炸压裂技术指的是通过引燃井底火药,火药燃烧产生高温、高压气体,其中高压气体压力远远超过地层破裂压力,从而压裂地层岩石,得到多条不规则的径向裂缝,进而增加井筒附近地层的导流性能,提高压后产量。未来高能气体爆炸压裂的研究方向是高能气体压裂技术和其他增产技术联合形成的复合压裂技术,可以大大提高油井产量。在勘探开发的早期阶段,如完井过程,高能气体压裂可以同射孔技术相结合,得到一项深穿透的复合压裂射孔技术。在射孔弹将地层射穿之后,高温高压气体随即从枪身射孔眼中喷出,完成第二次冲刷、穿透,于是对地层也进行了高能气体压裂。美国在高能气体压裂的基础上,更进一步利用火药燃烧产生的高温高压气体做射孔所使用的超正压,把高能气体压裂和射孔技术推向一个新高度[6]。

二、氮气压裂液技术

(一)氮气压裂技术

氮气压裂技术是利用氮气作为压裂基质进行压裂造缝,提高储层渗透率,来达到增产目的的技术。压裂过程不含水和固体颗粒,既消除了常规压裂液由于含水带来的水敏、水锁伤害,又杜绝了固体颗粒堵塞孔喉、裂缝的现象。但由于氮气密度低造成携带支撑剂困难,压裂过程无支撑剂的使用,致使在生产一段时间后,已经压开的裂缝由于压力作用会慢慢闭合,进而影响压裂后期效果,降低经济效益[7]。

(二)氮气泡沫压裂技术

目前,广泛应用的泡沫压裂液主要包括二氧化碳泡沫压裂液(本节后面介绍)和氮气泡沫压裂液两种。泡沫压裂液的优点有:①携砂、悬砂能力强;②滤失很小,有利于造缝;③返排能力强,返排速度和返排率高;④地层伤害小;⑤适合于低压、低渗、对液体敏感的油气层等。泡沫压裂的缺点主要有:①受工艺技术特点的限制,目前泡沫压裂在施工井深、施工砂比、施工规模等方面,还与常规压裂有一定的差距。②泡沫压裂需要专用的罐车、泵车,增加了设备配套的成本,另外,液态气体价格较贵,这在一定程度上也增加了施工成本。③泡沫压裂中的气相具有动能和势能,而常规压裂液体系只具有动能而没有势能,因而常规压液施工安全;同时,泡沫压裂液施工时的施工摩阻较常规压裂高 20%~50%,再加上若在井筒内形成部分泡沫,则液柱压力也将降低,必将增加施工泵注压力和施工风险;同时,液态气体的储存和运输也有一定的不安全因素[8]。

氮气泡沫压裂技术是在压裂过程中的前置液和携砂液中混入液氮,在井口或井底形成均匀稳定的泡沫压裂液,利用泡沫的结构悬浮和承托支撑剂,达到输送支撑剂的目的,其氮气的质量分数一般都大于 52%。泡沫压裂液的工艺原理指液氮被高压注入地层之后,被携砂液和顶替液沿裂缝推入地层深部,氮气在地层温度作用下气化形成泡沫,一方面泡沫优先占据岩石孔隙,降低压裂液水相在地层中的滤失量,进而降低压裂液水相对地层的伤害;另一方面,压裂施工结束放喷排液时,由于井底压力降低,受压缩的氮气迅速膨胀,推着压裂液进入井筒,达到气液两相混合,从而降低了井筒液柱压力,使压裂液连同氮气一起喷出井口,达到助排而提高压裂液返排速度和返排率的目的,进而降低压裂液滞留地层给储层带来的伤害[9]。

(三)液氮压裂技术

在常压下,当氮气温度降到 -195.8℃时,就可形成液氮。液氮无色无味,无腐蚀性,不可燃烧,临界温度为 -146.9℃,临界压力为 3.4MPa(绝对压力)。液氮压裂技术的破坏形式主要有降温致裂和冻结致裂两种作用[10]。

1. 降温致裂作用

当液氮与温度较高的储层接触时,势必会引起岩石温度骤降,并在岩石内部产生热应力,还会使孔隙水冻结成冰,对岩石产生冻结致裂作用,加剧岩石的破坏。当由液氮降温引起的热应力超过岩石强度时,会对岩石产生致裂作用。热应力还会在岩石内部原有裂隙处产生应力集中,当应力强度大于岩石断裂韧性时,会促进裂隙的张开与扩展。

2. 冻结致裂作用

孔隙水冻结后体积膨胀比例约为 9%,会对岩石颗粒产生冻胀力。冻胀力会对岩石胶结及颗粒产生破坏作用,并造成孔隙结构的局部损伤。冻结致裂作用对岩石的破坏主要有三种方式:一是孔隙水结冰体积膨胀,会对孔隙壁面造成较大压应力;二是孔隙水形成冰透镜体,使岩石开裂;三是孔隙中部分尚未结冰的水在冰体的挤压下,会产生额外孔隙压力。

液氮压裂具有压后排液迅速彻底且无残留物、液氮与地层流体配伍性好且对储层无伤害、液氮压裂不消耗水资源,而且液氮中不含化学添加剂,不存在水资源污染与环境污染问题等优点。

三、油基压裂液压裂技术

油基压裂液是一种以原油或成品油（如柴油、煤油）为基液，通过加入增稠剂、交联剂交联而成体系。油基压裂液不但应用于强水敏性油气层，而且不对地层产生损害，具有摩阻小、返排快、造缝能力强、携砂量大等特性，更重要的是可以用于油井温度范围很广的地层，与地层具有良好的配伍性，能显著增产。

油基压裂液中油是基液中的主要组成部分，通过不同的添加剂配置而形成的压裂液，其原理是通过磷酸酯溶解于柴油或轻质原油中，加入少量的铝酸盐，二者相互融合交联，形成油基冻胶体系，强水敏地层中通常采用该基液，但是油基压裂液也有其缺点，所用的原材料造价高，且其本身具有可燃性，容易引起火灾，由于油的挥发性，很容易使周围作业环境受到油污染[11]。

四、液化石油气压裂技术

LPG 压裂技术最先是由加拿大的 GasFrac 公司提出的，采用 LPG 作为压裂液，其主要成分就是丙烷（C_3H_8），还有少量乙烷、丙烯、丁烷和化学添加剂。与常规水基压裂相同，在不同施工阶段 LPG 压裂工艺所使用的压裂液也有所差异：前置液、顶替液阶段使用100％的液态 LPG 交联压裂液，携砂液阶段使用 90％的液态 LPG 交联石油气压裂液与10％左右的挥发性液化天然气的混合液作为基液。所有添加剂（胶凝剂、交联剂）都在封闭系统中通过管线加入压裂液基液中，并在密闭的混砂车内与支撑剂混合，整个过程完全封闭，保证了压裂液从井口注入地层保持单相（液态），且 LPG 压裂液体系具有与常规水基、油基压裂液相似的流变性、携砂能力以及降滤失能力。LPG 压裂技术具有：①作业功耗低、效果好；②成本低、成效高；③安全有保障等优点[12]。

五、醇基压裂液压裂技术

醇基压裂液技术是利用低分子醇类溶液为介质、羟丙基胍胶（HPG）为稠化剂、有机硼交联而成的醇基压裂液体系。醇基压裂液技术的优点主要体现在：①醇基压裂液表/界面张力较低，返排性能优良，利于解除水锁，降低微细孔喉储层的水锁伤害。②滤液进入基质孔隙，会与岩石矿物组分发生复杂的物理、化学作用，表现为泥质组分的膨胀、脱落和运移，造成孔隙堵塞。醇基压裂液醇含量高达 50％（质量分数），有利于稳定敏感性矿物，降低储层伤害。③高压滤失试验滤饼形成的过程中，在压差作用下，醇会产生瞬间气化现象，造成滤饼中含有大量气泡，且滤饼厚度仅为常规 HPG 压裂液的 30％~40％，大幅度降低滤饼伤害。④醇与水互溶性好，可以将一部分原生水从孔隙表面脱出，提高了油气相对渗透率。总体而言，醇基压裂液在流变性、残渣、滤失量、携砂能力、裂缝导流能力保持率（一般大于 90％）等方面都有良好的性能，尤其适用于敏感性、水锁伤害严重的储层[13]。

六、二氧化碳压裂技术

二氧化碳是空气中常见的化合物，在常温常压下密度比空气大，能溶于水。二氧化碳的临界压力和临界温度均较低,所以在井内压裂改造的条件下很容易达到临界状态,图 7.1 为二氧化碳的相态变化图。在低于临界温度时,压缩二氧化碳气体出现液相;但压缩超临界二氧化碳不会出现液相。在临界点附近,二氧化碳流体的性质随压力和温度的微小变化有显著的变化,如密度、黏度、扩散系数等。作为一种新型压裂液,超临界二氧化碳流体具有地层伤害小、降黏、防膨、降阻、助排等多种特性,可以有效地弥补水力压裂的不足,提高非常规储层的导流能力[14],在压裂中有其独特的优点(表 7.1)。

表 7.1 二氧化碳气体、超临界流体和液体的物理性能

物理性能	气体	超临界流体		液体
	(1atm,15~30℃)	$T_c、P_c$	$T_c、4P_c$	(1atm,15~30℃)
密度/(kg/m³)	0.6~2	200~500	400~900	600~1600
黏度/(10⁻⁵Pa·s)	1~3	1~3	3~9	20~300
扩散系数/(10⁻⁷m²/s)	100~400	0.7	0.2	0.002~0.030

注:atm 为标准大气压;P_c 和 T_c 分别为临界压力和临界温度。

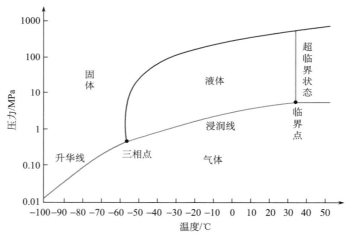

图 7.1 二氧化碳的相态变化图

(一) 二氧化碳泡沫压裂技术

二氧化碳泡沫压裂液基本上由以下成分组成。①气相:气态二氧化碳,常用 70%~95% 体积含量。②液相:主要用醇基和水基。最常用的是 15%~20% 甲醇。实验表明,高质量二氧化碳(28%)和柴油或原油等其他烃类配制成适用的压裂液比较困难,但还是可能的。已有用 85% 质量二氧化碳和 15% 原油加表面活性剂制成乳化压裂液的例子。③发泡剂:发泡剂的选择与泡沫的性能和压裂施工的成败关系重大。20 世纪 70 年代初,发泡剂多为做洗涤剂用的硫酸盐或磺酸盐,后来研制出离子化的磺酸盐、铵离子、两性离子等产品,它们具有高温稳定性,良好的适用性,泡沫半生期超过 60min。④添加剂:还可添加必要的降阻剂、杀菌剂、黏土稳定剂等。二氧化碳压裂选井选层的基本原则:①地层压力系数低、能量不足、严重亏空、压裂液返排困难的产层;②水敏性较严重的油气层;③黏土矿物含量高,存在黏土水

化后膨胀,骨架破坏,发生迁移威胁的产层;④常规压裂效果差的储层;⑤气藏产水造成水锁产气量低甚至不产气的井;⑥套管抗内压满足施工要求的油气井[15]。

(二)液态二氧化碳压裂技术

液态二氧化碳压裂技术将混合有支撑剂的液态二氧化碳利用密闭混砂车泵入地层进行压裂作业。其中,二氧化碳密闭混砂车技术占有核心地位。该工艺典型处理范围是在 $114\sim136m^3$ 的液态二氧化碳中加 $16\sim21t$ 支撑剂。液态二氧化碳压裂技术可以解决低压低渗及水敏性地层在利用水力压裂时存在的问题。压裂过程对携砂液的携砂能力具有很高的要求,而且在作业过程中对其泵送速度和湍流度具有严格要求。作业过程中如果携砂液的泵入速度过低,其携砂能力会严重下降;如果泵入速度过高,又会使携砂液的消耗量及泵送摩阻增加,结果会使压裂作业成本过高。将液体二氧化碳用于携砂液而不添加水或其他处理剂是二氧化碳压裂作业的核心技术。液体二氧化碳的黏度约为水黏度的十分之一,作为携砂液其携砂能力较差,为了满足压裂的施工要求,压裂施工时最好使用压裂作业技术要求排量在 $5.0\sim9.0m^3/min$ 的 $\Phi114.3mm$ 或 $\Phi139.7mm$ 的压裂管线[16]。

(三)超临界二氧化碳(SC-CO$_2$)压裂技术

SC-CO$_2$压裂技术是一种以 SC-CO$_2$ 作为压裂液的无水压裂技术。当温度和压力超过 CO_2 的临界温度 $31.04℃$ 和临界压力 $7.38MPa$ 时,CO_2 将处于超临界状态。SC-CO$_2$是介于气体和液体之间的一种流体,密度接近于液体,黏度约为水黏度的 5%,具有表面张力极低、流动性极强、溶解非极性溶质能力强等特殊性质[17]。

SC-CO$_2$压裂技术主要具有以下特点:

(1)SC-CO$_2$压裂流体黏度低、扩散性能强、表面张力接近零。因此,容易渗入较小的孔隙和微裂缝中,有利于微裂缝网络的形成,较大程度地增加渗流面积,有效驱替储层中的油气,进而提高油气藏采收率[18]。

(2)置换作用。超临界二氧化碳更能置换出被吸附的甲烷分子,使吸附态的甲烷变为游离态。

(3)溶解降黏作用。压裂使二氧化碳进入储层后,易溶于原油中从而大幅度降低其黏度,同时具有汽化增能作用。

(4)由于 SC-CO$_2$的黏度低,从而导致其携砂能力受到局限。同时从筒中注入井底过程中二氧化碳随温压改变存在相态变化,因此,必须摸清 SC-CO$_2$在井筒中的流动与携砂规律,建立适合 SC-CO$_2$压裂的参数设计方法。

第二节　超临界二氧化碳井筒流动与携砂规律

准确预测超临界二氧化碳喷射压裂井筒中流体的温度和压力分布,掌握超临界二氧化碳流体的井筒相态的变化规律和控制方法,才能保证超临界二氧化碳喷射压裂作业的正常进行。本节考虑了二氧化碳流体的物性参数(密度、黏度、导热系数、定压比热容等)与井筒温度压力条件的相互作用,采用物性参数与温度、压力场互相耦合的计算方式,建立了超临界二氧化碳喷射压裂井筒流动模型。

一、超临界二氧化碳井筒流动模型建立与求解

(一)基本假设

超临界二氧化碳喷射压裂过程中,通过连续油管与环空同时泵入纯净的二氧化碳流体,到达一定深度时二氧化碳的温度和压力超过其临界值,成为超临界二氧化碳。超临界二氧化碳扩散能力极强,在高压下很容易渗透进入地层孔隙和微裂缝,并使地层中产生裂缝并延伸,二氧化碳流体通过裂缝进入地层。为了简化模型,做以下假设:

(1)在压裂过程中,环空压力远高于地层压力,因此忽略地层流体侵入井筒,假设井筒中为二氧化碳单相流动。

(2)忽略流场随时间的变化,流体稳态流动。

(3)忽略流场压力和温度在井筒径向上的变化,为一维流动。

(4)忽略由于二氧化碳相变引起的热能变化。

(5)使用可压缩流体的节流模型来计算二氧化碳射流的喷嘴压降。

(6)套管和连续油管的热阻较小,可忽略。

(7)井筒中的传热为稳态传热,井筒和周围地层之间的传热为非稳态传热。

(8)井筒和地层之间只沿着径向传热,忽略轴向上的传热。

在这些假设的基础上,建立了四个子模型,并进行耦合计算,从而精确计算连续油管和环空的压力和温度场。其中,井筒循环模型用于计算井筒压力场;井筒传热模型用于计算井筒温度场;喷嘴射流模型用于计算喷嘴处的压力降和温度降;根据算得的温度和压力值,利用具有较高精度的二氧化碳物性模型来计算其物性参数。这四个子模型的耦合计算流程如图 7.2 所示。

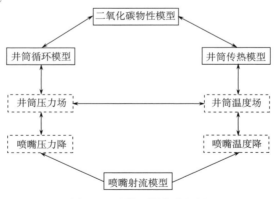

图 7.2　子模型耦合流程图

(二)井筒循环模型

一维稳态流动有质量守恒方程:

$$\rho v A = \dot{m} = C \tag{7.1}$$

式中,ρ 为二氧化碳流体的密度,kg/m^3;v 为二氧化碳流体的速度,m/s;A 为过流截面积,m^2;$\dot{m}$ 为二氧化碳流体的质量流量,kg/s;C 为常数[19]。

流体在连续油管中流动时,所受质量力为重力 $\rho g A_{tubing} \mathrm{d}z$,所受表面力为流体压力 $A_{tubing}\mathrm{d}p$ 和壁面摩擦力 $f\dfrac{\rho v^2}{2}\pi D_{tubing}\mathrm{d}z$,由动量定理:

$$\rho v A_{tubing}\mathrm{d}v = \rho g A_{tubing}\mathrm{d}z - A_{tubing}\mathrm{d}p - f\frac{\rho v^2}{2}\pi D_{tubing}\mathrm{d}z \tag{7.2}$$

式中,f 为摩阻系数,无量纲;D_{tubing} 为连续油管内径,m。

对式(7.2)进行化简变形可得二氧化碳在连续油管中流动的压降计算公式[19]:

$$\frac{\mathrm{d}p}{\mathrm{d}z} = \rho g - \rho v\frac{\mathrm{d}v}{\mathrm{d}z} - f\frac{\rho v^2}{2R_{tubing}} \tag{7.3}$$

同理,可以推出二氧化碳在环空中流动的压降计算公式:

$$\frac{\mathrm{d}p}{\mathrm{d}z} = \rho g - \rho v\frac{\mathrm{d}v}{\mathrm{d}z} - f\frac{\rho v^2}{2R_{annulus}} \tag{7.4}$$

式(7.2)和式(7.3)中,R_{tubing} 和 $R_{annulus}$ 分别为连续油管和环空的水力半径,m,其计算式为

$$R_{tubing} = \frac{\frac{1}{4}\pi D_{tubing}^2}{\pi D_{tubing}} = \frac{1}{4}D_{tubing} \tag{7.5}$$

$$R_{annulus} = \frac{\frac{1}{4}\pi(D_{casing}^2 - D_{outertubing}^2)}{\pi(D_{casing} + D_{outertubing})} = \frac{1}{4}(D_{casing} - D_{outertubing}) \tag{7.6}$$

其中,D_{casing} 为套管内径,m;$D_{outertubing}$ 为连续油管外径,m。

流体在连续油管或环空中存在三种流动状态,即层流状态、紊流状态及两者之间的过渡状态。不同的流动状态下,范宁摩阻系数 f 的计算式也不同。因此,要先通过雷诺数判断流动状态,并选用相应的计算式。雷诺数的表达式如下:

$$Re = \frac{\rho v d}{\mu} \tag{7.7}$$

式中,Re 为雷诺数,无量纲;d 为连续油管内径或环空的当量直径;μ 为流体黏度,Pa·s。

在不同的流动状态下,摩阻系数的表达式如下:

$$\begin{cases} f = \dfrac{64}{Re}, & Re \leqslant 2000 \\[2mm] \dfrac{1}{\sqrt{f}} = 1.74 - 2\lg\left(\dfrac{2\varepsilon}{d} + \dfrac{18.7}{Re\sqrt{f}}\right), & 2000 < Re \leqslant 4000 \\[2mm] \dfrac{1}{\sqrt{f}} = 1.74 - 2\lg\left(\dfrac{2\varepsilon}{d}\right), & Re > 4000 \end{cases} \tag{7.8}$$

式中,ε 为管壁的绝对粗糙度,m。

（三）井筒传热模型

超临界二氧化碳流体的物性参数对温度非常敏感,因此,只有准确估算连续油管和环空中流体的温度,才能确定流体的密度、黏度等物性参数,从而进一步计算流动压力。Kabir 等[20]提出了油管(或钻杆)和环空中循环流体的传热模型,该模型基于油管(或钻杆)、环空中流体和地层三者之间的能量守恒关系,计算出的循环流体温度是井深和循环

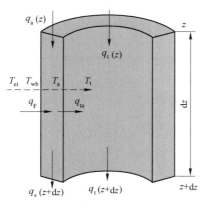

图 7.3 传热模型示意图

时间的函数。本节以 Kabir 等[20]的模型为基础,同时允许密度、定压比热容、导热系数等参数随着井筒中压力和温度的变化而变化,进一步提高了计算的精度。

如前所述,套管和钻杆的热阻较小,可忽略;井筒中的传热为稳态传热,井筒和周围地层之间的传热为非稳定传热;井筒和地层之间只沿着径向传热,忽略轴向上的传热。如图 7.3 所示,在井筒中任意截取一段微元体作为研究对象。

首先对环空流体建立能量守恒关系。进入环空微元体的能量包括:从环空上部(z 处)进入微元体的热量 $q_a(z)$,地层向环空的热传导 q_F。类似地,离开环空微元体的能量包括:从环空下部(z+dz 处)离开微元体的热量 $q_a(z+dz)$,环空向连续油管导出的热量 q_{ta}。

根据能量守恒关系,得出式(7.9)[20]:

$$q_a(z + dz) - q_a(z) = q_F - q_{ta} \tag{7.9}$$

式中,$q_a(z)$ 为从环空微元体上部进入的热量,J/s;$q_a(z+dz)$ 为从环空微元体下部离开的热量,J/s;q_F 为环空微元体与地层进行热传递获得的热量,J/s;q_{ta} 为环空微元体与连续油管进行热传递失去的热量,J/s。

由 $q_a(z) = \dot{m}_{annuhus} c_{pf} T_a(z)$,$q_a(z + dz) = \dot{m}_{annuhus} c_{pf} T_a(z + dz)$ 得

$$\dot{m}_{annulus} c_{pf} [T_a(z + dz) - T_a(z)] = q_F - q_{ta} \tag{7.10}$$

式中,$\dot{m}_{annuhus}$ 为环空质量流量,kg/s;c_{pf} 为二氧化碳流体的定压比热容,J/(kg·K);$T_a(z)$ 和 $T_a(z + dz)$ 分别为 z 处和 z+dz 处环空流体的温度,K。

从地层传入到井筒的热量 q_F 等于地层向井筒-地层界面传导的热量,即

$$q_F = \frac{2\pi k_e}{T_D}(T_{ei} - T_{wb}) dz \tag{7.11}$$

式中,k_e 为地层的导热系数,W/(m·K);T_{ei} 为地层温度,K;T_{wb} 为井筒和地层的界面的温度,K;T_D 为无量纲温度,可利用 Hasan 和 Kabir 等[21]的模型求出:

$$T_D = \begin{cases} (1.1281\sqrt{t_D})(1 - 0.3\sqrt{t_D}), & 10^{-10} \leqslant t_D \leqslant 1.5 \\ (0.4063 + 0.5\ln t_D)(1 + 0.6/t_D), & t_D > 1.5 \end{cases} \tag{7.12}$$

其中,t_D 为无量纲循环时间,其计算式为

$$t_D = \frac{t}{r_c^2}\left(\frac{k_e}{c_e \rho_e}\right) \tag{7.13}$$

这里,t 为流体循环时间,s;r_c 为套管内半径,m;c_e 为地层的比热容,J/(kg·K);ρ_e 为地层的密度,kg/m³。

同时,q_F 也等于井筒-地层界面向环空流体传导的热量,即

$$q_F = 2\pi r_c U_a(T_{wb} - T_a) dz \tag{7.14}$$

式中,T_a 为环空流体温度,K;U_a 为环空系统的总传热系数,取决于通过环空流体、套管金属、水泥的传热热阻,W/(m²·K)。

联立式(7.11)和式(7.14),消去 T_{wb},可得 q_F 关于地层温度 T_{ei} 和环空流体温度 T_a 的表达式:

$$q_F = \frac{c_{pf}}{A}(T_{ei} - T_a)\,dz \tag{7.15}$$

式中,$A = \dfrac{c_{pf}}{2\pi}\left(\dfrac{k_e + r_c U_a T_D}{r_c U_a k_e}\right)$,$m \cdot s/kg$。

从环空流体向连续油管流体的传热量为

$$q_{ta} = \frac{c_{pf}}{B}(T_a - T_t)\,dz \tag{7.16}$$

式中,$B = \dfrac{c_{pf}}{2r_t U_t}$,$m \cdot s/kg$,其中 r_t 为连续油管内半径,m,U_t 为连续油管流体与环空流体的总传热系数,$W/(m^2 \cdot K)$;T_t 为连续油管流体温度,K。

因此,将式(7.15)、式(7.16)代入式(7.10)得到

$$\dot{m}_{annulus}c_{pf}\left[T_a(z + dz) - T_a(z)\right] = \frac{c_{pf}}{A}(T_{ei} - T_a)\,dz - \frac{c_{pf}}{B}(T_a - T_t)\,dz \tag{7.17}$$

整理后得

$$\dot{m}_{annulus}\frac{dT_a}{dz} = (T_{ei} - T_a)\frac{1}{A} - (T_a - T_t)\frac{1}{B} \tag{7.18}$$

式(7.18)即为环空流体的能量守恒关系式。

类似地,我们对连续油管流体的微元体 dz 建立能量守恒方程,得到连续油管流体的能量守恒关系式为

$$q_t(z + dz) - q_t(z) = q_{ta} \tag{7.19}$$

式中,$q_t(z)$ 为微元体中每单位质量的连续油管流体从环空上部进入的热量,J/s;$q_t(z+dz)$ 为微元体中每单位质量的连续油管流体从环空下部离开的热量,J/s。

由 $q_t(z) = \dot{m}_{tubing}c_{pf}T_t(z)$,$q_t(z + dz) = \dot{m}_{tubing}c_{pf}T_t(z + dz)$,式(7.19)可改写为

$$\dot{m}_{tubing}c_{pf}\left[T_t(z + dz) - T_t(z)\right] = c_{pf}\frac{T_a - T_t}{B}dz \tag{7.20}$$

式中,$T_t(z)$ 和 $T_t(z+dz)$ 分别为 z 处和 $z+dz$ 处连续油管流体的温度,K。

将式(7.20)整理得到

$$\dot{m}_{tubing}\frac{dT_t}{dz} = (T_a - T_t)\frac{1}{B} \tag{7.21}$$

式(7.21)即为连续油管流体的能量守恒关系式。

(四)模型求解流程

本节将井筒等分成多个微元,在相邻微元间的节点上将数学模型进行离散,使每个节点上的物性参数与温度、压力相关联,从而精确模拟超临界二氧化碳喷射压裂过程中连续油管和环空的压力和温度场。

模型求解见图 7.4,模型求解过程如下:

(1)读入数据后开始循环,如果是第一轮循环,将环空温度、连续油管温度假设为地层温度。

(2)已知环空回压,从环空出口开始,利用循环模型依次向下计算环空各节点的压力值,直至喷嘴出口。

(3)利用喷嘴射流压力计算模型,求得喷嘴压降,从而计算出喷嘴入口压力。

(4)从喷嘴入口开始,利用循环模型依次向上计算连续油管各节点的压力值,直至井口。

(5)已知井口注入温度,从井口开始,利用传热模型依次向下计算连续油管各节点的温度值,直至喷嘴入口。

(6)利用喷嘴射流温度计算模型,结合已求出的喷嘴压降,求得喷嘴温度降,从而计算出喷嘴出口温度。

(7)从喷嘴出口处开始,利用传热模型依次向上计算环空各节点温度值,直至环空出口。

(8)从第二轮循环开始,检查收敛性。

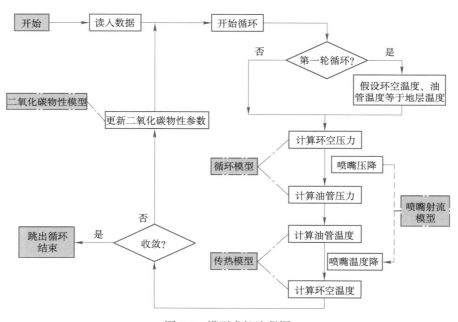

图 7.4　模型求解流程图

如果残差小于允许精度,计算已收敛,跳出循环,计算结束;如果残差大于允许精度,计算未收敛,根据求得的各节点的温度、压力值,更新二氧化碳流体的物性参数(包括密度、定压比热容、黏度等),并重复下一轮循环。

(五)实例参数

超临界二氧化碳喷射压裂方法处于基础研究阶段,尚无现场应用实例,因此在设定计算参数时参考了超临界二氧化碳连续油管钻井和水力喷射压裂的相关参数,如表 7.2 所示。

表 7.2　算例输入参数

参数	参数值	参数	参数值
井身结构和工具参数[22]			
连续油管外径	2.000in（50.8000mm）	套管外径	5.5in（139.7mm）
连续油管内径	1.782in（45.2628mm）	套管内径	4.95in（125.7mm）
喷嘴个数	6	喷嘴直径	6mm
压裂层位深度	1800m		
压裂施工参数[22]			
油管注入排量	600kg/min	环空注入排量	200kg/min
油管注入温度	263.15K（−10℃）	环空注入温度	263.15K（−10℃）
施工时间	2h	环空注入压力	15.0MPa
地层参数[23]			
地层比热容	837.279J/（kg·K）	地表温度	293.15K（20℃）
地层导热系数	2.25W/（m·K）	地温梯度	0.03K/m

（六）实例结果分析

1.井筒压力分布

图 7.5 是连续油管压力和环空压力的剖面图。如图 7.5 所示,随着井深的增加,连续油管压力和环空压力都逐渐增加,而且连续油管的压力始终大于环空压力,这主要是因为连续油管注入排量大于环空注入排量,而且连续油管内流动截面小于环空截面,导致连续油管流动摩阻远大于环空流动摩阻。当二氧化碳流体到达压裂层位（1800m）时,连续油管压力与环空压力的差值达到最大,此时连续油管压力为 57.36MPa,环空压力为30.93MPa,两者差值即为喷嘴压降（26.43MPa）。同时也能看出,整个井筒的连续油管压力和环空压力都高于二氧化碳超临界态的临界压力。

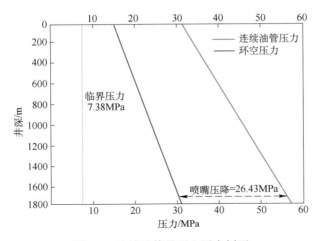

图 7.5　连续油管及环空压力剖面

2.井筒温度分布

图 7.6 是连续油管温度和环空温度的剖面图。如图 7.6 所示,随着井深的增加,连续油管温度和环空温度先升高,逐渐接近地层温度,其中环空温度高于连续油管温度。当二氧化碳流体接近压裂层位,连续油管温度和环空温度开始降低,但环空温度的降低幅度更大,这是因为高速大排量的超临界二氧化碳流体通过射流喷嘴时出现显著的焦耳-汤姆孙效应,导致环空流体温度急剧下降,从而降低了相邻井段的温度,而且由于连续油管流体与环空流体之间通过连续油管管壁发生热传递,也引发了连续油管管内流体温度的降低。

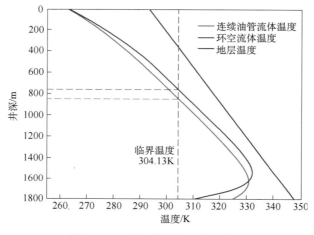

图 7.6　连续油管及环空温度剖面

在该算例中,压裂层位的连续油管流体温度为 324.18K,压裂层位的环空流体温度为 310.39K,都高于二氧化碳流体的三相点温度(216.6K)和冰点(273.2K),可以保证安全施工,但如果喷嘴压降过大,会导致温度大幅下降。当环空温度低于冰点会导致发生泥环、冰堵等井下事故;而当环空温度低于二氧化碳的三相点温度,二氧化碳流体会在该高压、低温条件下变成固态,堵塞喷嘴和射流孔道。因此,在实际压裂施工中,必须合理控制喷嘴压降,以防各种井下事故。

根据前述井筒压力分布可知,整个井筒的压力值都高于二氧化碳流体的临界压力,所以只要井筒温度高于临界温度,二氧化碳就会进入超临界态。如图 7.6 所示,环空和连续油管中的二氧化碳流体分别在 764.2m 和 848.7m 超过临界温度,可见环空中的二氧化碳流体在更浅的深度就能进入超临界态。

图 7.7 是连续油管及环空中二氧化碳流体的温度-压力图,如图 7.7 可见,从连续油管和环空中注入的二氧化碳流体都是液态的,随着流体温度和压力的提高,二氧化碳流体进入了超临界态。从该图中也能看出,在超临界二氧化碳喷射压裂中,二氧化碳流体的压力很容易满足超临界条件,因此二氧化碳流体进入超临界态的关键主要在于其温度能否超过临界温度。

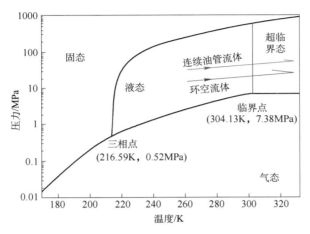

图 7.7 连续油管及环空中二氧化碳流体温度–压力图

3. 二氧化碳流体密度的变化

图 7.8 是连续油管和环空中的流体密度剖面图。如图 7.8 所示,随着井深的增加,连续油管和环空中的流体密度先逐渐降低,然后在接近压裂层位处流体密度迅速升高。二氧化碳流体的密度是其温度和压力的函数,随温度的升高而降低,随压力的升高而提高[24,25]。随着井深的增加,井筒压力和温度值均提高,但温度和压力的变化对密度的影响趋势是相反的,而此时温度的影响更大,导致密度随深度减小;当流体接近压裂层位,压力继续升高,而温度迅速降低,两者对密度的影响趋势相同,共同导致流体密度的升高。综上,随着井筒温度、压力的变化,连续油管和环空中的二氧化碳流体的密度都发生了显著的变化,二氧化碳流体表现出显著的压缩性和膨胀性。

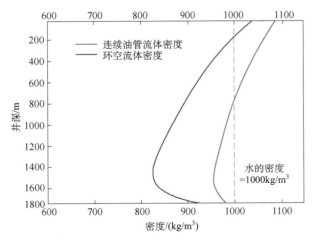

图 7.8 连续油管及环空中的流体密度剖面

4. 二氧化碳流体其他物性参数的变化

图 7.9 是超临界二氧化碳流体的黏度、导热系数、定压比热容在井筒中的分布。如图 7.9 所示,随着超临界二氧化碳流体的温度和压力变化,流体的黏度、导热系数、定压比热容在井筒中都发生了显著的变化。表 7.3 中给出二氧化碳流体的各物性参数的变化范围。如表 7.3 所示,流体的黏度和导热系数发生了显著变化,其中环空中黏度的最大值是最小值的 1.87 倍;定压比热容的变化范围相对较小,连续油管中最大值仅比最小值大 7.0%,环空中最大值仅比最小值大 8.3%。

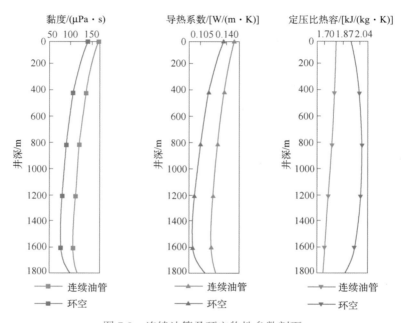

图 7.9 连续油管及环空物性参数剖面

表 7.3 二氧化碳物性参数变化范围

流动通道	黏度 /(μPa·s)	导热系数 /[W/(m·K)]	定压比热容 /[kJ/(kg·K)]
连续油管	106.8~166.9	0.12~0.15	1.71~1.83
环空	76.0~141.9	0.09~0.14	1.93~2.09

由于二氧化碳流体的物性参数在井筒中变化很大,所以在计算时必须考虑物性参数的变化及对井筒流动的影响。

二、超临界二氧化碳连续油管内携砂规律数值模拟

Fluent 是一款在多相流计算方面具有强大优势的软件,它能够高效模拟不同的流动问题。本节通过建立连续油管内数值模拟的数学模型和物理模型,采用 Fluent 软件模拟

压裂过程中水平连续油管内超临界二氧化碳和石英砂的两相流动,分析入口质量流量、出口压力、混砂液注入温度、粒径、携砂液黏度、砂比和井斜角等因素对超临界二氧化碳携砂效果的影响规律,结果可为超临界二氧化碳压裂工艺提供参数设计依据。

(一)携砂数学模型的建立

在超临界二氧化碳压裂携砂数值模拟的研究中,超临界二氧化碳流体与砂粒构成的两相流体从入口进入物理模型后,两相之间具有相间滑脱速度,为了考虑两相间的相互作用,所以利用 Mixture 多相流模型来求解超临界二氧化碳和砂粒的固液两相流动。由于超临界二氧化碳是可压缩流体,同时随着温度的变化超临界二氧化碳的密度变化显著,所以选取 Fluent 中的 Aungier-Redlich-Kwong 状态方程作为超临界二氧化碳流体的状态方程[26]。

1. 连续性方程

连续性方程可描述为

$$\frac{\partial}{\partial t}(\rho_m) + \nabla \cdot (\rho_m \boldsymbol{v}_m) = 0 \tag{7.22}$$

式中, ρ_m 为混合相密度,kg/m^3; $\boldsymbol{v}_m$ 为混合相质量平均速度,m/s。两者的表达式分别为

$$\rho_m = \sum_{k=1}^{2} \alpha_k \rho_k = \alpha_1 \rho_1 + \alpha_2 \rho_2 \tag{7.23}$$

$$\boldsymbol{v}_m = \frac{\sum_{k=1}^{2} \alpha_k \rho_k \boldsymbol{v}_k}{\rho_m} = \frac{\alpha_1 \rho_1 \boldsymbol{v}_1 + \alpha_2 \rho_2 \boldsymbol{v}_2}{\rho_m} \tag{7.24}$$

其中, α_k 为 k 相的体积分数,无因次; ρ_k 为 k 相的密度,kg/m^3; $\boldsymbol{v}_k$ 为 k 相的运动速度,m/s; α_1 为超临界二氧化碳的体积系数,无因次; ρ_1 为超临界二氧化碳的密度,kg/m^3; $\boldsymbol{v}_1$ 为超临界二氧化碳的运动速度,m/s; α_2 为固相颗粒的体积系数,无因次; ρ_2 为固相颗粒的密度,kg/m^3; $\boldsymbol{v}_2$ 为固相颗粒的运动速度,m/s。

2. 动量方程

在携砂液(超临界二氧化碳流体和固相颗粒)组成的两相混合体系中,两相在以同一宏观速度 $\boldsymbol{v}_m$ 做整体运动,同时各相以宏观速度为参考系,又分别做漂移运动;定义 k 相的漂移速度为

$$\boldsymbol{v}_{dr,k} = \boldsymbol{v}_k - \boldsymbol{v}_m \tag{7.25}$$

式中, $\boldsymbol{v}_{dr,k}$ 为 k 相对于混合相质量平均速度的相对运动速度,m/s; $\boldsymbol{v}_m$ 为混合相质量平均速度,m/s。通过将各相的动量方程相加,即可得到混合相的动量方程为

$$\frac{\partial}{\partial t}(\rho_k \boldsymbol{v}_m) + \nabla \cdot (\rho_m \boldsymbol{v}_m \boldsymbol{v}_m) = -\nabla p + \nabla \cdot [\mu_m(\nabla \boldsymbol{v}_m + \nabla \boldsymbol{v}_m^T)]$$

$$+ \rho_m \boldsymbol{g} + \nabla \cdot \left(\sum_{k=1}^{2} \alpha_k \rho_k \boldsymbol{v}_{dr,k} \boldsymbol{v}_{dr,k} \right) \tag{7.26}$$

其中，μ_{m} 为混合相黏度，Pa·s，其定义为

$$\mu_{\mathrm{m}} = \sum_{k=1}^{2} \alpha_k \mu_k \tag{7.27}$$

3. 能量方程

能量方程描述如下：

$$\frac{\partial}{\partial t} \left(\sum_{k=1}^{2} \alpha_k \rho_k E_k \right) + \nabla \cdot \sum_{k=1}^{2} \left[\alpha_k \boldsymbol{v}_k (\rho_k E_k + p) \right] = \nabla \cdot (k_{\mathrm{eff}} \nabla T) \tag{7.28}$$

式中，E_k 为 k 相总能量，J；p 为绝对压力，Pa；T 为温度，K；k_{eff} 为有效传导系数，W/(m·K)。

对于可压缩相

$$E_k = h_k - \frac{p}{\rho_k} + \frac{\boldsymbol{v}_k^2}{2} \tag{7.29}$$

式中，h_k 为显焓，J。对于不可压缩相

$$E_k = h_k \tag{7.30}$$

有效传导系数 k_{eff} 的表达式为

$$k_{\mathrm{eff}} = \sum \alpha_k (k_k + k_{\mathrm{t}}) \tag{7.31}$$

式中，k_k 为 k 相的导热系数，W/(m·k)；k_{t} 为紊流导热系数，W/(m·K)。

4. 体积分数方程

$$\frac{\partial}{\partial t} (\alpha_p \rho_p) + \nabla \cdot (\alpha_p \rho_p \boldsymbol{v}_{\mathrm{m}}) = - \nabla \cdot (\alpha_p \rho_p \boldsymbol{v}_{\mathrm{dr},p}) + (\dot{m}_{qp} - \dot{m}_{pq}) \tag{7.32}$$

式中，α_p 为 p 相体积分数，无因次；ρ_p 为 p 相密度，kg/m³；$\dot{m}_{qp}$ 为 q 相到 p 相的质量传递；$\dot{m}_{pq}$ 为 p 相到 q 相的质量传递。

5. 滑脱速度和漂移速度方程

滑脱速度也称为相间相对速度，在携砂液（超临界二氧化碳流体和固相颗粒）组成的混合物中，二者速度存在差异；相间相对速度定义为次相速度 $\boldsymbol{v}_p$ 与主相速度 $\boldsymbol{v}_q$ 之差，即为

$$\boldsymbol{v}_{pq} = \boldsymbol{v}_p - \boldsymbol{v}_q \tag{7.33}$$

混合相体系中任意相 k 的质量分数定义为

$$c_k = \frac{\alpha_k \rho_k}{\rho_{\mathrm{m}}} = \frac{\alpha_k \rho_k}{\sum\limits_{k=1}^{2} \alpha_k \rho_k} \tag{7.34}$$

根据混合相体系运动规律，于是漂移速度 $\boldsymbol{v}_{\mathrm{dr},k}$ 与滑脱速度 $\boldsymbol{v}_{pq}$ 之间满足关系式：

$$\boldsymbol{v}_{\mathrm{dr},k} = \boldsymbol{v}_{pq} - \sum_{k=1}^{2} c_k \boldsymbol{v}_{qk} \tag{7.35}$$

在紊流运动中需要考虑离散相动量方程中由于离散引起的扩散项,于是考虑扩散项因素后,滑脱速度方程变为

$$\boldsymbol{v}_{pq} = \frac{(\rho_p - \rho_m) d_p^2}{18\mu_q f_{\mathrm{drag}}} \boldsymbol{a} - \frac{\eta_t}{\sigma_t} \left(\frac{\nabla \alpha_p}{\alpha_p} - \frac{\nabla \alpha_q}{\alpha_q} \right) \tag{7.36}$$

式中,d_p 为次相颗粒的直径;$\boldsymbol{a}$ 为次相颗粒的加速度;μ_q 为流体黏度;f_{drag} 为颗粒受力的拖线力;σ_t 为 Prandtl 数,取为 0.75;η_t 为紊流扩散系数,通过连续−离散脉动关系式求得,其表达式为

$$\eta_t = C_\mu \frac{k^2}{\varepsilon} \left(\frac{\gamma_\gamma}{1 + \gamma_\gamma} \right) (1 + C_\beta \zeta_\gamma^2) - \frac{1}{2} \tag{7.37}$$

式中,C_μ 为经验函数;γ_γ 为由相交−轨道效应引起的充分紊流漩涡的时标与颗粒弛豫时间的比值

$$\zeta_\gamma = \frac{|\boldsymbol{v}_{pq}|}{\sqrt{2/3k}} \tag{7.38}$$

$$C_\beta = 1.8 - 1.35\cos^2\theta \tag{7.39}$$

$$\cos\theta = \frac{\boldsymbol{v}_{pq} \cdot \boldsymbol{v}_p}{|\boldsymbol{v}_{pq}| |\boldsymbol{v}_p|} \tag{7.40}$$

关于相间拖曳力的计算,不同的物理模型采用不同的计算模型。在连续油管内采用 Syamlal-O'Brien 模型,其表达式为

$$f = \frac{C_D Re_s \alpha_1}{24 \boldsymbol{v}_{r,s}^2} \tag{7.41}$$

式中,C_D 为固液两相间曳力系数,无因次;Re_s 为固液两相间滑脱速度定义的雷诺数,无因次;另外

$$C_D = \left(0.63 + \frac{4.8}{\sqrt{Re_s/\boldsymbol{v}_{r,s}}} \right)^2 \tag{7.42}$$

$$Re_s = \frac{\rho_1 D_s |\boldsymbol{v}_s - \boldsymbol{v}_1|}{\mu_1} \tag{7.43}$$

其中,$\boldsymbol{v}_{r,s}$ 为颗粒沉降末速;下标 l 为 liquid 的缩写,代表液相;下标 s 为 solid 的缩写,代表固相;D_s 为固相颗粒的直径。

固液两相间的动量交换系数 K_{sl} 表达式为

$$K_{sl} = \frac{3\alpha_s \alpha_1 \rho}{4\boldsymbol{v}_r^2 D_s} C_D \left(\frac{Re_s}{\boldsymbol{v}_{r,s}} \right) |\boldsymbol{v}_s - \boldsymbol{v}_1| \tag{7.44}$$

$$\boldsymbol{v}_{r,s} = 0.5(A - 0.06 Re_s + \sqrt{(0.06 Re_s)^2 + 0.12 Re_s(2B - A) + A^2}) \tag{7.45}$$

其中

$$A = \alpha_1^{4.14} \tag{7.46}$$

当 $\alpha_1 \leqslant 0.85$ 时

$$B = 0.8\alpha_1^{1.28} \tag{7.47}$$

当 $\alpha_1>0.85$

$$B = \alpha_1^{2.65} \tag{7.48}$$

6.紊流方程

超临界二氧化碳流体和固相颗粒进入物理模型后呈紊流状态,采用紊流方程中的k-ε两方程紊流模型对此进行描述。其中可实现k-ε(realizable k-ε)模型可以有效地对管道内流动和裂缝内流动进行模拟。

可实现k-ε模型中用于描述紊流动能k和耗散率ε的两个输运方程为

$$\frac{\partial}{\partial t}(\rho k) + \frac{\partial}{\partial x_i}(\rho k u_i) = \frac{\partial}{\partial x_i}\left[\left(\mu + \frac{\mu_t}{\sigma_k}\right)\frac{\partial k}{\partial x_i}\right] + G_k - \rho\varepsilon \tag{7.49}$$

$$\frac{\partial}{\partial t}(\rho\varepsilon) + \frac{\partial}{\partial x_i}(\rho\varepsilon u_i) = \frac{\partial}{\partial x_i}\left[\left(\mu + \frac{\mu_t}{\sigma_\varepsilon}\right)\frac{\partial\varepsilon}{\partial x_j}\right] + \rho C_1 E\varepsilon - \rho C_2\frac{\varepsilon^2}{k + \sqrt{v\varepsilon}} \tag{7.50}$$

式中,G_k为由平均速度梯度而产生的湍流动能;μ_t为湍动黏度;σ_k为紊流动能的紊流普朗特数,$\sigma_k = 1.0$;σ_ε为耗散率的紊流普朗特数,$\sigma_\varepsilon = 1.2$;另外有

$$\begin{cases} C_1 = \max\left(0.43, \frac{\eta}{\eta + 5}\right) \\ C_2 = 1.9 \\ \eta = (2E_{ij} \cdot E_{ij})0.5\frac{k}{\varepsilon} \\ E_{ij} = \frac{1}{2}\left(\frac{\partial u_i}{\partial x_i} + \frac{\partial u_j}{\partial x_i}\right) \end{cases} \tag{7.51}$$

7.颗粒模型

在混合物体系中,颗粒黏度对混合物有效黏度的计算至关重要,所以在体积加权平均黏度的计算中需要考虑颗粒动能引起的剪切黏度。而固体剪切黏度由碰撞黏度部分和动能黏度部分组成,其表达式为

$$\mu_s = \mu_{s,col} + \mu_{s,kin} \tag{7.52}$$

式中,碰撞黏度部分为$\mu_{s,col}$,其表达式为

$$\mu_{s,col} = \frac{4}{5}\alpha_s\rho_s D_s g_{0,ss}(1 + e_{ss})\left(\frac{T_s}{\pi}\right)1/2\alpha_s \tag{7.53}$$

动能黏度部分为$\mu_{s,kin}$,选用 Syamlal-O'Brien 公式:

$$\mu_{s,kin} = \frac{\alpha_s D_s\rho_s\sqrt{T_s\pi}}{6(3 - e_{ss})}\left[1 + \frac{2}{5}(1 + e_{ss})(3e_{ss} - 1)\alpha_s g_{0,ss}\right] \tag{7.54}$$

式中,e_{ss}为颗粒碰撞的恢复系数;$g_{0,ss}$为径向分布函数;T_s为颗粒温度。

在混合物模型中,混合物黏度的计算需要考虑固相的颗粒温度,故采用颗粒温度输运方程中的代数方程:

$$0 = (-p_s\overline{\overline{I}} + \overline{\overline{\tau}}_s):\nabla\boldsymbol{v}_s - \gamma T_s + \varPhi_{ls} \tag{7.55}$$

式中，$(-p_s \bar{\bar{I}} + \bar{\bar{\tau}}_s) : \nabla \boldsymbol{v}_s$ 为固体应力张量产生的能量；γT_s 为能量碰撞损耗；Φ_{ls} 为液相与固相之间的能量交换，二者的表达式如下：

$$\gamma T_s = \frac{12(1 - e_{ss}^2)g_{0,ss}}{D_s \sqrt{\pi}} \rho_s \alpha_s^2 T_s^{3/2} \tag{7.56}$$

$$\Phi_{ls} = -3K_{ls}T_s \tag{7.57}$$

式中，K_{ls} 为流固交换系数。

超临界二氧化碳流体是可压缩性流体，所以在颗粒相动量方程中，应单独计算固体压力并用于压力梯度项 ∇p_s 的计算。固体压力 p_s 由动能项和颗粒碰撞引起的第二项组成，其表达式为

$$p_s = \alpha_s \rho_s T_s + 2\rho_s (1 + e_{ss}) \alpha_s^2 g_{0,ss} T_s \tag{7.58}$$

径向分布函数 g_0 是当固体颗粒相稠密时用于修正颗粒之间碰撞概率的校正系数，其表达式为

$$g_0 = \frac{s + D_p}{s} \tag{7.59}$$

式中，s 为颗粒之间的距离；D_p 为颗粒直径。

(二)连续油管物理模型的建立

超临界二氧化碳压裂采用连续油管进行喷砂射孔作业，井下连续油管的直管段物理模型如图 7.10 所示。该模型采用内径 45.26mm(外径 50.8mm)的管柱来模拟连续油管，轴向延伸长度为 10m；网格采用结构化网格，将圆面 4 等分后，分别对 1/4 圆面进行网格划分，单一圆面为 768 个网格单元，即 768(单一圆面)×500(周向)，共计 3.84×10⁵ 个网格单元。混砂液两相流体从模型左侧流入，右侧流出(图 7.10)。

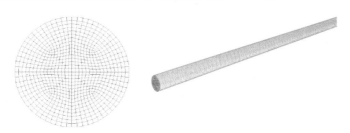

图 7.10　连续油管物理模型

根据喷砂射孔作业的实际情况，采用质量流量入口并在连续油管入口处分别对携砂液和石英砂的质量流量进行了设定，确定了入口温度，同时为了提高计算精度和收敛速度，对连续油管入口处的湍流强度和水力当量直径进行相应设置。在出口处采用了压力出口边界条件，该压力为静压。连续油管壁面均假设为无滑脱的壁面，采用固定壁面边界条件对计算区域进行封闭，连续油管壁面为恒温。

(三)连续油管内携砂模拟方案

影响喷砂射孔作业中连续油管内超临界二氧化碳携砂能力的因素很多,模拟筛选了六个主要因素,研究其对超临界二氧化碳携砂能力的影响规律。这六个参数分别为入口质量流量、出口压力、混砂液注入温度、石英砂粒径、携砂液黏度和砂比。

(1)为了研究入口质量流量对喷砂射孔作业中连续油管内超临界二氧化碳携砂规律的影响规律,单独改变入口质量流量的大小,模拟入口质量流量选取为 480kg/min、540kg/min、600kg/min、660kg/min、720kg/min,其他参数为:携砂液黏度 6mPa·s,石英砂密度 2650kg/m³,石英砂粒径 40 目,出口压力 50MPa,混砂液注入温度 325K,连续油管壁面温度为 330K,砂比 7%。

(2)为了研究出口压力对喷砂射孔作业中连续油管内超临界二氧化碳携砂规律的影响规律,单独改变出口压力的大小,模拟出口压力选取为 40MPa、45MPa、50MPa、55MPa、60MPa,其他参数为:入口质量流量 600kg/min,携砂液黏度 6mPa·s,石英砂密度 2650kg/m³,石英砂粒径 40 目,混砂液注入温度 325K,连续油管壁面温度为 330K,砂比 7%。

(3)为了研究混砂液注入温度对喷砂射孔作业中连续油管内超临界二氧化碳携砂规律的影响规律,单独改变混砂液注入温度的大小,模拟混砂液注入温度为 315K、320K、325K、330K、335K,分别对应连续油管壁面温度为 320K、325K、330K、335K、340K,其他参数为:入口质量流量 600kg/min,携砂液黏度 6mPa·s,石英砂密度 2650kg/m³,出口压力 50MPa,石英砂粒径 40 目,砂比 7%。

(4)为了研究石英砂粒径对喷砂射孔作业中连续油管内超临界二氧化碳携砂规律的影响规律,单独改变石英砂粒径的大小,模拟石英砂粒径为 20 目、30 目、40 目、50 目,其他参数为:入口质量流量 600kg/min,携砂液黏度 6mPa·s,石英砂密度 2650kg/m³,混砂液注入温度 325K,连续油管壁面温度 330K,出口压力 50MPa,砂比 7%。

(5)为了研究携砂液黏度对喷砂射孔作业中连续油管内超临界二氧化碳携砂规律的影响规律,单独改变携砂液黏度的大小,模拟携砂液黏度为 6mPa·s、7mPa·s、8mPa·s、9mPa·s、10mPa·s,其他参数为:入口质量流量 600kg/min,石英砂粒径 40 目,石英砂密度 2650kg/m³,混砂液注入温度 325K,连续油管壁面温度 330K,出口压力 50MPa,砂比 7%。

(6)为了研究砂比对喷砂射孔作业中连续油管内超临界 mPa·s 携砂规律的影响规律,单独改变砂比的大小,模拟砂比为 5%、6%、7%、8%、9%,其他参数为:入口质量流量 600kg/min,携砂液黏度 6mPa·s,石英砂密度 2650kg/m³,混砂液注入温度 325K,连续油管壁面温度 330K,出口压力 50MPa。

(7)为了研究井斜角对喷砂射孔作业中连续油管内超临界 mPa·s 携砂规律的影响规律,单独改变井斜角的大小,模拟井斜角为 0°、30°、45°、60°、90°,其他参数为:入口质量流量 600kg/min,携砂液黏度 6mPa·s,石英砂密度 2650kg/m³,混砂液注入温度 325K,连续油管壁面温度 330K,出口压力 50MPa,砂比 7%。

(四)结果分析

为了避免连续油管入口和出口对计算结果所造成的影响,均选取 9m 处横截面的数据进行结果分析。

1.入口质量流量影响分析

图 7.11 为不同入口质量流量(M)条件下水平连续油管中石英砂体积分数分布。由图 7.11 可知,入口质量流量对连续油管中混砂液的紊流强度影响较大。在相同的条件下,随着入口质量流量的增加,连续油管中超临界二氧化碳的携砂能力逐渐增强,两相流体混合更加均匀。比较 $M=480\text{kg/min}$ 和 $M=720\text{kg/min}$ 两种质量流量时的石英砂体积分数变化规律,可以发现当 $M=480\text{kg/min}$ 时,连续油管底部的砂浓度较大,而连续油管顶部处的两相流体接近于纯携砂液,石英砂主要分布于连续油管下部;当 $M=720\text{kg/min}$ 时,连续油管顶部与底部之间砂浓度相差不大,石英砂在垂向上分布的非均匀性远远低于 $M=480\text{kg/min}$ 时的非均质性。

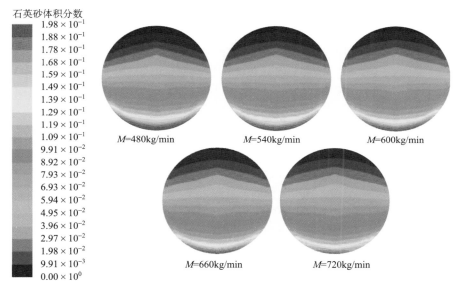

图 7.11 不同入口质量流量条件下水平连续油管中石英砂体积分数云图

图 7.12 为不同入口质量流量条件下水平连续油管中石英砂速度分布。由图 7.12 可知,水平连续油管中石英砂的高速流动区域向连续油管上部偏移,随着入口质量流量的增加,水平连续油管轴心处石英砂的流动速度逐渐增加,高速流动区域面积也逐渐增大。对比 $M=480\text{kg/min}$ 和 $M=720\text{kg/min}$ 两种质量流量时的石英砂流动速度变化,可以发现 $M=480\text{kg/min}$ 时水平连续油管轴心处石英砂的流动速度约为 8.5m/s,$M=720\text{kg/min}$ 时水平连续油管轴心处石英砂的流动速度约为 6m/s。由此可知,入口质量流量是影响水平连续油管中石英砂流动速度的重要因素之一。

图 7.13 为不同入口质量流量条件下水平连续油管中石英砂体积分数垂向分布情况,图 7.13 中的无因次高度为到连续油管几何中心的垂向距离与连续油管半径的比值(下同)。由图 7.13 可知,石英砂在水平连续油管垂向方向上呈不均匀分布,石英砂体积分数

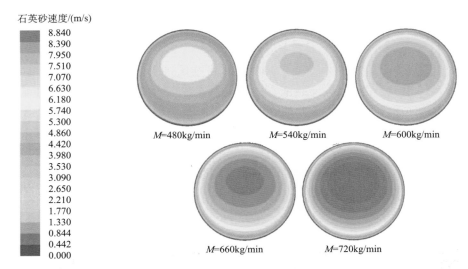

图 7.12　不同入口质量流量条件下水平连续油管中石英砂速度云图

在水平连续油管上部最小,沿重力方向逐渐增加,在水平连续油管下部达到最大值。随着入口质量流量的增加,石英砂体积分数的最小值逐渐增大,而石英砂体积分数的最大值却逐渐减小,这表明石英砂在水平连续油管中的分布随着入口质量流量的增加而变得均匀。

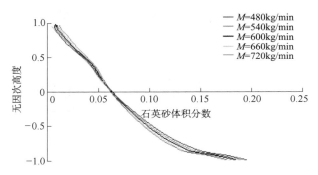

图 7.13　不同入口质量流量条件下水平连续油管中石英砂体积分数垂向分布

图 7.14 为不同入口质量流量条件下水平连续油管中石英砂速度垂向分布情况。由图 7.14 所示,水平连续油管中石英砂速度垂向分布沿横轴坐标不对称,石英砂最大速度点出现在水平连续油管上部,随着入口质量流量的增加,曲线的不对称性和最大速度点垂向位置均保持不变。通过比较不同入口质量流量条件下石英砂最大流动速度后发现,随着增加相同的入口质量流量,石英砂最大流动速度增幅相差不大,即当 $M = 660\text{kg/min}$ 增加到 $M = 720\text{kg/min}$ 时,石英砂最大流速的增幅与 $M = 480\text{kg/min}$ 增加到 $M = 540\text{kg/min}$ 时石英砂最大流速的增幅几乎相等。

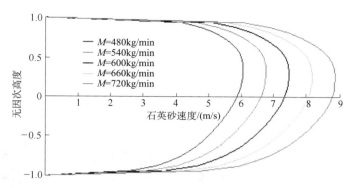

图 7.14 不同入口质量流量条件下水平连续油管中石英砂速度垂向分布

2. 出口压力影响分析

图 7.15 为不同出口压力(p)条件下水平连续油管中石英砂体积分数分布。出口压力的数值模拟中,随着出口压力的变化,超临界二氧化碳的密度随之改变,但超临界二氧化碳的黏度不变,设置为固定值。由图 7.15 可知,当 $p=40\mathrm{MPa}$ 时,超临界二氧化碳的密度最小,其对石英砂颗粒的浮力作用也最小,所以水平连续油管中顶部的低砂浓度区域面积最大,而底部处的砂浓度最大,所以浮力对支撑剂的运动起主要作用。随着出口压力的增加,超临界二氧化碳的密度逐渐增加,其对石英砂颗粒的浮力作用也逐渐增加。当 $p=60\mathrm{MPa}$ 时,水平连续油管中顶部的低砂浓度区域只占据很小的面积,同时底部的砂浓度也最小,水平连续油管中石英砂分布最均匀。

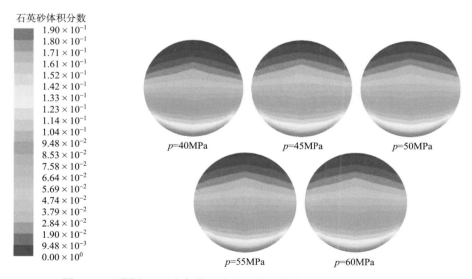

图 7.15 不同出口压力条件下水平连续油管中石英砂体积分数云图

　　图 7.16 为不同出口压力条件下水平连续油管中石英砂速度分布图。由图 7.16 可知，随着出口压力的增加，水平连续油管轴心处石英砂的流动速度逐渐减小，同时高速流动区域面积也逐渐减小，这是因为在相同条件下，随着出口压力的增加，水平连续油管中超临界二氧化碳的密度逐渐增加，而混砂液的入口速度逐渐减小。

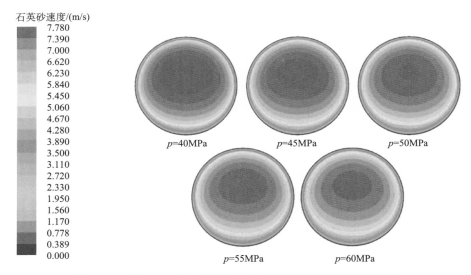

图 7.16　不同出口压力条件下水平连续油管中石英砂速度云图

　　图 7.17 为不同出口压力条件下水平连续油管中石英砂体积分数垂向分布情况。由图 7.17 可知，水平连续油管顶部的石英砂体积分数在 $p=40MPa$ 时小于 $p=60MPa$ 时，而水平连续油管底部的石英砂体积分数在 $p=40MPa$ 时大于 $p=60MPa$ 时，这表明随着出口压力的增加，石英砂在水平连续油管垂向方向上分布的不均匀性逐渐减小，石英砂分布更为均匀。

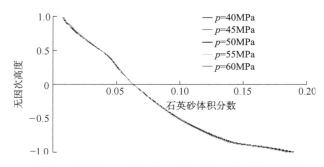

图 7.17　不同出口压力条件下水平连续油管中石英砂体积分数垂向分布

　　图 7.18 为不同出口压力条件下水平连续油管中石英砂速度垂向分布情况。由图 7.18 所示，水平连续油管中石英砂速度垂向分布并不沿横轴对称，石英砂最大速度位于连续油管上部。随着出口压力的增加，曲线的不对称性和最大速度点垂向位置均保持

不变。当增加相同的出口压力,水平连续油管中石英砂最大速度逐渐减小,且减小的幅度越来越小,这表明超临界二氧化碳越来越难被压缩。

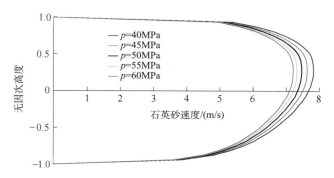

图 7.18　不同出口压力条件下水平连续油管中石英砂速度垂向分布

3. 混砂液注入温度影响分析

图 7.19 为不同混砂液注入温度(T)条件下水平连续油管中石英砂体积分数分布。混砂液注入温度的数值模拟中,超临界二氧化碳的密度随着混砂液注入温度的变化而变化,但是超临界二氧化碳的黏度不随混砂液注入温度的变化而变化,设置为固定值。由图 7.19 可知,超临界二氧化碳的密度随着混砂液注入温度的升高而降低。当 $T=315K$ 时,超临界二氧化碳的密度最大,石英砂颗粒所受到的浮力作用也最大,所以相比于其他混砂液注入温度,水平连续油管中顶部低砂浓度区域面积最小,分布于顶部的石英砂体积分数最高;同时底部的高砂浓度区域面积也最小,分布于底部的石英砂体积分数最低。这表明相比于其他混砂液注入温度,$T=315K$ 时的超临界二氧化碳携砂能力最强。

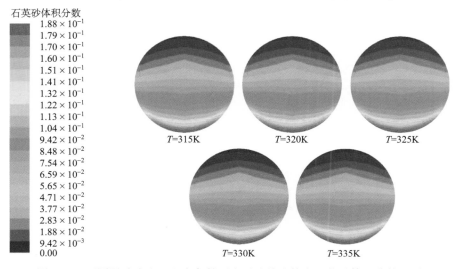

图 7.19　不同混砂液注入温度条件下水平连续油管中石英砂体积分数云图

图 7.20 为不同混砂液注入温度条件下水平连续油管中石英砂速度分布。由图 7.20 可知,随着混砂液注入温度的增加,水平连续油管轴心处石英砂的流动速度与高速流动区域面积都明显增大。这是因为在相同条件下,随着混砂液注入温度的增加,水平连续油管中超临界二氧化碳的密度逐渐减小,所以混砂液的入口速度逐渐增大。

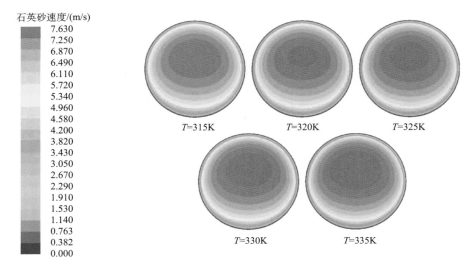

图 7.20   不同混砂液注入温度条件下水平连续油管中石英砂速度云图

图 7.21 为不同混砂液注入温度条件下水平连续油管中石英砂体积分数垂向分布情况。从图 7.21 可以看出,不同混砂液注入温度条件下,水平连续油管中石英砂分布特征相似,具有不均匀性。水平连续油管中顶部的石英砂体积分数在 $T=315K$ 时最大,而底部的石英砂体积分数在 $T=335K$ 时最大,这表明随着混砂液注入温度的增加,石英砂在水平连续油管垂向方向上分布的不均匀性逐渐增大,石英砂趋向分布于水平连续油管下部。

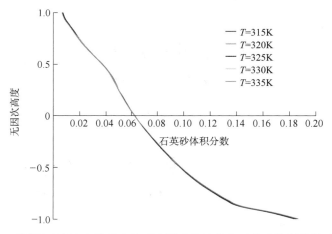

图 7.21   不同混砂液注入温度条件下水平连续油管中石英砂体积分数垂向分布

图 7.22 为不同混砂液注入温度条件下水平连续油管中石英砂速度垂向分布情况。由图 7.22 所示，随着混砂液注入温度的增加，水平连续油管中石英砂速度分布特征相似，石英砂最大速度位于连续油管上部。随着混砂液注入温度的增加，曲线的不对称性和最大速度点垂向位置均保持不变，同时水平连续油管中石英砂流动速度逐渐增加。

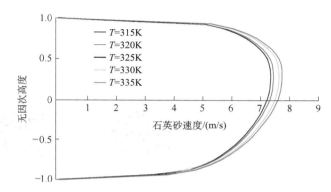

图 7.22　不同混砂液注入温度条件下水平连续油管中石英砂速度垂向分布

4. 石英砂粒径影响分析

图 7.23 为不同石英砂粒径（D）条件下水平连续油管中石英砂体积分数分布。由图 7.23 可知，当石英砂粒径为 20 目时，石英砂粒径最大，此时石英砂在水平连续油管垂向分布上具有明显的不均匀性，石英砂流化能力最弱，石英砂在连续油管底部聚集明显；随着石英砂粒径的减小，当石英砂粒径为 50 目时，石英砂在水平连续油管垂向分布上的不均匀性明显减小，此时石英砂流化能力最强。

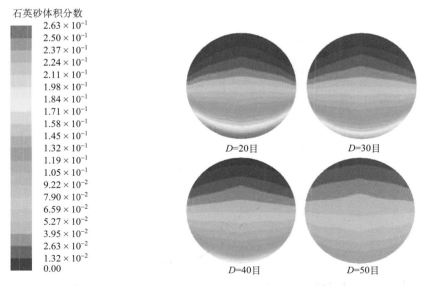

图 7.23　不同石英砂粒径条件下水平连续油管中石英砂体积分数云图

图 7.24 为不同石英砂粒径条件下水平连续油管中石英砂速度分布图。由图 7.24 可知，随着石英砂粒径的增加，水平连续油管中石英砂的流动速度明显增大，且高速流动区域趋于水平连续油管的顶部，沿水平直径方向的石英砂速度分布的对称性逐渐减弱，表明石英砂粒径是引起石英砂高速流动区域向连续油管上部偏移的主要因素。当石英砂粒径为 20 目时，石英砂在水平连续油管上半部高速流动，而在下半部流动速度较慢；当石英砂为 50 目，石英砂在水平连续油管上、下半部流动速度近似相同，沿水平直径方向具有较强的对称性。

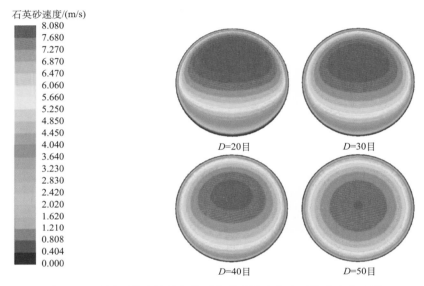

图 7.24　不同石英砂粒径条件下水平连续油管中石英砂速度云图

图 7.25 为不同石英砂粒径条件下水平连续油管中石英砂体积分数垂向分布情况。由图 7.25 可知，不同石英砂粒径条件下，水平连续油管中石英砂分布的非均匀性有很大差异，石英砂粒径越大非均匀性越强烈。水平连续油管中顶部的石英砂体积分数在 $D=$ 50 目时最大，而底部的石英砂体积分数在 $D=50$ 目时最小，这表明当 $D=50$ 目时，石英砂的流化能力最强，其在水平连续油管中分布最为均匀。

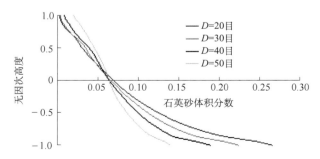

图 7.25　不同石英砂粒径条件下水平连续油管中石英砂体积分数垂向分布

图 7.26 为不同石英砂粒径条件下水平连续油管中石英砂速度垂向分布情况。由图 7.26所示,随着石英砂粒径的增加,水平连续油管中石英砂速度垂向分布沿横轴的非对称性逐渐增强,同时水平连续油管中上部相同位置处的石英砂流动速度逐渐增加,而水平连续油管下部相同位置处的石英砂流动速度逐渐减小。当 $D = 20$ 目时,石英砂最大速度位于无因次高度为 0.5 处,而 $D = 50$ 目时,石英砂最大速度位于无因次高度为 0 处。这表明石英砂粒径的改变将明显影响石英砂最大速度区域的分布位置。前人研究认为,高速流动区域向连续油管上部偏移的原因可能是石英砂浓度和超临界二氧化碳对石英砂的黏性阻力的影响。

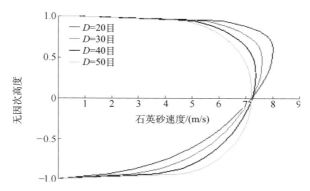

图 7.26 不同石英砂粒径条件下水平连续油管中石英砂速度垂向分布

5. 携砂液黏度影响分析

图 7.27 为不同携砂液黏度(μ)条件下水平连续油管中石英砂体积分数分布。由图 7.27可知,当携砂液黏度为 6mPa·s 时,超临界二氧化碳的携砂能力最弱,此时石英砂在水平连续油管垂向上分布不均匀,水平连续油管顶部出现明显的石英砂低浓度区域,而底部

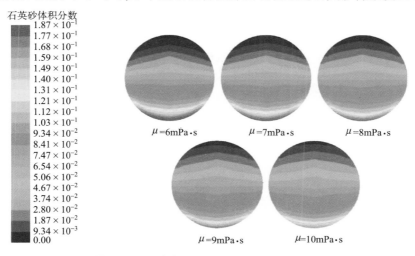

图 7.27 不同携砂液黏度条件下水平连续油管中石英砂体积分数云图

出现明显的石英砂高浓度区域。随着携砂液黏度的增加,当携砂液黏度为 10mPa·s 时,石英砂在水平连续油管垂向上分布的不均匀性明显减小,水平连续油管顶、底部石英砂体积分数相差不大,石英砂分布较为均匀。

图 7.28 为不同携砂液黏度条件下水平连续油管中石英砂速度分布。由图 7.28 可知,随着携砂液黏度的增加,水平连续油管中石英砂的流动速度在连续油管上部和下部变化趋势不同。在连续油管上部,随着携砂液黏度的增加,石英砂流速逐渐减小,高速流动区域面积也逐渐减小;而在连续油管下部时,随着携砂液黏度的增加,石英砂流速逐渐增大,高速流动区域面积也逐渐增大。超临界二氧化碳的黏度很低,为 0.03~0.1mPa·s,其本身携砂能力较差。通过加入增稠剂可以明显提高携砂液的黏度,但同时也会增加作业成本。

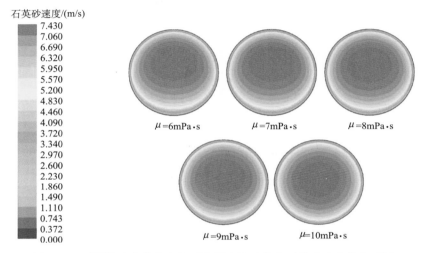

图 7.28　不同携砂液黏度条件下水平连续油管中石英砂速度分布云图

图 7.29 为不同携砂液黏度条件下水平连续油管中石英砂体积分数垂向分布情况。由图 7.29 可知,不同携砂液黏度条件下,石英砂在水平连续油管中垂向上分布的非均匀性程度不同。随着携砂液黏度的增加,水平连续油管中石英砂体积分数沿重力方向的增量越来越小,说明石英砂在水平连续油管垂向上的分布更加均匀。

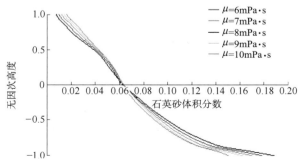

图 7.29　不同携砂液黏度条件下水平连续油管中石英砂体积分数垂向分布

图 7.30 为不同携砂液黏度条件下水平连续油管中石英砂速度垂向分布情况。如图 7.30 所示,随着携砂液黏度的增加,水平连续油管中上、下部分石英砂速度变化不同,水平连续油管上部的石英砂流动速度随着携砂液黏度的增加而减小,而水平连续油管下部的石英砂流动速度随着携砂液黏度的增加而增加,同时水平连续油管中石英砂的最大流动速度随着携砂液黏度的增加而减小,最大流动速度所在区域向连续油管下部偏移。

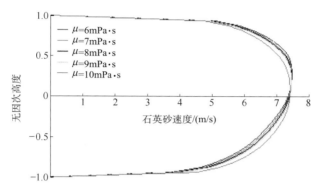

图 7.30 不同携砂液黏度条件下水平连续油管中石英砂速度垂向分布

6. 砂比的影响分析

图 7.31 为不同砂比下水平连续油管截面石英砂速度分布。由图 7.31 可知,水平连续油管轴心处的石英砂速度的绝对值最大,石英砂在水平连续油管轴心处高速运动,运动速度沿径向方向向四周递减。当砂比(S)逐渐从 5% 增加到 9% 时,水平连续油管轴心处的石英砂高速区域面积逐渐减小,轴心处的石英砂速度也明显减低,石英砂高速流动区域逐渐向连续油管顶部偏移。

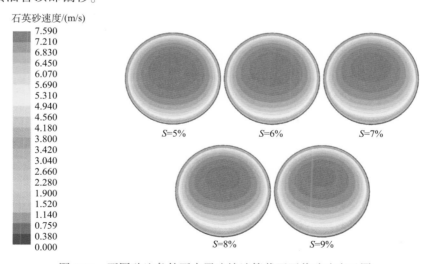

图 7.31 不同砂比条件下水平连续油管截面石英砂速度云图

图 7.32 为不同砂比条件下水平连续油管中石英砂体积分数垂向分布情况。由图 7.32 可知,不同砂比条件下,连续油管上部与下部的石英砂分布相差较大,且随着砂比的增加,上部与下部之间的体积分数差值变大,这表明石英砂的分布随着砂比的增加而越发不均匀。当砂比为 9% 时,水平连续油管中石英砂体积分数最大值已超过 0.2。

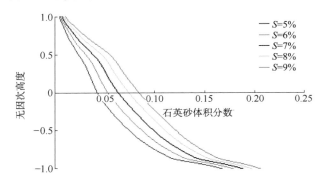

图 7.32　不同砂比条件下水平连续油管中石英砂体积分数垂向分布

图 7.33 为不同砂比条件下水平连续油管中石英砂速度垂向分布情况。如图 7.33 所示,随着砂比的增加,石英砂速度垂向分布曲线沿横轴的对称性越来越差,石英砂越加趋于在连续油管上部高速流动,且石英砂的最大流动速度逐渐降低。通过比较石英砂最大流动速度后发现,速度降低的幅度随着砂比的增加而逐渐减小。

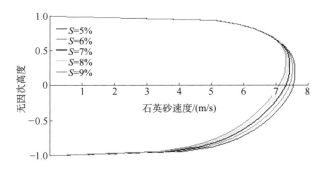

图 7.33　不同砂比条件下水平连续油管中石英砂速度垂向分布

7. 井斜角的影响分析

图 7.34 为连续油管内石英砂体积分数与井斜角关系曲线。由图 7.34 所示,当井斜角为 0° 时,即两相流体垂直向下流动时,连续油管内石英砂的最小体积分数、平均体积分数和最大体积分数基本相同,随着井斜角的增大,连续油管内石英砂的最小体积分数逐渐减小,平均体积分数以较小幅度增大,最大体积分数逐渐增大。

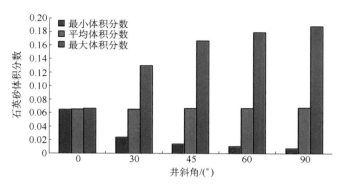

图 7.34 连续油管内石英砂体积分数与井斜角关系曲线

第三节 超临界二氧化碳喷射压裂孔内增压机理

一、超临界二氧化碳喷射流场数值模型

(一)几何模型

超临界二氧化碳喷射压裂的孔内流场几何模型如 7.35 所示,该几何模型包括喷嘴、环空及地层孔道三部分。同时,假设超临界二氧化碳喷射压裂形成的地层孔道与水力喷射压裂形成孔道的形状一致,为纺锤体[27-32]。喷嘴出口处设为横坐标原点,喷嘴轴线处设为纵坐标原点。

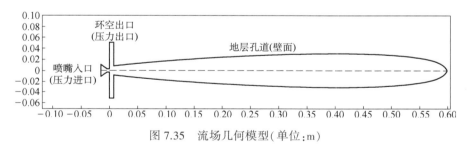

图 7.35 流场几何模型(单位:m)

在超临界二氧化碳射孔阶段中,提高油管压力并保持环空敞开,超临界二氧化碳流体将从喷嘴依次进入环空和孔道,此时地层尚未起裂,流体从环空流出,返回地面[33]。因此,喷嘴入口是压力入口边界,其压力值等于喷嘴入口压力 p_{in};环空出口是压力出口边界,其压力值等于环空压力 $p_{annulus}$;其他边界为无滑移壁面边界。喷嘴压降 p_{nozzle} 为喷嘴入口压力 p_{in} 与环空压力 $p_{annulus}$ 之差,即

$$p_{nozzle} = p_{in} - p_{annulus} \qquad (7.60)$$

在这三个压力值中,本节选取环空压力 $p_{annulus}$ 和喷嘴压降 p_{nozzle} 作为自变量,而喷嘴入口压力 p_{in} 为因变量。

如图 7.36 所示,在划分网格时,采用局部网格划分方法,并在压力梯度较大的喷嘴直

线段加密网格。由于流动方向是沿着网格结构方向的,网格类型选用结构化网格,可以使用较少的网格单元获得较高精度的结果[34]。

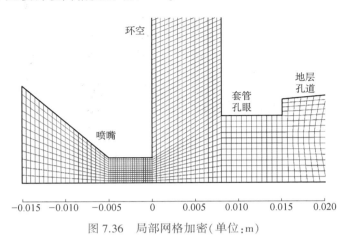

图 7.36　局部网格加密(单位:m)

(二)数学模型与求解流程

由于超临界二氧化碳喷射压裂过程中涉及传热和可压缩性流体,除了质量方程和动量方程以外,还需要求解能量方程。由于孔道内流场是在高速剪切超临界二氧化碳流体作用下形成的湍流流场,采用目前应用广泛的标准 $k\text{-}\varepsilon$ 模型来进行湍流计算,并忽略重力。此外,超临界二氧化碳射流属于高速可压缩流动,因此采用对这类问题更有优势的耦合求解器[35,36]。

在超临界二氧化碳喷射压裂过程中,超临界二氧化碳流体的压力和温度会发生剧烈的变化,同时超临界二氧化碳的物性参数对压力和温度非常敏感,也会随之变化,而物性参数的变化反过来又会影响压力场和温度场[37]。为了实现对这一过程的精确模拟,采用前面介绍的具有较高精度的超临界二氧化碳物性参数模型,使每个节点上超临界二氧化碳的物性参数都成为这一节点上压力和温度的函数,从而将超临界二氧化碳物性参数和压力场、温度场进行耦合计算。本节采用基于 Helmholtz 自由能的 S-W 状态方程来计算超临界二氧化碳的密度和定压比热容[38],另外分别采用 Fenghour 等[39]的模型和 Vessovic 等[40]的模型来计算二氧化碳流体的黏度和导热系数,公式与计算方法。

二、超临界二氧化碳喷射压裂孔内流场特性

在研究超临界二氧化碳喷射压裂的孔内增压机理之前,本节首先研究了超临界二氧化碳喷射压裂的孔内流场特性。由于超临界二氧化碳喷射压裂相关研究较少,也无现场数据,因此本节参考了水力喷射压裂的压力参数,环空压力为20MPa,喷嘴压降为35MPa,则喷嘴入口压力为55MPa[41]。假设超临界二氧化碳流体的入口温度为351K(假设地表温度为297K,压裂层位井深2000m,地热梯度为0.027K/m)。在长度参数方面,喷嘴为现场常用的直径为6mm的喷嘴,环空间距为8mm,套管孔径为14mm[42]。

本节也在相同条件下模拟了水力喷射压裂的孔内流场,并将其与超临界二氧化碳喷射压裂的孔内流场进行对比。由于水的物性参数受温度和压力影响极小,因此本节模拟中水的物性参数采用温度为 351K,压力为 25MPa 条件下的值,即密度为 983.9kg/m³,黏度为 0.371mPa·s,导热系数为 0.68W/(m·K),定压比热容为 4144J/(kg·K)。

（一）速度场

射流速度是决定射流破岩效果的关键参数之一,因此本节模拟并对比了相同条件下超临界二氧化碳喷射压裂与水力喷射压裂的速度场。从速度云图(图 7.37)可以看出,两种流体经喷嘴加速,在喷嘴出口处形成高速射流,通过套管孔眼中心冲击到地层孔道中,然后从套管孔眼外围返回到环空中,最后从环空返回地面。对比两者的高速射流区域可见,超临界二氧化碳射流的射流速度比水射流更高。而且,超临界二氧化碳射流的射流核心区域更长,一直延伸至孔道内部,而水射流经过套管孔眼之后速度已经基本滞止。这主要是由于超临界二氧化碳流体具有高密度、低黏度的特点[37],因此环境流体对高速射流的阻滞效应小,高速射流的动能衰减小。

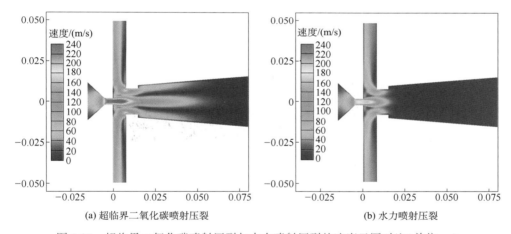

(a) 超临界二氧化碳喷射压裂　　　　　　(b) 水力喷射压裂

图 7.37　超临界二氧化碳喷射压裂与水力喷射压裂的速度云图对比(单位:m)

根据射流理论,轴线射流速度是衡量射流能量大小的重要标志。图 7.38 对比了超临界二氧化碳喷射压裂与水力喷射压裂的孔内轴线速度。如图 7.38 所示,超临界二氧化碳射流的最高射流速度为 263.4m/s,比水射流高出 32.3%。另外,水射流的轴线速度在距喷嘴出口 21mm 处就已经小于 10m/s,而超临界二氧化碳射流的轴线速度在距喷嘴出口 67mm 处才小于 10m/s。可见,与水射流相比,超临界二氧化碳射流具有射流能量高、能量衰减慢的特性。

（二）温度场

二氧化碳流体的温度是决定其所处相态及物性参数的重要参数,关系到超临界二氧化碳喷射压裂施工的安全性,因此本节也模拟了超临界二氧化碳喷射压裂过程中孔内的温度场。如图 7.39 所示,超临界二氧化碳流体的入口温度为 351K,经过喷嘴时流体温度

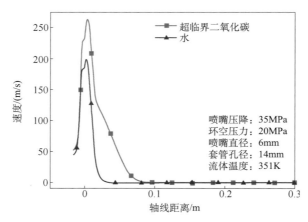

图 7.38　超临界二氧化碳喷射压裂与水力喷射压裂的轴线速度对比

显著下降,环空中流体温度低于流体入口温度,最低温度为 324.5K,降温幅度达到了 26.5K。这是因为超临界二氧化碳是一种强可压缩流体,当高速大排量的超临界二氧化碳流体通过喷嘴,会发生节流,产生显著的焦耳–汤姆孙效应,导致温度下降[42]。

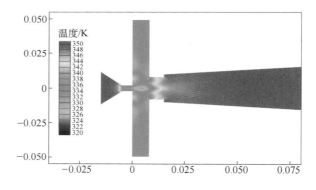

图 7.39　超临界二氧化碳喷射压裂温度云图(坐标轴单位:m)

在本例中,流场最低温度为 324.5K,高于冰点和二氧化碳的三相点温度,可以保证安全施工。但是,如果喷嘴压降过大,会导致温度大幅下降,当温度低于二氧化碳三相点温度,超临界二氧化碳会在高压、低温的作用下转化为固态,堵塞喷嘴和射流孔道;而如果遇到地层水,温度只要低于冰点就会导致冰堵、泥环等井下事故。因此,在实际压裂施工中,必须合理控制喷嘴压降,防止上述井下事故的发生[43]。

(三)物性参数分布

图 7.40 给出了孔道轴线上各物性参数随着温度和压力的变化情况,可见在超临界二氧化碳喷射压裂过程中,超临界二氧化碳流体的物性参数(包括密度、黏度、导热系数、定压比热容)都随着温度和压力的变化而发生了显著的变化,这也是在本节的流场模拟中

不能将这些物性参数设为常数的原因。

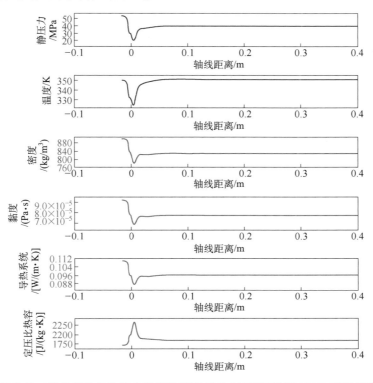

图7.40 超临界二氧化碳的各物性参数沿孔道轴线分布(预置温度351K,喷嘴压降35MPa)

密度是超临界二氧化碳的重要性质之一,随压力的升高而增大,随温度的升高而减小[37]。如图7.41所示,在喷嘴内部,超临界二氧化碳流体呈高密度状态,最高可达900.5kg/m³;在环空中,密度最低,最低只有609.5kg/m³;进入地层孔道后,密度上升至830.2kg/m³。从图7.41中也能看出,在孔道轴线上,随着轴线距离的增大,超临界二氧化碳流体的密度先降低再升高。这是因为在孔道轴线上温度和压力都是先降低后升高,两者对

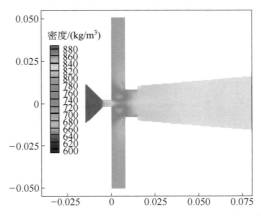

图7.41 超临界二氧化碳喷射压裂密度云图(坐标轴单位:m)

密度的影响效果相反,但压力的影响起到主导作用,使密度变化趋势与压力变化趋势相对应。

三、超临界二氧化碳喷射压裂孔内增压影响规律

为了揭示超临界二氧化碳射流的增压机理,研究了超临界二氧化碳喷射压裂过程中静压力、动压力、总压力和速度沿孔道轴线的分布。其中,静压力(通常简称为"压力")是流体分子不规则运动产生的压力,与流体的压能呈正比;动压力是流体流动产生的压力 $\frac{1}{2}\rho v^2$,与流体的动能呈正比;总压力是静压力和动压力之和,与流体的机械能呈正比[44]。因此,总压力 p_{total}、静压力 p_{static}、动压力 p_{dynamic}、速度 v 这四者的关系如下:

$$p_{\text{total}} = p_{\text{static}} + p_{\text{dynamic}} \tag{7.61}$$

$$p_{\text{dynamic}} = \frac{1}{2}\rho v^2 \tag{7.62}$$

超临界二氧化碳喷射压裂过程中静压力、动压力、总压力和速度在孔道轴线上的分布如图 7.42 所示。当二氧化碳流体经过喷嘴和环空时,静压力从 39.3MPa 急剧降低到 20.5MPa,而动压力提高到 15.2MPa,速度迅速提高到 235m/s,这是流体压能转化为动能。当高速超临界二氧化碳射流进入套管孔眼和地层孔道后,动压力和速度开始下降,静压力上升,这是流体动能转化为压能。最终,当超临界二氧化碳流体滞止于孔道中时,动压力和速度都降为 0,即

$$v = 0 \tag{7.63}$$

$$p_{\text{dynamic}} = \frac{1}{2}\rho v^2 = 0 \tag{7.64}$$

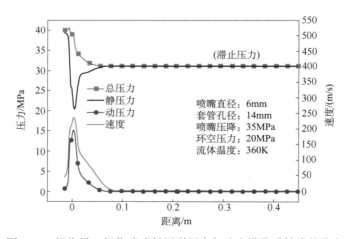

图 7.42　超临界二氧化碳喷射压裂压力与速度沿孔道轴线的分布

因此,根据式(7.64)可知,此时的总压力等于静压力,两者曲线重合(图 7.42),其值被称为滞止压力 $p_{\text{stagnation}}$(31.1MPa),即

$$p_\text{total} = p_\text{static} = p_\text{stagnation} \tag{7.65}$$

如图 7.42,滞止压力 $p_\text{stagnation}$ 比环空压力 p_annulus 高,两者差值为 11.1MPa。根据射流增压起裂原理可得,孔内增压值 p_boost 即为 11.1MPa。

可见,利用超临界二氧化碳流体进行喷射压裂具有显著的孔内增压效果,可以在环空压力低于地层起裂压力的条件下压开地层。

同时从图 7.42 还能看出,在动压力和静压力相互转换的过程中,动压力和静压力两者之和总压力发生了明显的下降,说明在该过程中,由于克服摩擦力做功,超临界二氧化碳流体机械能发生了损失。因此,超临界二氧化碳流体在流动中克服摩擦力做功的大小会影响滞止压力:克服摩擦力做功越小,滞止压力越大,孔内增压效果也就越强。

(一)超临界二氧化碳喷射压裂与水力喷射压裂的孔内增压效果对比

为了证明超临界二氧化碳喷射压裂的孔内增压效果,在相同的参数条件下模拟了超临界二氧化碳喷射压裂和水力喷射压裂过程中孔道中的流场,并对比了两者的增压效果。由于水的物性参数随着温度和压力的变化范围非常小,因此在本节水射流流场的模拟中水的物性参数采用温度为 360K,压力为 30MPa 条件下的值,即密度为 980.5kg/m³,黏度为 0.334mPa·s,导热系数为 0.69W/(m·K),定压比热容为 4141J/(kg·K)。

图 7.43 中研究了在相同的参数条件下超临界二氧化碳喷射压裂和水力喷射压裂的孔内轴线压力的分布。如图 7.43 所示,在三种喷嘴压降(30MPa,20MPa,10MPa)条件下,超临界二氧化碳射流的滞止压力都比相同条件下水射流的滞止压力高。例如,在喷嘴压降为 30MPa 时,超临界二氧化碳射流的滞止压力为 36.7MPa,比水射流高 2.4MPa。可见,在相同条件下,超临界二氧化碳喷射压裂的孔内增压效果比水力喷射压裂更强。

图 7.44 对比了超临界二氧化碳喷射压裂和水力喷射压裂在 5 种不同的喷嘴压降条件下的孔内增压值。如图 7.44 所示,超临界二氧化碳喷射压裂的孔内增压值曲线高于水力喷射压裂的增压值曲线。例如,在喷嘴压降为 30MPa 时,超临界二氧化碳喷射压裂的

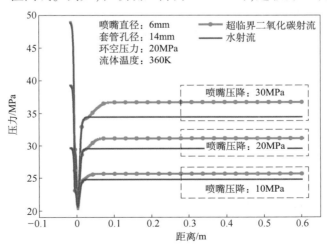

图 7.43　相同的喷嘴压降条件下水力喷射压裂与超临界二氧化碳喷射压裂轴线压力对比

孔内增压值为 16.7MPa,比相同条件下水力喷射压裂的孔内增压值高 2.4MPa。

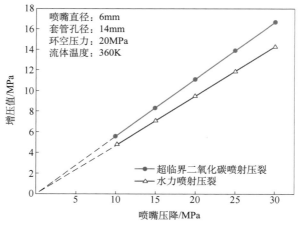

图 7.44　水力喷射压裂与超临界二氧化碳喷射压裂孔内增压值对比

　　流体在流动中克服摩擦力做功越小,孔内增压效果越好,而摩擦力的大小受流体黏度的影响很大,所以对比了模拟条件下的水和超临界二氧化碳流体的黏度。如上所述,水的黏度设置为 0.334mPa·s,而超临界二氧化碳流体的黏度等参数在孔道轴线上的分布如图 7.45 所示。在喷射压裂的高温高压的条件下(喷嘴压降 20MPa),超临界二氧化碳的黏度在 0.042~0.056mPa·s,仅为水的 12.6% 到 16.8%。可见,在喷射压裂过程中,超临界二氧化碳流体的黏度远低于水的黏度,这正是超临界二氧化碳喷射压裂在相同条件下具有更强

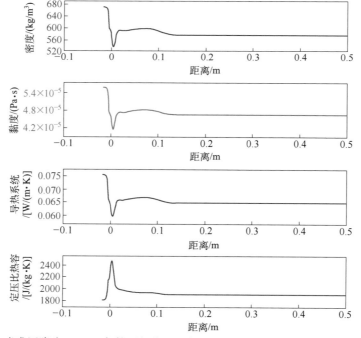

图 7.45　喷嘴压降为 30MPa 条件下超临界二氧化碳的各性质参数沿孔道轴线的分布图

的孔内增压效果的原因。

(二)超临界二氧化碳压裂孔内增压参数影响规律研究

1. 喷嘴压降的影响

喷嘴压降定义为喷嘴入口压力与环空压力之差,是决定射流动能大小的重要参数,因此研究了不同喷嘴压降条件下超临界二氧化碳喷射压裂的孔内压力分布。如图 7.46 所示,在其他参数一定的条件下,喷嘴压降越大,孔内滞止压力越大,而由于环空压力相同,孔内增压值也越大。

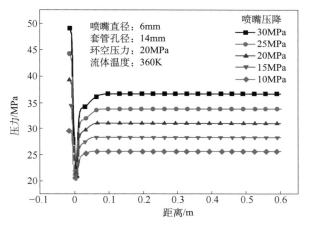

图 7.46 不同喷嘴压降条件下超临界二氧化碳喷射压裂的孔内压力分布

如图 7.47 所示,在其他参数一定的条件下,滞止压力和孔内增压值都随着喷嘴压降的增大而线性增大,其中孔内增压值与喷嘴压降近似呈正比。这一规律和水力喷射压裂基本相同,这是由于不管是超临界二氧化碳喷射压裂还是水力喷射压裂,喷嘴压降都决定了射流动能的大小,而射流动能最终将会转化为压能,提高孔内压力,形成孔内增压效果。

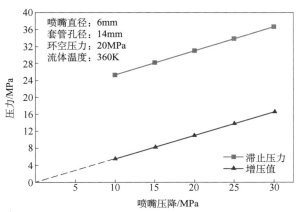

图 7.47 喷嘴压降对滞止压力和孔内增压值的影响

2. 喷嘴直径的影响

喷嘴直径分别设置为 4mm、5mm、6mm、7mm、8mm,研究了不同喷嘴直径条件下超临界二氧化碳喷射压裂的孔内压力分布。如图 7.48 所示,在其他参数一定的条件下,喷嘴直径越大,孔内滞止压力越大,孔内增压值也越大。其原因是在相同的喷嘴压降下,加大喷嘴直径会增加射流总动能,从而可以取得更好的孔内增压效果。

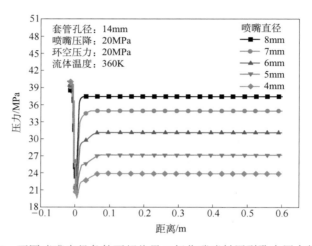

图 7.48　不同喷嘴直径条件下超临界二氧化碳喷射压裂孔内压力的分布

图 7.49 中表示的是喷嘴压降和喷嘴直径对超临界二氧化碳喷射压裂孔内增压值的影响。如图 7.49 所示,在其他参数一定的条件下,孔内增压值与喷嘴压降呈正比例关系,而在相同的喷嘴压降条件下,喷嘴直径越大,孔内增压值越大。所以,如果施工条件允许,建议采用较高的喷嘴压降和较大的喷嘴直径,以增强增压效果。

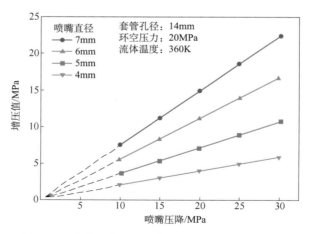

图 7.49　喷嘴压降和喷嘴直径对孔内增压值的影响

3. 套管孔径的影响

在压裂层位利用水射流进行套管开窗,形成的孔眼的直径(简称套管孔径),也是影响其射流增压效果的重要参数之一[45]。如图 7.50 所示,在其他参数一定的条件下,套管孔径越大,孔内滞止压力越小,孔内增压值也越小。如图 7.51 所示,在其他参数一定的条件下,滞止压力和增压值都随着套管孔径的增大而减小。这是因为超临界二氧化碳进入孔道后将会返回环空,套管孔眼中同时存在着流入和流出孔道的流体,因此起到了封隔孔道内高压流体的作用,可以辅助提高滞止压力。套管孔眼越小,其封隔效果越好,越有助于提高孔内压力,从而保证了更好的孔内增压效果。

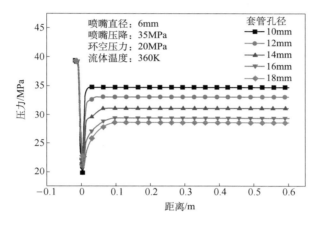

图 7.50 不同套管孔径条件下超临界二氧化碳喷射压裂孔内压力的分布

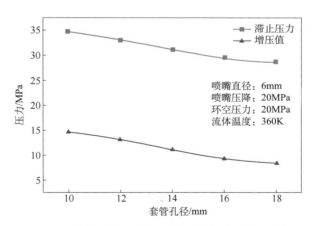

图 7.51 套管孔径对滞止压力和孔内增压值的影响

4.环空压力的影响

环空压力分别设置为 15MPa、20MPa、25MPa、30MPa、35MPa,研究了超临界二氧化碳喷射压裂的孔内滞止压力和增压值随环空压力的变化规律。如图 7.52 所示,当其他参数不变,滞止压力随着环空压力的增大而线性增大,但增压值不会随之变化。这说明,环空压力会影响整个流场的压力水平,随着环空压力的提高,会提高整个流场的压力水平,滞止压力也会随之提高。但是,环空压力的提高不会影响射流动能的大小,从而也不会影响孔内增压值(滞止压力与环空压力之差)的大小。

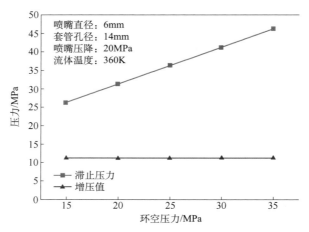

图 7.52　环空压力对滞止压力和孔内增压值的影响

5.流体温度的影响

超临界二氧化碳流体的温度会影响其物性参数,而物性参数的变化会对超临界二氧化碳射流的结构形态产生影响。为了揭示超临界二氧化碳流体温度对超临界二氧化碳喷射压裂的孔内增压效果的影响,研究了三种不同喷嘴压降(30MPa、20MPa、10MPa)下超临界二氧化碳喷射压裂的孔内增压值随温度的变化规律,温度分别设置为 300K、320K、340K、360K、380K、400K。

如图 7.53 所示,在 300K 到 400K 的温度范围内,三种不同的喷嘴压降条件下的增压

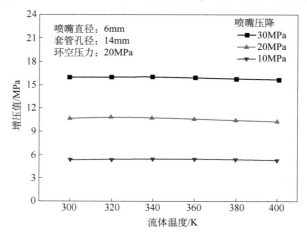

图 7.53　超临界二氧化碳流体温度对孔内增压值的影响

值曲线基本上都是水平的,表明超临界二氧化碳喷射压裂的孔内增压效果不受超临界二氧化碳流体温度的影响。这是因为尽管超临界二氧化碳流体的温度会对流体的物性参数(密度、黏度等)产生影响,流体温度却不会对射流动能产生影响,从而也不会对孔内增压值产生影响。

第四节　超临界二氧化碳喷射压裂现场试验

超临界二氧化碳压裂是继二氧化碳干法压裂之后又一种全新的无水压裂技术,该技术对二氧化碳作用于储层时的相态描述更为准确,施工技术参数设计更符合超临界二氧化碳特性。为了检验室内研究的结论,验证与丰富研究成果,同时进一步加深超临界二氧化碳压裂页岩储层的认识,促进超临界二氧化碳压裂技术在页岩气开发上的应用,有必要展开超临界二氧化碳压裂现场试验。

延长石油于2017年6月在延安某区块进行了一口直井超临界二氧化碳压裂现场测试,主要是为了验证超临界二氧化碳压裂技术的可行性及在该地区的适用性,并获取超临界二氧化碳喷砂射孔、压裂方面的一些技术参数,为页岩气的勘探开发提供新的技术路径。

一、试验井概况

试验井位于延长陆相页岩气高效开发示范基地、国家级陆相页岩气示范区内的古生界云岩-延川区。通过对地质录井、电测解释及气测结果的综合分析(图7.54),选择目的层段为本溪组2541~2610.0m,厚度69.0m,岩性组合为黑色含气泥页岩夹灰色含气细砂岩薄层,气测全烃基值0.6%,峰值7.6%,平均4.0%。为页岩气层富集的"甜点",具有良好的试气价值。

二、压裂方案及工艺

(一)压裂方式及要求

(1)该井压裂注入方式为油(2 7/8″油管)套(5 1/2″套管)同注。

(2)压裂井口选用KQ65/70压裂专用井口。

(3)压裂前期确保连接车辆、管线等设备的密封性,再进行前置液态二氧化碳注入、压裂等相关作业。

(二)管柱结构

压裂施工结构管柱自下向上依次为:温压测试仪+导压喷砂器+2 7/8″油管+合金短接+井口,如图7.55所示。

施工管柱和完井套管详细技术参数如表7.4所示。

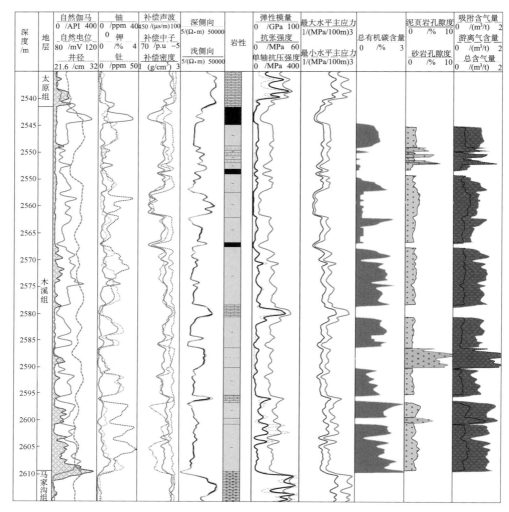

图 7.54　试验井综合柱状图

表 7.4　施工管柱和套管技术参数表

名称	尺寸/mm	钢级	壁厚/mm	内径/mm	外径/mm	内容积/(L/km)	重量/(kg/m)	抗内压/MPa	抗外挤/MPa
油管	73.0	N80	5.51	62.0	73.0	3.02	6.5	72.9	76.9
套管	139.7	N80Q	9.17	121.36	139.7	11.56	29.76	63.4	60.9

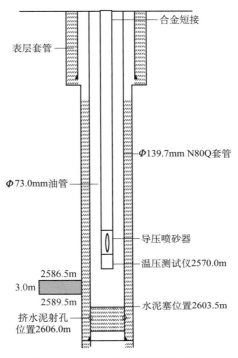

图 7.55　试验井压裂管柱示意图

（三）支撑剂类型及规格

结合超临界二氧化碳的性质和现场作业需要,按照前面的理论研究结果,该现场试验的支撑剂选为陶粒,其具体参数如表 7.5 所示。

表 7.5　支撑剂性能参数及用量表

类型	粒径/目	数量/m³	体积密度/(g/cm³)
陶粒	70~100	8	1.51
	40~70	22	1.45
	20~40	10	1.45

（四）施工步骤

（1）按设计要求及配比配好施工液体。

（2）摆好车辆,连接好地面高、低压管线及防喷管线,高压管线试压 70MPa 无刺漏。

（3）泵注施工:按设计泵注程序施工。

（4）应急措施:①施工过程中泵压波动较大或连续上升,现场视情况调整施工排量或施工砂比;②施工限压 60MPa。

（5）施工结束后,根据井口压力情况确定放喷时机。

三、试验结果分析

（一）压裂过程温压分析

二氧化碳在井底的相态控制是实现超临界二氧化碳压裂的关键技术。为了监控井底二氧化碳的温度和压力变化,现场试验开始前在油管底部安装温度和压力传感器。利用该传感器能记录压裂试验过程中井底二氧化碳温度和压力的变化过程。试验结束后取出传感器,将温度和压力数据导出并绘制井底温度压力变化曲线,如图7.56所示。

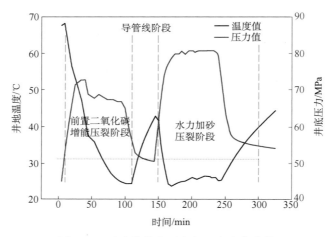

图 7.56　试验井井底压力与温度变化曲线

现场试验可分为三个阶段:前置二氧化碳增能压裂阶段(即超临界二氧化碳压裂)、导管线阶段和水力加砂压裂阶段。下面结合油管底部温度和压力的实测数据,分析井筒底部二氧化碳的相态变化。

第一阶段,前置二氧化碳增能压裂阶段(0~110min)。试验开始前,对试验井进行了其他测试,所以温度和压力存在一定波动,但井底温度维持在65~70℃,压力基本维持在45MPa左右。开始试验后,随着井筒二氧化碳的注入,井底压力快速升高,在40min左右达到该阶段压力的最高值72.67MPa,随后压力开始缓慢下降。井底温度则一直以较快速下降,从压裂开始前67.29℃下降至24.35℃。分析前置二氧化碳增能压裂过程,判断在40min,即压力为72.67MPa、温度为41.99℃时,地层被压开,压开时二氧化碳处于超临界状态。随后二氧化碳填充压裂裂缝,井底压力快速下降。在填充裂缝的过程中,由于二氧化碳还在不断注入,会在局部区域再次憋压,产生新的裂缝。

第二阶段,导管线阶段(110~150min)。根据该井的施工流程,在前置二氧化碳增能压裂后进行水力加砂压裂,因此该阶段40min主要是更换地面管线。通过井底温度和压力曲线发现,在停泵导管线阶段,井底的二氧化碳的温度和压力均发生了明显的变化。停泵后,井筒内的二氧化碳开始向地层渗流,同时,伴随着吸附解析和置换驱替的作用,井底压力开始下降。与此同时,由于没有低温二氧化碳的注入,井底地层换热作用效果凸显,第 145min 时温度已经增加到 42.79℃。

第三阶段,水力加砂压裂阶段(150~300min)。更换管线后,对试验井进行水力加砂压裂。该阶段的压力峰值为 80.66MPa,高于前置二氧化碳增能压裂阶段的压力峰值 72.67MPa,温度在 25℃ 左右保持稳定。水力加砂阶段在峰值压力维持较长时间后停止作业。

(二)压裂裂缝监测分析

在延 B 井现场压裂试验过程中,微地震监测到了压裂试验中前置二氧化碳压裂、滑溜水注入以及水力加砂压裂三个阶段的裂缝扩展过程,如图 7.57 所示。

图 7.57(a)是前置二氧化碳压裂阶段。该阶段井筒附近裂缝事件点多,裂缝在多个方向形成并延伸,共形成了 6 条趋势明显的主裂缝:东偏北 60°方向缝长约 260m;正东方向缝长约 380m;东偏南 45°方向缝长约 210m;西偏南 50°方向缝长约 240m;正西方向缝长约 350m;西偏北 30°方向缝长 220m 左右。该阶段裂缝网络基本形成。

图 7.57(b)是滑溜水注入阶段。该阶段井筒附近裂缝变化很小,裂缝主要沿着前期西偏北方向裂缝继续延伸。

图 7.57(c)是水力加砂压裂阶段。该阶段延伸扩展了前置二氧化碳阶段形成的裂缝,特别对东偏北 60°方向、东偏南 45°方向和正西方向的三条裂缝延伸显著。同时,在西偏北 70°方向形成约 260m 的新裂缝。

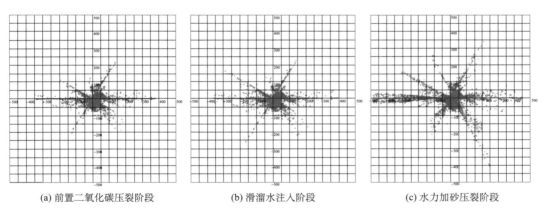

(a) 前置二氧化碳压裂阶段   (b) 滑溜水注入阶段   (c) 水力加砂压裂阶段

图 7.57 试验井阶段裂缝产状图

将前置二氧化碳注入阶段和水力加砂压裂阶段的裂缝产状图叠合,如图 7.58 所示。由图可知,前置二氧化碳压裂(红色区域)阶段能产生多条明显的主裂缝,同时有效增大井筒附近缝网复杂程度;水力加砂压裂(蓝色区域)阶段的裂缝形成与延伸受前期形成裂缝的引导与控制,基本上在前置二氧化碳压裂阶段形成缝的范围内,形成的新缝较少,同时水力加砂阶段进一步延伸、扩大前期已形成的裂缝,增加渗流体积。

通过与邻井常规水力压裂裂缝对比发现,超临界二氧化碳压裂具有裂缝条数多、改造范围大、井筒附近缝网复杂等特点。由此可见,超临界二氧化碳压裂是一种能够促进多裂

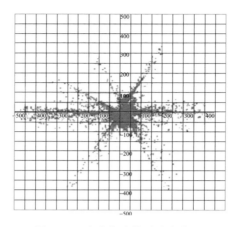

图 7.58　试验井总体裂缝产状图

缝形成,大幅提升缝网复杂程度,显著增大油气渗流体积的储层改造方法。

第五节　本　章　小　结

　　本章考虑了二氧化碳流体的物性参数与井筒温度、压力等,建立了超临界二氧化碳喷射压裂井筒流动模型,构建了连续油管内携砂模型和孔内增压模型,利用超临界二氧化碳流体进行喷射压裂能够产生较为显著的孔内增压效果。陆相页岩气 SC-CO$_2$ 压裂现场试验表明,超临界二氧化碳压裂技术可有效提高页岩气产量,是一种新的有益的尝试,有望开辟一条绿色、环保、高效的页岩气开发新途径。

参 考 文 献

[1]毛金成, 张照阳, 赵家辉, 等. 无水压裂液技术研究进展及前景展望. 中国科学: 物理学 力学 天文学, 2017, 47(11): 52-58.

[2]王俊豪, 漆林, 龙英. 无水压裂技术研究现状及发展趋势. 石化技术, 2016, 23(12): 217, 218.

[3]刘鹏, 赵金洲, 李勇明, 等. 碳烃无水压裂液研究进展. 断块油气田, 2015, 22(2): 254-257.

[4]杨发, 汪小宇, 李勇. 二氧化碳压裂液研究及应用现状. 石油化工应用, 2014, 33(12): 9-12.

[5]李兆敏, 张昀, 李松岩, 等. 清洁泡沫压裂液研究应用现状及展望. 特种油气藏, 2014, 21(5): 1-6, 151.

[6]钟渝. 新型无水压裂液技术研究现状与展望. 石化技术, 2018, 25(6): 122.

[7]康一平. 国内外无水压裂技术研究现状与发展趋势. 石化技术, 2016, 23(4): 73.

[8]谭明文, 何兴贵, 张绍彬, 等. 泡沫压裂液研究进展. 钻采工艺, 2008, (5): 129-132, 173.

[9]王智君, 詹斌, 勾宗武. 氮气泡沫压裂液性能及应用评价. 天然气勘探与开发, 2015, 38(1): 11, 12, 82-87.

[10]杨良泽, 陈璨, 王一乐, 等. 液氮压裂技术及其前景分析. 科技创新与生产力, 2019, (2): 66-68.

[11]楚振中, 卢宗平, 熊兆军. 油基压裂液性能的特点及应用. 胜利油田职工大学学报, 2009, 23(6): 38, 39, 42.

[12] 韩烈祥, 朱丽华, 孙海芳, 等. LPG 无水压裂技术. 天然气工业, 2014, 34(6): 48-54.

[13] 李奎东. 醇基压裂液的研究与应用. 石油与天然气化工, 2015, 44(2): 83-85.

[14] 陈晨, 朱颖, 翟梁皓, 等. 超临界二氧化碳压裂技术研究进展. 探矿工程(岩土钻掘工程), 2018, 45(10): 21-26.

[15] 王建平, 贾红娟. CO₂ 泡沫压裂技术机理研究与应用. 内江科技, 2018, 39(5): 19.

[16] 刘青峰, 马晓爽. 液态 CO₂ 压裂技术及在油田增产中的应用. 中国科技博览, 2011, (15): 286.

[17] 王海柱, 沈忠厚, 李根生. 超临界 CO₂ 开发页岩气技术. 石油钻探技术, 2011, 39(3): 30-35.

[18] 赵志恒, 李晓, 张博, 等. 超临界二氧化碳无水压裂新技术实验研究展望. 天然气勘探与开发, 2016, 39(2): 14, 58-63.

[19] 陈家琅, 陈涛平. 石油气液两相管流. 第 2 版. 北京: 石油工业出版社, 2010.

[20] Kabir C S, Hasan A R, Kouba G E, et al. Determining circulating fluid temperature in drilling, workover, and well control operations. SPE Drilling & Completion, 1996, 11(2): 74-79.

[21] Hasan A R, Kabir C S. Aspects of wellbore heat transfer during two-phase flow (includes associated papers 30226 and 30970). SPE Production & Facilities, 1994, 9(3): 211-216.

[22] 李根生, 黄中伟, 田守嶒, 等. 水力喷射压裂理论与应用. 北京: 科学出版社, 2011.

[23] Aladwani F A. Mechanistic modeling of an underbalanced drilling operation utilizing supercritical carbon dioxide. Louisiana: Louisiana State University, 2007.

[24] 彭英利, 马承愚. 超临界流体技术应用手册. 北京: 化学工业出版社, 2005.

[25] 廖传华, 黄振仁. 超临界 CO₂ 流体萃取技术工艺开发及其应用. 北京: 化学工业出版社, 2004.

[26] ANSYS Inc. ANSYS FLUENT 17. 0 Theory guide. 2016.

[27] 任勇, 赵粉霞, 王效明, 等. 水力喷射工具地面模拟试验. 石油矿场机械, 2011, 40(8): 46-49.

[28] 李根生, 马东军, 黄中伟, 等. 围压下磨料射流套管开孔形状和时间参数试验研究. 流体机械, 2011, 39(3): 1-4.

[29] Huang Z, Niu J, Li G, et al. Surface experiment of abrasive water jet perforation. Petroleum Science and Technology, 2008, 26 (6): 726-733.

[30] 宫俊峰, 黄中伟, 李根生, 等. 水力喷砂射孔辅助压裂填砂机理与现场试验. 石油天然气学报, 2007, 29(4): 136-139.

[31] Li G S, Niu J L, Song M, et al. Abrasive water jet perforation-An alternative approach to enhance oil production. Petroleum Science and Technology, 2004, 22 (5-6): 491-504.

[32] 牛继磊, 李根生, 宋剑, 等. 水力喷砂射孔参数实验研究. 石油钻探技术, 2003, 31(2): 14-16.

[33] Stanojcic M, Jaripatke O A, Sharma A. Pinpoint fracturing technologies: A review of successful evolution of multistage fracturing in the last decade. SPE/ICoTA Coiled Tubing and Well Intervention Conference and Exhibition, The Woodlands, 2010.

[34] FLUENT Inc. GAMBIT Modeling Guide. 2003.

[35] 王福军. 计算流体动力学分析. 北京: 清华大学出版社, 2004.

[36] 朱红钧, 元华, 谢龙汉. Fluent 12 流体分析及工程仿真. 北京: 清华大学出版社, 2001.

[37] 韩布兴. 超临界流体与科学. 北京: 中国石化出版社, 2005.

[38] Span R, Wagner W. A new equation of state for carbon dioxide covering the fluid region from the triple-point temperature to 1100K at pressures up to 800MPa. Journal of Physical and Chemical Reference Data, 1996, 25(6): 1509-1596.

[39] Fenghour A, Wakeham W A, Vesovic V. The viscosity of carbon dioxide. Journal of Physical and Chemical Reference Date, 1998, 27: 31-44.

［40］Vesovic V, Wakeham W A, Olchowy G A, et al. The transport properties of carbon dioxide. Journal of Physical and Chemical Reference Date, 1990, 19: 763-808.

［41］曲海, 李根生, 黄中伟, 等. 水力喷射压裂孔道内部增压机制. 中国石油大学学报(自然科学版), 2010, 34(5): 73-76.

［42］沈忠厚, 王海柱, 李根生. 超临界CO_2连续油管钻井可行性分析. 石油勘探与开发, 2010, 37(6): 743-747.

［43］王海柱. 超临界CO_2钻井井筒流动模型与携岩规律研究. 北京: 中国石油大学(北京), 2011.

［44］ANSYS Inc. ANSYS FLUENT 12. 0 theory guide. 2009.

［45］曲海, 李根生, 黄中伟, 等. 水力喷射分段压裂密封机理. 石油学报, 2011, 32(3): 514-517.